智慧能源典型技术及应用

主　编◇张　斌　王　锋

副主编◇孙立刚　刘晓玲　黄汝玲　高德申

中国水利水电出版社

www.waterpub.com.cn

·北京·

内 容 提 要

本书基于山东电力工程咨询院有限公司近十年的智慧能源研究成果和应用实例，围绕发电、蓄电、储热储冷等多个方面，系统阐述了关键技术、技术特点、应用情景和实践案例。本书共10章，从各类型智慧能源的理论方法和技术原理入手，重点阐述应用于工程实践的关键技术和注意事项，并根据编者丰富的经验，结合现有技术水平，展望了行业发展方向。

本书适合能源电力行业尤其是电源企业从业者、国家相关政策制定者、科研工作者、高校电力专业学生参考使用。

图书在版编目（CIP）数据

智慧能源典型技术及应用 / 张斌，王锋主编. -- 北京 : 中国水利水电出版社，2024.3
ISBN 978-7-5226-2410-5

Ⅰ. ①智… Ⅱ. ①张… ②王… Ⅲ. ①智能技术一应用一能源 Ⅳ. ①TK-39

中国国家版本馆CIP数据核字(2024)第075134号

策划编辑：鞠向超　　责任编辑：王开云　　封面设计：李佳

书　　名	智慧能源典型技术及应用 ZHIHUI NENGYUAN DIANXING JISHU JI YINGYONG
作　　者	主　编　张　斌　王　锋 副主编　孙立刚　刘晓玲　黄汝玲　高德申
出版发行	中国水利水电出版社 （北京市海淀区玉渊潭南路1号D座　100038） 网址：www.waterpub.com.cn E-mail：mchannel@263.net（答疑） sales@mwr.gov.cn 电话：（010）68545888（营销中心）、82562819（组稿）
经　　售	北京科水图书销售有限公司 电话：（010）68545874、63202643 全国各地新华书店和相关出版物销售网点
排　　版	北京万水电子信息有限公司
印　　刷	雅迪云印（天津）科技有限公司
规　　格	170mm×240mm　16开本　21.25印张　392千字
版　　次	2024年3月第1版　2024年3月第1次印刷
定　　价	168.00元

编 委 会

主　编　张　斌　王　锋

副主编　孙立刚　刘晓玲　黄汝玲　高德申

参　编　（按姓氏拼音排序，排名不分先后）

陈世玉　樊　潇　高绪栋　李春莹　李官鹏

李　琳　梁　涛　刘卫华　刘义达　吕　宁

祁金胜　邵　旻　孙德锋　孙晓红　王光磊

魏华栋　吴义敏　徐俊祥　赵佰波　赵世泽

PREFACE

前言

近年来，中国可再生能源实现跨越式发展，装机规模已突破 10 亿 kW 大关，占全国发电总装机容量的比重超过 40%。中国可再生能源将进一步引领能源生产和消费革命的主流方向，发挥能源绿色低碳转型的主导作用，为实现中国“3060”目标提供主力支撑。

在这样的大背景下，能源产业正在经历前所未有的发展和变革。智慧能源凭借其独特的数字化、智能化、智慧化技术，正在大力推动能源产业的转型升级，其涵盖了能源生产、储存、供应、消费和服务等全过程，在提高能源效率、保障能源安全、推动碳中和等方面发挥了重要的作用。

推动智慧能源发展，加强能源相关产业的深度融合，一定会产生“1+1>2”的融合互补效应，甚至是巨大的乘数效应。因此，本书在借鉴智慧能源发展的前沿理论成果的基础上，梳理和盘点了智慧能源相关典型技术及应用实例，可以帮助我们更好地理解当前智慧能源产业的发展态势和趋势，也可以为我们提供宝贵的参考和启示，以推动能源产业的进一步发展和创新。

该书作者所在单位成立于 1958 年，拥有全国最高资质等级“工程设计综合甲级”和“工程勘察综合甲级”资质，是国家高新技术企业。在智慧能源方面，编者及全体编委人员具备丰富的一线工作经验。

由于时间仓促，加之编者水平有限，书中难免存在疏漏和不足之处，敬请广大读者批评指正。

编 者

2024 年 1 月

CONTENTS

目录

第1章 概　述

2014年6月，我国提出积极推动国家能源生产与消费革命，2015年3月，国务院明确提出了“互联网+”行动计划以及《中国智慧能源产业发展报告（2015）》，强调了智慧能源的概念以及其在能源生产、使用、调度、效率状况方面的作用，这是国内首次提出智慧能源的概念。

2014年至今，智慧能源发展从最初简单的数字化电厂到现在的用户侧综合智慧零碳电厂，已逐步成为能源与能源技术装备行业重要的发展趋势。可以认为，智慧能源是以数字化、智慧化能源生产、储存、供应、消费和服务等为主线，强调能源一体化解决方案从用户侧出发实现多种能源品种的融合，追求横向“电、热、冷、气、水、氢”等多品种能源协同供应，实现纵向“源—网—荷—储—用”等环节之间互动优化，并面向终端用户提供能源一体化服务的产业。

发展智慧能源是助力国家“双碳”目标实现和能源安全新战略落地的重要抓手，也是推动能源产业链转型升级的重要手段。山东电力工程咨询院有限公司一直致力于智慧能源技术的研究及应用，率先在山东某2×1000MW燃煤发电厂实现了数字化应用；其设计的宝之谷国际会议中心综合智慧能源项目，应用多种智慧能源最高端技术，统筹电热冷和生活热水综合供能的终端能源互联网，全面架构“源网荷储用”新模式，冲破智慧能源未来发展临界点；其主编的《综合智慧零碳电厂通则》是国内首个综合智慧零碳电厂相关标准。

本书结合山东电力工程咨询院有限公司多年的技术研究及项目实施经验，从“智慧发电技术、蓄电技术、储热储冷技术、热泵技术、智慧用电技术、供热技术、制冷技术、智慧控制技术”等8个方面对综合智慧能源技术进行阐述，并提供典型应用案例。

1.1 智慧发电技术概述

有序推进“碳达峰、碳中和”工作，离不开能源电力行业的结构调整和产业革新。我国能源供给侧已经进入变革提速期，探索先进发电技术是实现双碳目标、推动节能减排、应对气候变化的重要手段。

2023 年 7 月，中国电力企业联合会发布的《中国电力行业年度发展报告 2023》显示：电力能效指标持续向好，污染物排放控制水平进一步提升。2022 年，全国 6000kW 及以上火电厂供电标准煤耗 300.7g/kWh，比上年降低 1.0g/kWh；全国 6000kW 及以上电厂厂用电率 4.49%，比上年增加 0.13 个百分点；截至 2022 年年底，全国达到超低排放限值的煤电机组约 10.5 亿 kW，占煤电总装机容量比重约 94%；2022 年，全国电力烟尘、二氧化硫、氮氧化物排放量分别约 9.9 万 t、47.6 万 t、76.2 万 t，分别比上年降低 19.4%、13.0%、11.6%；全国单位火电发电量烟尘、二氧化硫、氮氧化物排放量分别约为 17mg/kWh、83mg/kWh、133mg/kWh；电力碳减排取得显著成效，2022 年全国单位火电发电量二氧化碳排放约 824g/kWh，比 2005 年降低 21.4%。上述成绩的取得离不开电力科技创新与数字化技术的持续推进和大力发展。发电技术和装备不断向高参数、大容量、高效、低排放、多联产方向发展，我国在超超临界燃煤发电技术、先进整体煤气化燃气蒸汽联合循环技术、碳捕获利用与封存技术、耦合发电技术等方面具有领先优势。火电企业除了聚焦高参数、大容量、多联产、近零排放、耦合发电等生态友好方向外，已经全面向智慧化方向迈进。

智慧电厂是以物理电厂为基础，融合新型传感、物联网、人工智能、虚拟现实等支撑技术，以创新的管理理念、专业化的管控体系、人性化的管理思想、一体化的管理平台为重点构建的新型电厂。智慧电厂具有数字化、信息化、可视化、智能化等特点，将最大限度地实现电厂的安全、经济、高效、环保运行。

本书将重点对常规火电的智慧能源技术进行阐述，并对燃机与内燃机、分布式光伏与风电进行说明。

1.2 蓄电技术概述

在电力系统的实际运行中，电力的生产、输送和使用是同时发生的，而电力负荷的需求却瞬息万变，比如，在一天之内，白天和前半夜的电力需求较高（其中最高时段称为高峰）；下半夜大幅度地下跌（其中最低时段称为低谷），低谷有时只及高峰的一半甚至更少。为了匹配电力负荷曲线，发电设备需要在负荷高峰时段满发，并在低谷时段降低出力，甚至暂时停机。

为了按照电力需求来协调使用系统内相关发电设备，需采取一系列的措施，各种蓄电储能手段应运而生。储能指通过一定方式将能量转换成较稳定的存在形态后进行储存，并按需释放。按照蓄电储能作用时间的长短，可以将蓄电储能系统分为数时级以上、分钟至小时级、秒级等。

根据能量存储方式的不同，储能技术主要分为物理储能、电化学储能、电磁储能等三大类。其中，物理储能主要包括抽水蓄能、压缩空气、飞轮储能、储氢等，主要应用于数时级以上的工作场景；电化学储能是应用范围最为广泛、发展潜力最大的储能技术，主要包括钠硫电池、液流电池、锂离子电池等，主要应用于分钟至小时级的工作场景；电磁储能包括超级电容储能、超导储能等，主要应用于秒级的工作场景。

本书将对抽水蓄能、电化学储能及压缩空气储能进行重点阐述。

1.3　储热储冷技术概述

储热储冷是热能的存储和利用，是广义储能的一种类型。储热储冷技术解决热（冷）量供应与需求在时间和空间上的不一致问题，提升热（冷）能利用的灵活性，在能量充沛或价格低廉时段储存能量，在能量不足或价格昂贵时段释放能量，满足建筑物需冷需热量的全部或者一部分，也是我国电力需求侧管理（Demand Side Management，DSM）行之有效的技术手段之一。

储热储冷技术在传统的供暖和制冷领域、可再生能源消纳、综合智慧能源系统等新领域承担着重要的角色。在供冷供热系统中，合理配置一定比例的储热储冷装置，可以大幅降低系统的运行成本。

储热储冷技术主要包括水蓄热、固体储热、熔盐蓄热、相变蓄热、热化学蓄热技术，水蓄冷、冰蓄冷、相变蓄冷等，其中水蓄热、固体蓄热、熔盐蓄热、水蓄冷、冰蓄冷等技术相对成熟，均有工程应用项目，是适合综合智慧能源项目选择的储热储冷技术，将在本书进行重点阐述。

1.4　热泵技术概述

我国建筑业、工业和农业消耗大量中低温热能，且大部分由化石燃料制备，可再生能源利用比例低。目前，建筑运行中能源消耗 50% ～ 70% 为化石燃料生产的热能形式消耗，农业温室大棚、畜牧养殖供暖热源仍主要为燃煤锅炉。在全面推进碳达峰与碳中和的战略背景下，能源领域将产生革命性变化，最显著的一点是能源转换链条由目前的“燃料产热、热发电”变革为“绿电生产、电制热”，终端用能电气化态势明显。

热泵作为一种可再生能源利用装置，是电制热的最有效方式，其显著的节能、减碳特征成为替代化石能源中低温热能生产的最优技术方案。在建筑行业，热泵技术可应用于新建建筑和既有建筑改造的供暖制冷和热水供应，其二氧化碳排放量相对燃煤锅炉降低 60% ～ 80%；对于工业生产，大容量的高温工业热泵是解决工业能源脱碳的有效方案之一；对农业部门，热泵技术在农业环境调控、农产品干燥中的应用可以带来 20% ～ 60% 的节能效果。

热泵技术的优势在于能整合可再生或废弃的热源，从而减少化石燃料的需求，同时有效和可控地利用电力或余热供热制冷。从技术路线角度来看，热泵是用热领域实现零碳的最好技术路径。按低位热源进行分类，热泵分为空气源热泵系统、水源热泵系统、地源热泵系统（特指土壤源）。按照工作原理进行分类，热泵分为蒸气压缩式热泵、吸收式热泵、蒸汽喷射式热泵等。其中智慧能源项目常用的热泵有空气源热泵系统、水源热泵系统、地源热泵系统，将在本书重点阐述，吸收式热泵应用场景较少，本书暂不介绍。

1.5 智慧用电技术概述

随着新能源汽车各种细分技术的快速发展，补能方式的多样化已经逐渐走进市场。充换电技术是指通过充电桩将电能输入电动汽车的电池中，或者通过换电站更换电动汽车的电池，实现电动汽车的充电或换电过程。这项技术是电动汽车发展的重要环节之一，也是推动电动汽车普及的关键技术之一。

智慧路灯将以道路照明灯杆为基础，整合公安、交通信号、通信、交通标识牌等为一体，实现多杆合一，减少路面立杆，释放公共空间资源。同时，作为智慧城市建设的重要载体，智慧路灯将作为物联网的端口，发挥更大的“综合体”作用。作为城市中分布最为密集且均匀的信息基础设施，路灯杆被认为是第五代移动通信技术（5G）基站室外覆盖较优的载体，在智慧城市、5G 基站建设的推动下，将逐步由单一照明功能变成新型公共基础设施。

本书将简要介绍充电技术、充换电池技术及智慧路灯的技术应用情况。

1.6　供热技术概述

在国家碳达峰、碳中和目标指引下，我国清洁供热产业发展迎来新机遇。清洁供热是一种以末端需求为核心的拉动式供热方式。锅炉、太阳能、地热是常用的供热热源类型。其中，清洁供热产业常用的锅炉供热包括燃气锅炉、生物质锅炉、电极锅炉、固体蓄热电锅炉等，太阳能供热包括太阳能热泵供热、聚光型太阳能集热供热、非聚光型太阳能热水系统供热等，地热供热包括水热型地热供暖、干热岩地热供暖等，本书将简要介绍以上清洁供热技术与典型应用案例。

1.7　制冷技术概述

制冷机是一种将较低温度的被冷却物体的热量转移给环境介质从而获得冷量的机器。从较低温度物体转移的热量习惯上称为冷量。

制冷机的主要性能指标有工作温度、制冷量、功率或耗热量、制冷系数、热力系数等。工作温度对蒸气压缩式制冷机而言是蒸发温度和冷凝温度，对气体压缩式制冷机和半导体制冷机而言是被冷物体的温度和冷却介质的温度；制冷量是制冷机单位时间内从被冷却物体移去的热量；制冷系数是消耗单位功所能得到的冷量，是衡量蒸气压缩式制冷机经济性的指标；热力系数是指消耗单位热量所能得到的冷量，是衡量吸收式和蒸汽喷射式制冷机经济性的指标。

根据制冷原理不同，制冷机可分为：蒸气压缩式制冷机、吸收式制冷机、蒸汽喷射式制冷机、半导体制冷机。其中，智慧能源项目常用的制冷机有以电力驱动的蒸气压缩式制冷机和以热能驱动的吸收式制冷机两大类，蒸汽喷射式制冷机和半导体制冷应用场景较少，本书暂不介绍。制冷机作为冷源重要的供能设备和调峰设备，具有启停灵活性大、生产效率高、系统投资低等优势，是不可忽略的重要组成部分。随着综合智慧能源的深入发展，电制冷设备将更加丰富能源的供应形态，实现多能耦合和多能互补，满足用户冷、热、电、气、水综合能源的需求。

1.8 智慧控制技术概述

能源电力管控系统作为能源系统的大脑和神经中枢，在能源系统运行中具有举足轻重的作用。目前各类发电企业均配备了自动控制系统、监控信息系统以及管理信息系统，已经初步实现自动化控制运行体系，但仍缺乏较为完善的综合调控体系，导致自动化系统之间处于分离状态，未实现资源共享，阻碍开展协同管理，与能源电力的智能化生产管理预期存在一定差距。

伴随着能源电力行业数字化智能化转型大潮，管控系统也积极探索应用先进数智化技术，从现场检测 / 监测设备层到过程控制和生产监控层，再到厂级 / 区域 / 集团级管理层，逐项研究各层级各环节数字化智能化解决方案，充分挖掘电力设备和数据的潜力，实现管控一体化，解决传统管控系统中存在的各种瓶颈问题，提高发电行业生产运行管控水平及经营管理水平，提升能源供需协调能力，提高能源系统综合效率。

本书针对不同类型能源系统分别阐述了其管控系统架构特点，并选取应用场景最为复杂的火力发电站智慧电厂和综合智慧能源管控系统，从技术特点、典型功能、应用案例三方面详细介绍数字化智能化技术的应用。

第 2 章　智慧发电技术

2.1 火　电

2.1.1 智慧化建设支撑技术

我国火电领域在信息化、数字化实践基础上，已经开始了智能化探索，伴随着第四次工业革命的快速发展，5G、物联网、大数据、云计算、人工智能、区块链、边缘计算等新一代信息智能技术为电力行业数字化转型、智能化创新提供了技术支撑，各类发电企业都在积极推进智慧电厂建设，致力于通过“云、大、物、移、智”技术在传统能源电力行业的应用，切实推进互联网、大数据、人工智能与实体经济深度融合。2022 年，电力行业加快数字化转型，加强数字基础设施建设，实施关键核心数字技术攻关，推动电力信息技术创新应用，激活数据要素潜能，加快推进数字技术与电力全业务、各环节深度融合，主要电力企业数字化投入为 373.3 亿元，比上年增长 22.3%。

在实现火电项目智慧化建设过程中，大数据、人工智能、云计算等支撑技术已得到稳定发展。

2.1.1.1 大数据

大数据是指具有体量巨大、来源多样、生成极快且多变等特征并且难以用传统数据体系结构有效处理、包含大量数据集的数据。

从信息系统的角度来看，大数据处理是涉及软硬件系统各个层面的综合信息处理技术。大数据的生命周期包括数据采集、数据预处理、数据存储与管理、数据处理、数据分析、数据可视化与应用等六个过程。大数据系统框架如图 2.1 所示。

（1）数据采集。数据采集模块应提供数据导入功能，支持结构化数据、非结构化数据和半结构化数据导入，支持离线数据和实时数据导入，支持全量数据和增量数据导入，提供开放的数据导入应用程序接口（Application Programming

Interface，API），具有自动定时导入数据功能。针对主要数据源及其存放位置，数据采集可分为：数据库数据采集、系统日志数据采集、网络数据采集、感知设备数据采集。

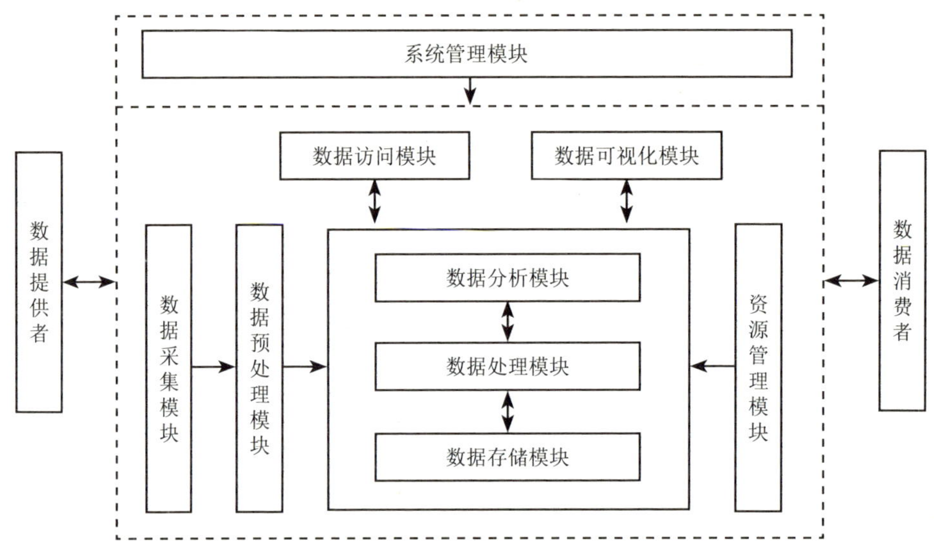

图 2.1 大数据系统框架

大数据智能感知系统需要实现对结构化、半结构化、非结构化的海量数据的智能化识别、定位、跟踪、接入、传输、信号转换、监控、初步处理和管理等。其关键技术包括针对大数据源的智能识别、感知、适配、传输、接入等。

（2）数据预处理。数据预处理模块具有数据抽取、数据清洗、数据加载、非结构化数据的数据转换功能，能将清洗和转换的数据加载到数据分析模块，可进行清洗前后数据的比对。数据预处理环节有利于提高大数据的一致性、准确性、真实性、可用性、完整性、安全性等，其中的相关技术是影响大数据过程质量的关键因素。

1）数据清洗：数据清洗是指对数据进行重新检查和校验，目的在于删除重复信息、纠正错误，并提供数据一致性验证。数据清洗包括处理无效数据、缺失数据、不一致数据、重复数据。

2）数据集成：数据集成是将来自多个数据源的数据，如数据库、数据立方（即多维度的数据）、普通文件等，结合在一起，从而形成统一的数据集合，以便为数据处理工作的顺利完成提供完整的数据基础。

3）数据归约：数据归约是指在不损害分析结果准确性的前提下，降低数据集的规模，使之简化，包括维归约（即减少随机变量的个数）、数据归约、数据抽样等技术，有利于提高大数据的价值密度，即提高大数据存储的价值性。

4）数据转换：数据转换包括基于规则或元数据的转换、基于模型与学习的转换等，可通过转换实现数据统一，有利于提高大数据的一致性和可用性。

（3）数据存储与管理。数据存储模块支持结构化、非结构化、半结构化数据的存储，支持分布式文件、分布式列式数据、分布式结构化数据、分布式图数据存储。由于轻型数据库无法满足对结构化、非结构化、半结构化海量数据的存储和管理以及复杂数据的挖掘和分析操作，大数据的存储和管理通常采用分布式文件系统、NoSQL 数据库等。其中，常用的分布式文件系统有 HDFS、Ceph、Glusterfs、GFS、TFS、FastDFS、Sheepdog、Swift、Lustre 等，常用的 NoSQL 数据库有 HBase、Redis、MongoDB、CouchBase、LevelDB 等。

（4）数据处理。大数据处理技术与大数据存储方式以及业务数据的类型等相关，针对大数据处理的分布式计算模型有批处理计算、内存计算、流计算等。批处理的分布式计算框架适合处理各种结构化、非结构化数据；分布式内存计算系统可有效减少数据读写和移动的开销，提高大数据的处理性能；分布式流计算系统则是对数据流进行实时处理，以保障大数据的时效性和价值。

（5）数据分析。大数据分析技术包括对已有数据的分布式统计分析技术、对未知数据的分布式数据挖掘、深度学习技术等，数据分析可用于决策支持、工业智能、预测系统等。分布式统计分析可由数据处理技术完成；分布式数据挖掘和深度学习技术则在大数据分析阶段完成，包括聚类与分类、关联分析、深度学习等，可挖掘大数据集合中的数据关联性，形成对事务模式或属性规则的描述，可通过构建机器学习模型和海量训练数据提升数据分析与预测的准确性。

（6）数据可视化与应用。

1）数据可视化。数据可视化是指将大数据分析结果以各种图表、图形或图像等直观方式显示给用户的过程，并可与用户进行交互式处理。数据可视化技术有利于发现大量业务数据中隐含的规律性信息，以支持管理决策。

数据可视化可大大提高大数据分析结果的直观性、易读性，便于用户全面理解分析结果与使用分析结果。常用的大数据可视化技术（如直方图、条形图与饼状图、散点图与折线图、时间序列图、关系图、热图、地图、词云、三维图等）可应用于不同的数据表达方式。

2）大数据应用。大数据应用是指将经过分析处理后得到的大数据结果应用于管理决策、战略规划等的过程，它是对大数据分析结果的检验与验证，大数据应用过程直接体现了大数据分析处理结果的价值。

随着火电厂各种数字化、智能化仪表设备取代原有的机械式仪表设备，各类传感设备、移动终端、数据采集装置等将产生大量的各种检测和监测数据；电厂的日常管理等相关活动，也源源不断地产生各种企业管理相关数据；另外，随着智慧化技术的发展，要提升电厂的运营水平，除了采集电厂本身产生的数据外，还将纳入天气、能源需求、用户行为、社会事件等多种来源的海量信息。火电厂要实现设备全生命周期健康管理、精确的“实时成本”分析与“日利润”预测、市场现货预测分析、竞价上网报价分析等智能应用功能，实现海量多源异构数据的处理、计算、存储和分析，均需要采用大数据技术。

2.1.1.2　人工智能

人工智能是新一轮科技革命和产业变革的重要驱动力量。麦肯锡公司的数据表明，人工智能每年能创造 3.5 万亿至 5.8 万亿美元的商业价值，使传统行业商业价值提升 60% 以上。人工智能（Artificial Intelligence，AI）是计算机科学的一个分支，利用计算机模拟人类的智力活动，目的是促使智能机器会听（语音识别、机器翻译等）、会看（图像识别、文字识别等）、会说（语音合成、人机对话等）、会思考（人机对弈、定理证明等）、会学习（机器学习、知识表示等）、会行动（机器人、自动驾驶汽车等）。

人工智能可以依托大数据，对庞大的信息资源进行处理、分析得到有效数据，使得决策更有依据、更加准确。数据、算法和算力是人工智能的三要素，也是其核心驱动力，支撑其核心技术的应用。

（1）机器学习。机器学习主要是研究计算机怎样模拟或实现人类的学习行为，以获取新的知识或技能，重新组织已有的知识结构，使之不断改善自身的性能。

机器学习算法中包括神经网络算法、逻辑回归算法、隐马尔可夫算法、支持向量机算法、K 近邻算法、三层人工神经网络算法、Adaboost 算法、贝叶斯算法以及决策树算法等。

（2）深度学习。深度学习是机器学习的一种，是建立深层结构模型的学习方法。典型的深度学习算法包括深度置信网络、卷积神经网络、受限玻尔兹曼机和循环神经网络等。

（3）知识图谱。知识图谱通过知识抽取技术，从一些公开的半结构化、非结构化数据中提取出实体、关系、属性等知识要素。通过知识融合，可消除实体、关系、属性等指称项与事实对象之间的歧义，形成高质量的知识库。知识图谱为海量、异构、动态的大数据表达、组织、管理以及利用提供了一种更为有效的方式，使得网络的智能化水平更高，更接近于人类的认知思维。

（4）人机交互。人机交互主要研究人与计算机之间的信息交换，是人工智能领域的重要外围技术，包括语音交互、体感交互及脑机交互等技术。

（5）计算机视觉。计算机视觉是使计算机模仿人类视觉系统，让计算机拥有类似人类提取、处理、理解和分析图像以及图像序列的能力。根据解决的问题，计算机视觉可分为计算成像学、图像理解、三维视觉、动态视觉和视频编解码五大类。

（6）生物特征识别。生物特征识别技术是指通过个体生理特征或行为特征对个体身份进行识别认证的技术。生物特征可分为生理特征（如指纹、人脸、虹膜、掌纹等）和行为特征（如声纹、步态等）。

2.1.1.3　云计算

智慧电厂在生产与管理过程中会产生大量的数据，对运算处理与存储能力有很高的要求，云计算出现的初衷就是解决特定大规模数据的处理问题，因此被业界认为是支撑智慧电厂“后端”的最佳选择。

（1）云计算服务类型。云计算（Cloud Computing）是分布式计算、并行计算和网格计算等概念的进一步延伸。按照服务类型，云计算可以分为三类：软件即服务（Software as a Service，SaaS）、平台即服务（Platform as a Service，PaaS）和基础设施即服务（Infrastructure as a Service，IaaS）。其中，SaaS 将软件以服务的形式通过网络提供给用户使用，PaaS 提供的是供用户开发、测试和运行软件应用的能力，IaaS 提供的是供用户直接使用的计算资源、存储资源和网络资源的能力。云计算服务类型及其应用见表 2.1。

表 2.1　云计算服务类型及其应用

服务类型	中文名称	应用
SaaS	软件即服务	CRM、ERP、HRM、IM、邮件、行业应用
PaaS	平台即服务	数据挖掘、编程模型、数据库管理、访问控制、身份认证、系统管理
IaaS	基础设施即服务	数据存储、计算服务、负载管理、安全备份、技术支撑、系统维护

（2）云计算架构。云计算架构解决了传统 IT 部署架构硬件高配低用、新旧整合困难等问题，创新了技术和服务模式，可为用户节省成本，带来更高的效率。云计算架构分为四层：三层是横向的，分别是显示层、中间件层和基础设施层，通过这三层技术，能够提供丰富的云计算能力和友好的用户界面；一层是纵向的，称为管理层，这一层是为了更好地管理和维护横向的三层。为了完成相应层次的功能，每一层采用了不同的技术。

1）显示层：显示层主要用于以友好的方式展现用户所需的内容，通过 HTML、JavaScript、CSS、Flash、Silverlight 等技术，将需要浏览的内容或者数据等呈现在我们面前，类似于电脑的显示器。

2）中间件层：中间件层是承上启下的，其在基础设施层提供资源的基础上提供了多种服务，如缓存服务和基于表述性状态转移（Representation Transfer State，REST）服务等，这些服务既可用于支撑显示层，也可以直接让用户调用。中间件层主要有以下五种技术：

- REST：即一组架构约束条件和原则，是一种设计风格而不是标准，满足这些约束条件和原则的应用程序或设计就是 RESTful。
- 多租户：即一种软件架构技术，能够让一个单独的应用实例为多个用户或组织服务，并且保持良好的隔离性和安全性。
- 并行处理：即一种使计算机系统同时执行多个处理的计算方法。
- 应用服务器：即在原有的应用服务器基础上，为云计算做一定程度的优化，通过将 Web 应用程序驻留在应用服务器上，产生所谓的“浏览器 / 服务器”结构（B/S）和“瘦客户机”模式等。
- 分布式缓存：通过分布式缓存技术，不仅能有效降低对后台服务器的压力，还能加快相应的反应速度。

3）基础设施层。基础设施层的作用是为中间件层或用户准备所需的计算和存储等资源。基础设施层主要有以下四种技术：

- 系统虚拟化：通过虚拟化技术，能够在一个物理服务器上生成多个虚拟机，并且能在这些虚拟机之间实现全面隔离。
- 分布式存储：主要用来承载海量的数据，同时保证这些数据的可管理性。如 Hadoop 的 HDFS。
- 关系型数据库：在原有的关系型数据库基础上做了扩展和管理等方面的优化，使其在云中更适应。
- NoSQL：为了满足一些关系数据库无法满足的目标（如支撑海量数据等）

而设计一些不是基于关系模型的数据库，如 Hadoop 的 HBase。

4）管理层。管理层是为横向三层服务的，并给这三层提供多种管理和维护等方面的技术。其管理主要包括以下六个方面：

- 账号管理。
- 服务等级协议（Service Level Agreement，SLA）监控。
- 资源流量管理。
- 安全管理。
- 负载均衡。
- 运维管理。

2.1.1.4　超融合基础架构

超融合基础架构（Hyperconverged Infrastructure，HCI）是一种集成了虚拟计算资源和存储设备的信息基础架构。同一套单元设备中不但具备计算、网络、存储和服务虚拟化等资源和技术，还包括备份软件、快照技术、重复数据删除、在线数据压缩等元素，而且多套单元设备可以通过网络聚合起来，实现模块化的无缝横向扩展，实现统一的资源池。超融合基础架构可为数据中心带来最优的效率、灵活性、规模、成本和数据保护。

超融合的基础设施可以从硬件和软件两个层面，给数据中心的设计带来革命性的转变。HCI 软件可以用软件定义存储（Software Defined Storage，SDS）和软件定义网络（Software Defined Network，SDN）来进一步充实和发展服务器虚拟化技术，而 HCI 硬件则可以把计算、存储和网络融合到一个硬件集成的系统当中。本质上，超融合架构基于虚拟化技术，但又在该技术上加以整合，将分散的安全能力、计算能力、通信能力、存储能力整合为一个基础平台，将各个超融合最小物理节点（即超融合服务器）通过复合软件定义网络连接，通过系统级专用软件整合得出资源池概念（图 2.2）。由于硬件资源是通过软件将业务和系统进行解耦，对业务和资源建立强联系，意味着硬件只要满足基本要求，其资源便可接入超融合架构，且由于阻断了业务和系统、业务与硬件的强联系，对于业务资源可以根据业务实际体量

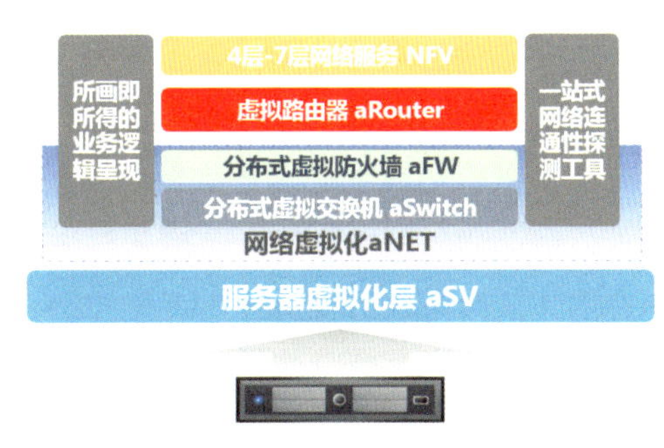

图 2.2　资源池概念示意图

进行分配，充分利用每个超融合节点内的计算、内存和存储资源，避免传统 IT 模式存在资源浪费并且不具备资源冗余能力的问题。

HCI 的业务优势：数据中心部署周期更快、扩展能力更强，IT 组织内部的运维模型更加合理，系统管理更加简单。

2.1.1.5　物联网

物联网是指通过信息传感设备，按约定的协议，将任何物体与网络相连接，物体通过网络进行信息交换和通信，以实现智能化识别、定位、跟踪、监管等功能。物联网应用中有三项关键技术，分别是感知层、网络传输层和应用层。

（1）感知层。感知层实现信息的感知、识别。信息的感知是指对事物属性状态及其变化方式的知觉和敏感；信息的识别是指能把所感受到的事物状态用一定方式表示出来。感知层采用的设备或技术有：传感器、执行器、标签、生物特征识别。标签包括二维码、RIFD（Radio Frequency Identification）标签、NFC（Near Field Communication）标签；生物特征识别包括指纹、人脸、虹膜、声纹、姿态等识别。

（2）网络传输层。网络传输层实现信息的发送、传输和接收，把获取的事物状态信息及其变化方式从时间（或空间）上的一点传送到另一点。网络传输层主要包含通信设备、无线通信模组和网络服务。通信设备主要有通信传输设备、通信交换设备、通信终端设备、移动通信设备、移动通信终端设备等。无线通信模组主要有 Wi-Fi 模组、蓝牙模组、ZigBee 模组、LoRa 模组、5G 模组等。网络服务是指在物联网中提供各种基于网络的服务和功能，包括数据传输、数据存储、数据分析、远程控制、安全保障等，通过物联网平台或云平台实现设备和应用之间的连接和交互，为用户提供丰富的功能和服务，如远程监控、智能决策、自动控制等。

（3）应用层。应用层可从物联网解决方案、垂直行业应用、设备和服务集成三个方面来谈。物联网解决方案是指基于物联网技术和平台构建的综合性解决方案，通过整合传感器、通信网络、数据存储与处理、应用系统等关键技术要素，实现设备之间的互联互通，数据的采集、传输、存储和分析以及应用系统的开发和应用，从而实现智能感知、智能控制、智能决策等功能，为各行业和领域提供全面的数据采集、信息传递、智能决策和服务支持。常见的物联网解决方案有智能家居解决方案、工业自动化解决方案、智能交通解决方案、智能医疗解决方案、智能农业解决方案。垂直行业应用是指针对特定行业需求而设计和开发的物联网解决方案。设备和服务集成是将各种物联网设备、云平台、软件应用等组合在一起，通过数据交互、协调和控制，实现设备之间的互联互通，以及与用户的交互和服务提供。

智慧电厂中建设物联网，通过传感器、移动终端、视频监视摄像头、射频识别技术、定位系统、红外感应器、激光扫描器等各种装置与技术，实时采集现场任何需要监控、连接、互动的物体或过程的信息，通过各类可能的网络接入，实现物与物、物与人的泛在连接，实现对物品和过程的智能化感知、识别和管理。智慧电厂中的物联网设备主要有：智能安全管控类物联网设备，如智能摄像头、智能安全帽、人员定位设备、防误设备、智能门禁等，结合 AI 算法，实现全厂安全智能管控；智能维护与现场管理类物联网设备，如加速度传感器、声音识别传感器、温度传感器、智能巡检机器人、斗轮机无人值守装置、智能煤场设备等，实现对设备、燃料等现场实时数据、信息采集；另外，智能管理平台中建设物联网平台，实现智能设备的数据接入、数据传输、数据共享、监控运维等功能，实现电厂的全面感知。

2.1.1.6　高性能移动通信技术

5G 通信技术即第五代移动通信技术，具有高带宽、高可靠以及低时延等优势，是支撑火力发电行业转型的新型基础设施。火力发电行业是智慧能源及智慧制造两大领域的重要组成部分，推进 5G 通信技术在火电厂智能化进程中的应用势在必行。

国际电信联盟（International Telecommunication Union，ITU）提出的 5G 通信技术关键技术指标见表 2.2，其应用场景分别为增强移动宽带（enhance Mobile BroadBand，eMBB）、大规模机器类通信（massive Machine Type Communication，mMTC）以及超高可靠低延时通信（ultra Reliable Low Latency Communication，uRLLC）。

表 2.2　5G 通信技术关键技术指标

技术指标	含义	4G	5G
用户体验速率 /（Gb/s）	真实网络环境下用户可获得的最低传输速率	0.01	0.1 ～ 1.0
用户峰值速率 /（Gb/s）	单个用户可获得的最高传输速率	1	20
移动性 /（km/h）	获得指定的服务质量，收发双方间获得的最大相对移动速度	350	500

续表

技术指标	含义	4G	5G
时延 /ms	数据从源节点到目的节点的时间间隔	20 ～ 30	低至 1
连接数密度 /（万台 /km^2）	单位面积连接数量总和	10	100
能量效率 / 倍	单位能量传输比特数	1	100
频谱效率 / 倍	单位带宽数据传输速率	1	3
流量密度 /（Tb/s/km^2）	单位面积内总流量	0.1 ～ 0.5	n×10

（1）增强移动宽带（eMBB）。eMBB 侧重 5G 通信技术高带宽特性，其核心技术是大规模多输入多输出技术（massive MIMO）以及超密集组网技术（Ultra Dense Network，UDN）等，在对带宽需求巨大的应用场景中，该特性将保证高效的数据传输服务。火电厂高清视频传输业务以及人工智能（AR）远程专家故障诊断平台等均属于该应用场景。

（2）大规模机器类通信（mMTC）。mMTC 体现 5G 时代万物互联，其核心技术是边缘计算以及物联网等。该类场景涉及火电厂中以传感器和数据采集为目标的应用，如在火电厂智能巡检系统中，各类移动巡检终端以及终端与数据中心之间的通信，均可采用 5G 通信技术作为网络连接方式，以满足终端间通信对网络移动性及实时性的要求。

（3）超高可靠低延时通信（uRLLC）。uRLLC 主要用于对通信可靠性以及时延要求较高的场景。火电厂不宜敷设电缆的大型移动设备以及远距离设备数据采集场景中可使用 5G 通信技术来保证高可靠低延时的无线连接，避免了电缆架设工作，降低资金投入的同时确保设备安全运行。

随着电厂生产智能化程度的提高，机器人、智能 VR/AR 等设备必将大量采用，以便能够对现场进行及时巡查，对设备故障进行远程会诊，无论是机器人运动控制、视频回传，还是 VR/AR 智能远程设备故障诊断与维修，不仅需要极大地消耗网络带宽资源，更需要快速的信息反馈和实时的状态控制，5G 通信技术高带宽、高可靠以及低延时的特点可以满足这些工业应用需求。

2.1.1.7 智能发电技术

智能发电是一个多学科交叉的研究领域，涉及多方面的基础理论与关键技术。现阶段的智能发电更多地集中在基于数据深度挖掘的智能化管控应用方面，目标是提升系统运行管理的综合性能。结合智能发电厂的总体架构，同时考虑数据交互应用中的安全性需求，智能发电系统关键技术可归纳为四类，包括：智能检测技术、智能控制技术、智能运行监控技术、智能分析与寻优技术。

（1）智能检测技术。智能检测采用现代先进检测技术，如微波、激光、静电、声波等，配合测控、软件计算和信息融合技术，实现传统上难以检测的机组和设备运行关键参数的在线准确测量和上传。智能检测在燃料多变、环境多变、工况多变等条件下，为机组智能化运行控制提供准确、稳定、可靠的原始数据信息，是实现智能发电的基础保障。如采用红外检测设备以热图像形式反映设备的三维温度场信息，利用基于激光诱导击穿光谱（LIBS）技术和基于次红外线技术进行煤质成分检测，采用声波、激光技术测量炉膛内温度场，采用声波、静电荷法等技术实现煤粉浓度、流速的非接触式测量等。

参数软测量技术是另一种型式的智能检测技术。对生产过程中难以测量或者暂时不能测量的重要变量，选择另外一些容易测量的辅助变量，通过两者构成的某种数学关系来推断或估计，以软件来代替硬件传感器，实现发电过程关键参数的在线检测。

（2）智能控制技术。智能控制包括两方面内容：一是指利用自动化程序将复杂步骤的控制过程实现自动运行；二是指利用智能算法将难以控制的生产过程对象实现精准稳定控制。依据类型划分，智能控制包括模糊控制、神经网络控制、专家控制、分层递阶控制、学习控制、仿人智能控制以及各种混合型方法，基于机理分析和数据驱动模型，进行高性能多目标优化控制器设计及快速优化求解，发展具有模型自学习、工况自适应、故障自恢复能力的控制算法和控制策略，满足环境条件、设备状态、燃料品质、机组工况变化下的控制需求，实现机组全范围、全过程的高性能控制。火力发电厂主要在机组协调控制、汽温控制、一次调频控制、AGC 控制、锅炉燃烧控制、机组冷端控制、环保排放控制等方面积极探索采用先进控制技术及算法，提升主要控制回路调节品质，实现机组节能降耗减排，提高机组运行的安全性、稳定性、经济性和灵活性。

（3）智能运行监控技术。智能运行监控技术是利用数据挖掘、预测分析、深度学习等人工智能技术，结合火电厂运行监控需求，对生产过程工艺参数进行预测、分析、评价，并合理展示结果信息，实现智能化辅助决策的作用，提高运行人员监盘效率，降低工作劳动强度，提升机组运行的安全性、经济性。

（4）智能分析与寻优技术。采用机理建模、数据分析、机器学习等方法，实时处理生产运行中产生的大量数据，计算出机组安全、经济、环保等各项指标，在线评价机组运行状态；进行智能寻优，计算参数的最优标杆值，并实时给出当前偏差，指导运行消差或投入自动校正回路，使机组实现自趋优运行。

2.1.2 基于大数据的火电厂锅炉运行优化技术

2.1.2.1 技术背景

众所周知，锅炉是电厂热力系统中重要的设备，其热力系统模型复杂，同时，运行过程中也存在较大的节能空间。本技术针对电厂热力系统中锅炉最为关键的环节——锅炉燃烧进行研究，寻求最优化的燃烧过程，即在合理的污染物排放下获取最高的锅炉效率，具有重要的节能和环保意义。本技术结合大数据和智能算法等手段，将其应用于传统行业，是新旧产业的深度融合，帮助我们在电厂运行方面更好地实现节能减排，挖掘出重要的经济价值。

2.1.2.2 核心技术

本技术通过利用电厂运行数据，基于大数据的处理、挖掘手段，搭建发电厂锅炉燃烧的模型，并在此基础上进行优化。

利用电厂一段时间的运行数据，并对数据进行预处理。结合电厂热力系统进行机理分析，并对电厂现有燃烧调整曲线进行研究，建立锅炉的关键参数（煤质、气温、负荷、煤粉细度、一/二次风量等）与目标变量（锅炉效率、氮氧化物浓度、厂用电率等）之间的关系模型，通过利用不同的算法，对比其建模精度、效率，选定最终的燃烧系统模型。

利用多目标优化算法，对数据挖掘形成的关系模型进行优化，提供多目标参数的推荐值，以提高运行经济性、保证环保达标，并在实际运行中进一步验证优化算法效果，不断完善和优化。

2.1.2.3 应用效果

本技术可广泛应用于各类煤粉炉中，根据应用电厂的效果来看，一般可降低机组发电煤耗 0.3 ～ 1g/kWh。通过对某电厂的运行数据进行处理和优化，得到不同负荷下优化前后的锅炉效率和 NO_x 排放浓度的情况，如图 2.3 所示。

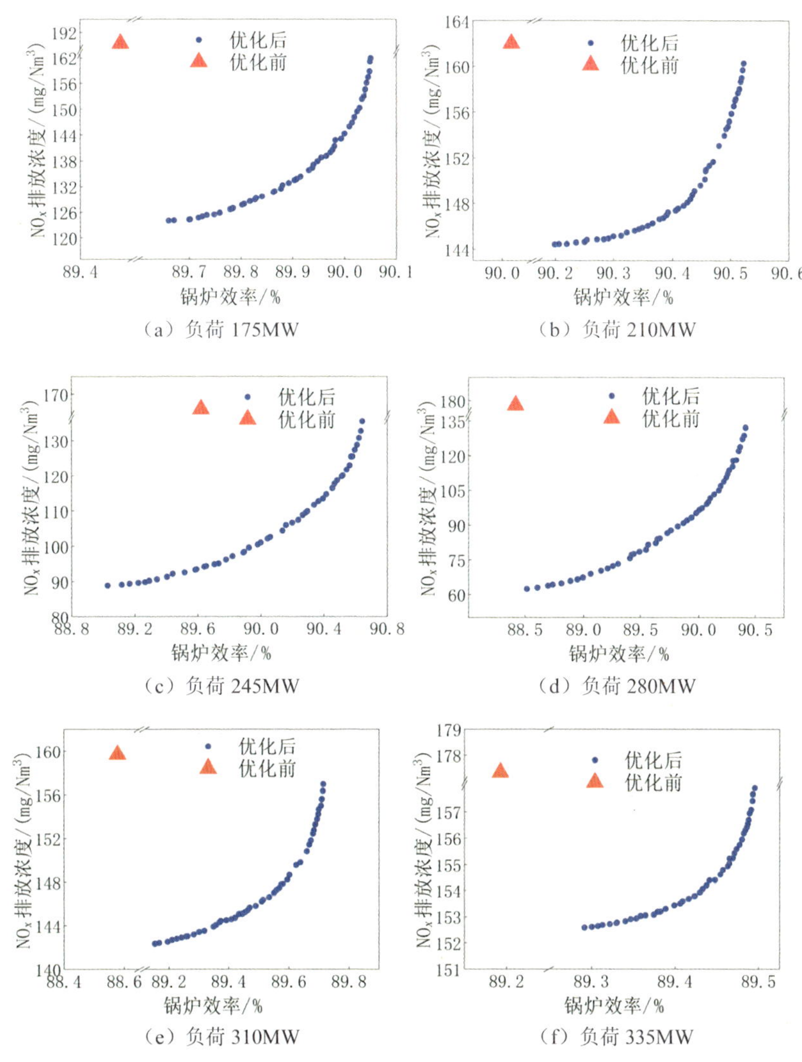

图 2.3　某机组不同负荷下优化前后运行效果对比

2.1.3　考虑多因素耦合的汽轮机背压闭环控制优化技术

2.1.3.1　技术背景

汽轮机冷端是电厂节能潜力最大的部分，火电厂冷端的安全经济运行对电厂的经济性有直接而重大的影响，1kPa 的背压变化大约影响机组发电煤耗 1.5g/kWh。

运行人员在完全无法获得冷端系统的实时性能状态的条件下，往往只能根据自己的经验进行粗放式调整。

2.1.3.2 核心技术

本技术通过采用神经网络建立冷端凝汽器换热模型，并与冷却塔、循环水泵模型形成闭式冷端系统。通过合理目标值的确定，结合试验得到微增功率曲线，研究不同水温和负荷下的最佳背压。

将以上最佳背压纳入到DCS控制策略中，实现循环水变频泵的实时运行调整。从而实现在不同运行工况下，机组的各种组合运行方式，达到最经济的效果。冷端智能管理平台界面如图2.4所示。

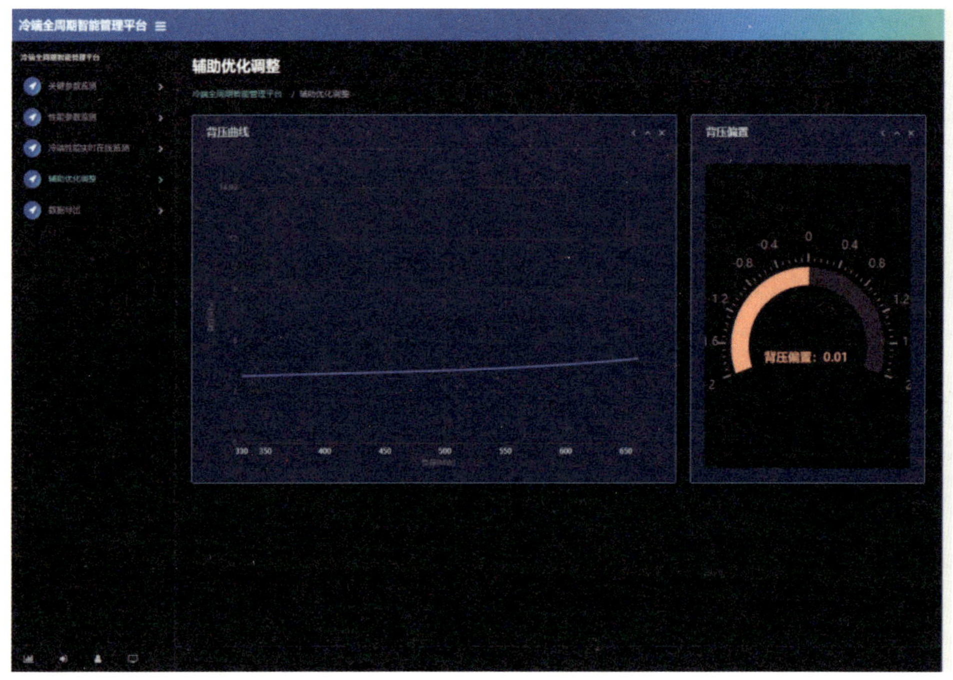

图2.4　冷端智能管理平台界面

除此之外，本技术还有冷端性能在线监测，如图2.5所示，可以及时发现凝汽器换热性能的下降，并及时采取相应措施，确保系统维持在较好的运行状态。

2.1.3.3 应用效果

本技术广泛应用于各类凝汽机组中，根据电厂的反馈来看，主要是降低了低负荷和冬季的运行电耗，同时，其他季节的背压也能自动运行在最经济状态下，全年取得效果为降低发电煤耗约 1g/kWh。

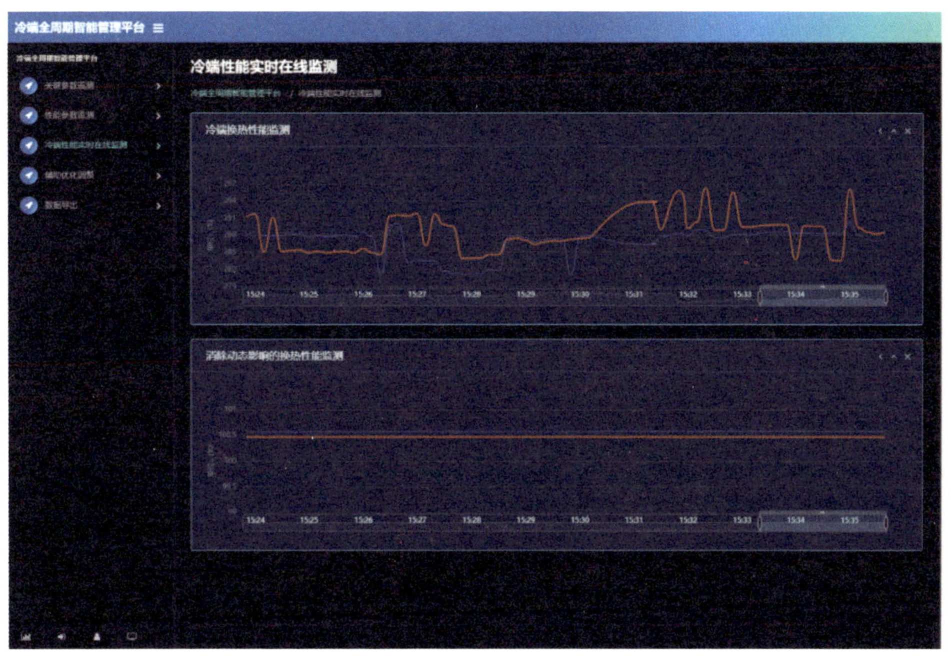

图 2.5　冷端性能实时在线监测界面

2.1.4　智慧冷端优化运行技术

2.1.4.1　技术背景

火电厂冷端系统，主要由真空状态下定压放热的凝汽器和保证冷源温度的冷却设备共同组成。在设计工作中，需要按规范要求进行冷端优化，也就是对系统的各参数进行组合与比选，并以年费用最小法，得到最优的冷端系统设备配置方案，包括凝汽器、循环水泵、冷却装置、循环水管与排水沟尺寸等。而在电厂的实际运行中，电厂更关心“如何以不同目标的定量化指标，指导电厂冷端系统的运行”，冷端系统的运行优化则需根据电厂实际发电负荷，结合实时气象，对各冷端运行方案实时进行热力计算、水力计算和经济计算，并对某时段的数据进行汇总分析，得到运行费用最低、发电利润最大等不同目标的运行方案，用于指导冷端系统的运行。冷端优化与智能冷端运行，二者的相互关系如图 2.6 所示。

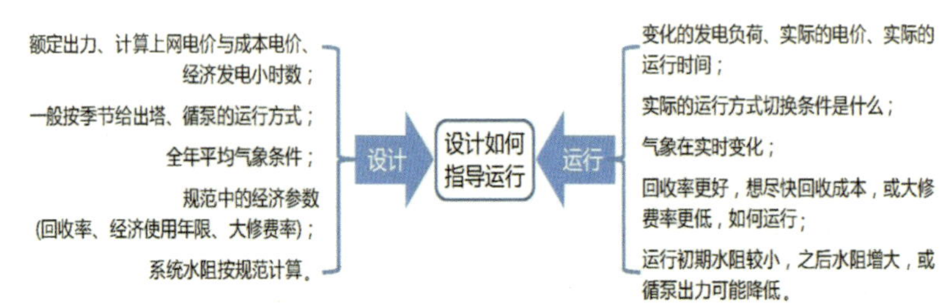

图 2.6　冷端优化与智能冷端运行的相互关系

目前，国内对冷端系统优化运行的研究，一般基于电厂运行经验，对于系统逻辑关系、关键参数的计算方法有所研究，并开始采用自动化手段实现优化控制。

2.1.4.2　核心技术

对冷端优化运行技术的研究与开发，将以变化的外部条件为输入条件，基于冷端系统的实时计算和汇总分析，寻求综合体现运行费用与发电煤耗的最优运行方案，用于指导冷端系统的运行。面向火电厂智能化运行和精细化管理需求，针对电厂热力系统中汽轮机这一关键环节，研究智慧冷端的关键技术，研究成果将具有重要的节能和环保意义。同时，结合电厂生产数据和管理数据的治理，借助于电厂一体化集成平台建设与工程示范验证，提高电厂管理水平，提高设备运行效率，为电厂运营管理及信息化建设提供全寿期、全方位的数据支持，为电厂决策提供科学依据，可带来直接的经济效益和社会效益。

在电力工程中，带自然通风冷却塔的二次循环系统是火电厂最常见的冷端系统，此类冷端系统的智慧优化运行也是行业内研究最多、成果最丰富的，主要内容包括运行修正、水力计算、热力计算与经济计算等。

（1）运行修正：主要是结合运行数据，对内置的参数进行校核和修正，比如对已选择时间段内的气象、出塔水温和背压进行计算，得到计算值与实测值的偏差，并在热力计算中考虑。

（2）水力计算：一般采用“调用历史数据”，即读取保存的数据中、相同水泵台数时的相关数据，并求得流量和功率的平均值，作为优化计算的依据，或根据内置的计算模块进行冷端系统的水力计算。

（3）热力计算：针对组合的优化参数，求得循环水温度、汽轮机背压、微增出力或微增煤耗，以便进行经济计算。

（4）经济计算：对组合的优化方案，求得微增发电和循环水泵运行费用，按设定的目标函数，进行比选寻优。

2.1.4.3　应用效果

本技术基于华东某电厂实际运行表计，研究实际大数据的噪声处理和有效信息挖掘技术，通过对机组运行数据进行聚类处理，得到有效数据。在此基础上利用高精度机组热耗率在线计算方法，对机组最佳运行压力进行回归。

在冷热端耦合方面，主要采用主蒸汽流量作为自变量的方法，消除背压、抽汽量等因素对机组滑压压力的影响，并将其内容集成到 DCS 中，如图 2.7 所示。

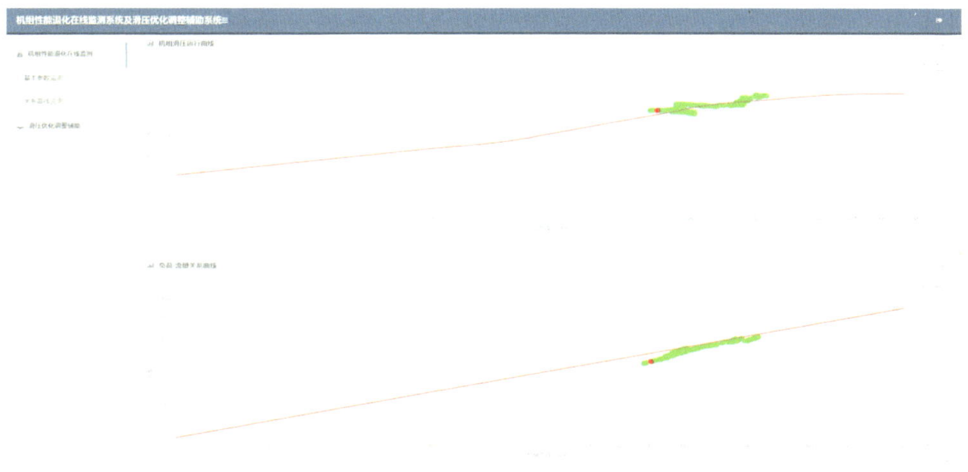

图 2.7　滑压运行曲线

同时本技术还具有机组性能下降评估和监测的功能，可以及时根据机组性能的变化调整运行压力，如图 2.8 所示。

本技术与传统滑压优化技术相比，在手段上采用了数据挖掘的方法，除此之外，一方面实现了冷热段的耦合，解决了背压变化对滑压压力的影响；另一方面增加了机组性能变化的分析，并实现随机组性能变化实时调整滑压压力。与传统技术相比滑压压力更加精准，实现了动态调整。

本技术可广泛应用于各类凝汽式机组中，根据应用电厂的效果来看，可降低机组发电煤耗 1.2g/kWh。

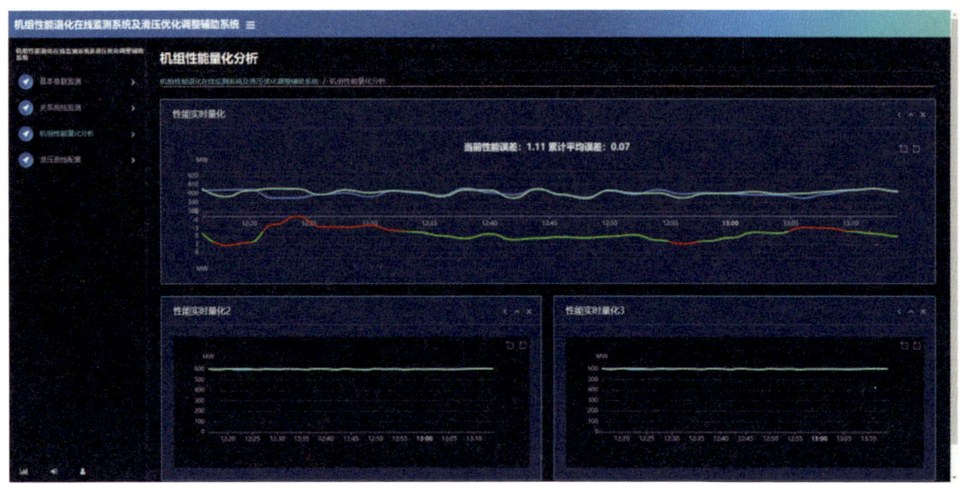

图 2.8 机组性能量化分析示意图

2.1.5 智能水务管理技术

2.1.5.1 技术背景

因为各种原因，火电厂的实际耗水量及排水量经常高于设计值，而耗水量的高低直接影响到电厂的经济效益，且水资源短缺和水污染问题已成为制约火电厂发展的重要因素。

因此，通过对火电厂供排水设计方案及水务管理系统运行状况的调研，找出目前电厂水务管理中存在的问题，提出相应的设计优化方案，整合全厂水务系统，制定火电厂水务系统的工艺方案、设备选型和运行维护等设计原则和技术标准，提升水务系统管理水平，以实现建设和运行效益最大化。建立全厂用水监测系统，通过对电厂耗水进行数据采集、统计和分析，提高节水运行的控制水平和可操作性，推动电厂的节水工作，并形成电厂水务系统智能化管理和运行平台。

近年来，随着水资源的短缺，国内电厂及电力设计单位均对水资源的优化配置和水务管理工作开展了较深层次的研究，也初步形成了一定的设计理念和技术原则，并逐步在工程中开始应用，但对于电厂全系统多级水务管理研究工作也处于起步阶段，并未形成通用、完善的技术标准。

对于国外发达国家的电厂项目，全厂水务管理工作开展较早，目前已逐步走向智能化管理流程，自动化程度较高，可操作性也较强，形成了自己的一套较完善的设计及操作控制机制，相对于国内电厂工程，其全厂水耗指标更加先进。

2.1.5.2　核心技术

目前，应用较广泛的核心技术主要有以下几项：

（1）电厂补充水系统供水设备的配置方案。电厂用水量与机组负荷、季节等因素有关，夏季用水多、冬季用水少。电厂补给水泵型式选择、配置台数、运行方式（并联或串联）、供水管路的设计等因素均是影响电厂投资以及供水系统安全性的边界条件。可以根据电厂的用水特性，采用年费用方法，对供水设备的选型及运行方式进行多方案优化，并对补给水各工况数据进行采集、分析、提炼、集成，远程监视供水系统运行维护，采用多功能互联的统筹规划、协调运行、综合利用和智能互动技术，支撑电厂智能供水系统发展，为补给水供水系统的分析和决策提供支持，同时获得合理的设备选型和运行维护等设计原则和技术标准。

（2）全厂水资源优化配置的技术方案。通过对目前的电厂水务管理系统进行调研，研究电厂区块化供水管网的平差优化设计、多工艺系统水务设计等设计改进方案，进行控制系统软硬件优化、建设数据分析平台、形成具备大数据云分析功能的水务管理模块，形成火电厂的水务系统智能化设计方案及措施；制定相应技术规范和建设标准，指导电厂水务系统建设期、运行期的智能化水务设计和管理，提升收益、辅助决策、保障安全，制定火力发电厂水务系统建设规模、工艺方案、设备选型等技术标准和原则，实现水务管理系统建设期和全寿期效益最大化。全厂污、废水在满足环保要求排放标准的处理系统基础上增设回用系统，将全厂排水资源化并重复利用，根据条件采用如下方式重复利用：

1）循环使用，排水经简单处理或降温后仍用于原工艺流程。

2）梯（递）级使用，做到“废”尽其用，各生产建筑物产生的符合排放标准的废水和厂区沟道的积水，经工业下水管道汇集后排至工业废水收集池，经工业废水系统处理后回用。

（3）电厂水务监测系统技术方案以及节水数据分析。研究以智慧水务管理系统为载体，建立包括电站生产用水、排水、污废水处理及回用、水资源优化配置、水务远程智能运行维护等多功能互联的智慧水务管理系统。在空间和时间上对水务管理系统进行扩展，推进电厂水资源利用的开放、互补和优化配置，以解决传统电站水资源利用和处理带来的节能降耗、污废水零排放等问题。

2.1.5.3　应用效果

火电厂应用较好的主要是智能给水及水务管理技术，主要方法是在电厂的工业用水、生活用水和回用水用水点处，设立电磁流量计及电动流量调节阀门，实时监测全厂用水情况，并与水量平衡图进行比较与分析。最终根据各用户的实际需要按需给水，避免浪费，实现全厂用水的最优化。典型智能水务管理系统的流程如图 2.9 所示。

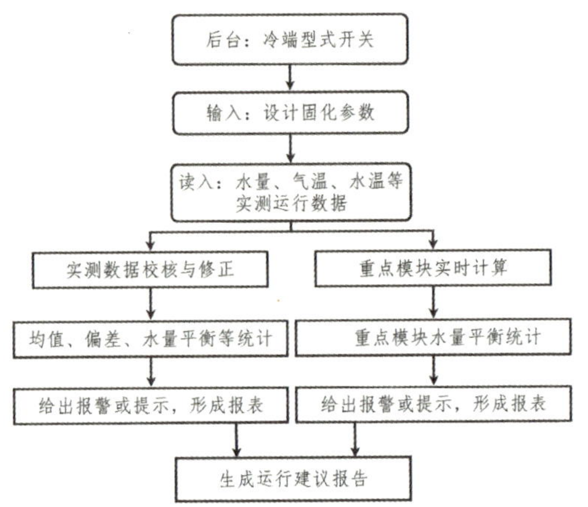

图 2.9　典型智能水务管理系统的流程

由图 2.9 可以看出，基于水量平衡图，对全厂用水、排水进行流量监测分析，并对重点模块（循环水、补充水与排污水）进行优化分析，同时对电厂运行中供、排水出现的实际问题进行智能分析并提出解决方案。主要功能一般包括三项：实时监测与智能分析，循环水系统智能管理，全厂供、排水问题的智能分析及解决方案。

（1）实时监测与智能分析，包括：流量动态监测及报警功能，即实时监测各测点位置的流量，在水量平衡图中显示，并汇总到表格中，当实测流量与设定流量或计算流量偏差比例超过允许值时，则进行报警并分析，并根据水平衡上下游从属关系，进行实时水平衡收敛分析，当上下游总流量偏差比例超过允许值时，则进行报警并分析；数据统计及智能分析功能，即实时存储各流量测点数据，统计每时、每天、每周、每月实测流量平均值以及累计用水量，并形成图表，根据要求可生成任意测点的流量变化过程线、偏差比例变化过程线。

（2）循环水系统智能管理：通过计算得出循环水补充水量、排污水量与电厂运行实时数据（包括机组负荷、环境温度、循环水量、浓缩倍率等）的动态关系，当计算得出的循环水补充水量、排污水量与流量计监测出的实时数值偏差超过设定值时，可通过调节水泵、控制阀门等措施，保证数据偏差在合理范围内。

（3）全厂供、排水问题的智能分析及解决方案：对电厂运行中供、排水出现的实际问题进行智能分析并提出解决方案。

在前述研究的基础上，山东电力工程咨询院有限公司开发完成智能水务管理平台，其主要界面如图 2.10 所示。

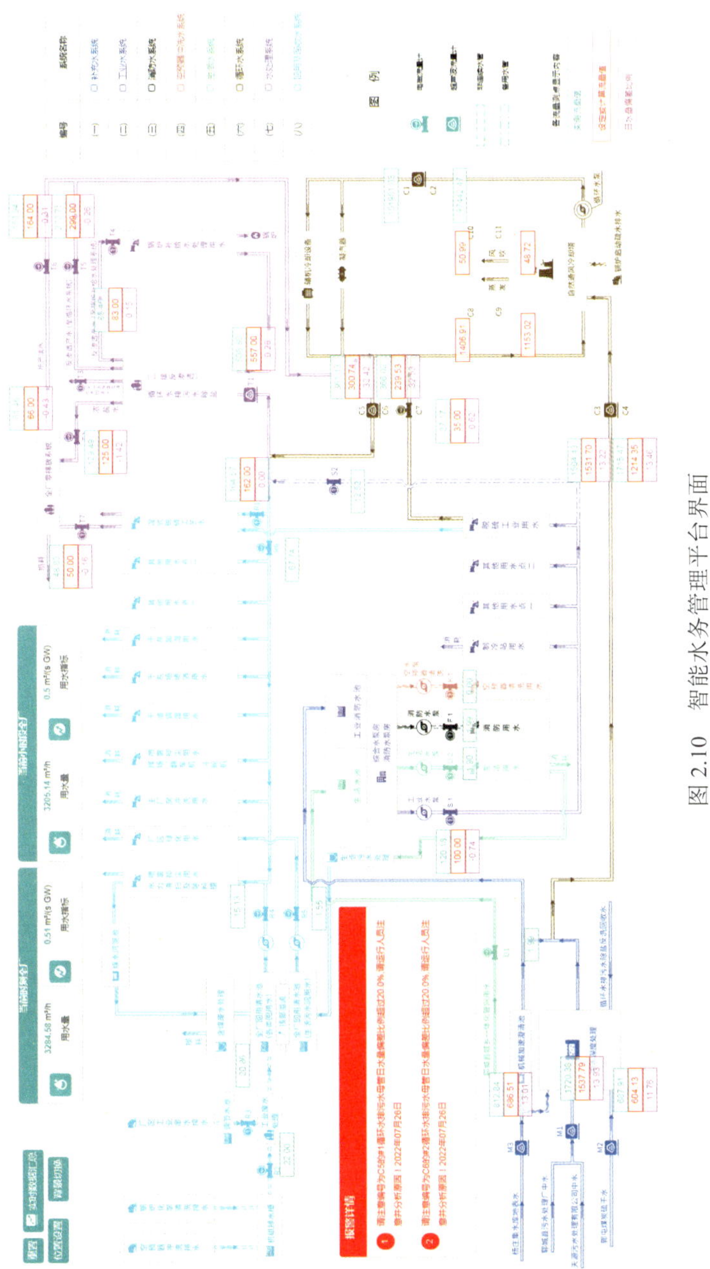

图 2.10　智能水务管理平台界面

2.1.6 湿法脱硫吸收塔操作 / 控制优化技术

2.1.6.1 技术背景

电厂湿法烟气脱硫系统是一个涉及一系列化学和物理过程的复杂系统，其核心设备是吸收塔，吸收塔系统包含了大型功率设备，如循环浆液泵、氧化风机，是整个脱硫系统中耗能最大的部分，所以进行吸收塔优化操作 / 控制研究，具有较大的理论意义和经济价值。

目前国内基本均采用分散控制系统（DCS）对脱硫工艺系统进行控制。脱硫工艺过程中存在多个复杂的控制环节，不仅存在微分方程描述的连续变量，还存在着一些本质上属于离散状态的变量，如吸收塔浆液循环泵、氧化风机等大功率设备的启停，这些逻辑变量及离散变量的演化，影响了湿法烟气脱硫过程工作点的改变以及连续变量的动态变化，也决定了湿法烟气脱硫过程非线性的本质。湿法烟气脱硫过程的优化就是在运行过程中实现既保证脱硫率、又降低循环浆液泵与氧化风机电耗的优化目标。

根据电厂湿法烟气脱硫系统的实际运行情况可知，影响脱硫率的主要因素有：吸收塔内浆液 pH 值、浆液密度、循环浆液的液气比（受制于吸收塔内循环浆液泵开启台数），以及氧化风机开启台数等。浆液 pH 值、浆液密度属于连续变量，循环浆液的液气比、氧化风机开启台数属于离散变量，具有混杂系统特性，可采用 Bempord 和 Morari 提出的混合逻辑动态（Mixed Logic Dynamical，MLD）模型，利用混合整数规划（Mixed Integer Quadratic Programming，MIQP）方法求解吸收塔循环浆液泵的优化操作和吸收塔浆液 pH 值回路优化控制问题。氧化风机的优化控制则采用基于脱硫循环浆液溶解氧与氧化还原电位的氧化风量调控技术，实现负荷与煤种含硫量变化下氧化风机的智能自动在线调控。

2.1.6.2 吸收塔内的浆液 pH 值优化控制及循环浆液泵开启台数优化

建立吸收塔脱硫率 MLD 模型和吸收塔内浆液 pH 值基础回路级的 MLD 模型，采用基于 MLD 模型的预测控制方法，在保持吸收塔内浆液密度值恒定、氧化风机开启台数恒定的条件下，建立吸收塔脱硫率与吸收塔内的浆液 pH 值、循环浆液的液气比之间的关系，运用混合整数规划（MIQP）求解器，在保证一定的实时脱硫率和最优经济性能（低电耗）要求的情况下，实时在线给出吸收塔内的浆液 pH 值的最佳设定和循环浆液泵的开启台数的最佳设定。并且在吸收塔内的浆液 pH 值的基础回路控制级，基于浆液 pH 值的 MLD 模型预测控制器，实现 pH

值对于湿法烟气脱硫过程优化单元的最优 pH 值设定的快速跟踪。

2.1.6.3　氧化风机优化控制

湿法脱硫过程中氧化风通常由罗茨风机或离心风机提供，氧化风量大小与原烟气中 SO_2 浓度、烟气量、脱硫效率等有关，氧化风量应随燃煤含硫量、机组负荷等变化而变化，然而，实际运行过程中，多数脱硫氧化风机风量通常固定在设计的最大值上，即使燃煤含硫量、机组负荷降低，氧化风机风量也是全负荷运行，造成风机能耗的大量浪费。

针对上述问题，部分电厂进行了根据燃煤含硫量、机组负荷等调整氧化风量的工作，以降低能耗，相关学者对国产 1000MW 机组配套湿法脱硫氧化风机的变频运行方式进行了研究，通过锅炉烟气 SO_2 脱除量与氧化风机的联锁，实现对氧化风机运行台数和风机转速的变频控制，对系统运行有一定的节能降耗效果。上述研究中氧化风量虽然根据实际运行情况有所调整，但与之联锁的是 SO_2 脱除量，而实际上真正能起氧化作用的是溶解到浆液中的溶解氧，氧化风只有部分能溶解到浆液中参与氧化反应，因此，用 SO_2 脱除量作为氧化风机调节的依据并不严谨，属于粗略调整，难以实现精确、及时的氧化风量调整。因此，提出基于脱硫循环浆液溶解氧与氧化还原电位的氧化风量调控技术，以溶解氧与氧化还原电位作为风机调控依据，构建脱硫循环浆液氧化过程模型，对于氧化过程中的氧化空气进行物料衡算，结合对循环浆液中氧气传质机理、氧化反应机理的研究，实现氧化风量对溶液氧化性能的影响分析，建立浆液中 SO_3^{2-} 离子和溶解氧含量的关系，即可实时通过观测浆液中溶解氧的变化从而对氧化风机进行调节控制，实现氧化风量的精确、及时调整，提高风机能耗的有效利用率，同时通过溶解氧与氧化还原电位的控制，还能抑制脱硫浆液中 Hg^{2+} 的二次释放，实现 Hg 的协同控制，对于电厂脱硫系统的节能降耗与 Hg 的控制具有重要意义。

2.1.7　基于温度计算的电站蒸汽疏水阀门内漏监视系统

蒸汽疏水阀门内漏会带来以下影响：一是造成大量高品质蒸汽漏至凝汽器，导致机组功率降低，热损失增加，同时增加凝汽器负荷，导致真空降低，影响机组效率；二是将使阀门遭受高温蒸汽的冲击和侵蚀，对设备和检修人员的安全构成威胁。针对电站蒸汽疏水阀门内漏问题，目前的解决方案大都采用在阀后设置温度元件，通过单点温升的方式进行判断，此方式易受干扰，并且无法量化内漏量，应用效果不佳。

当蒸汽疏水阀门发生内漏时，疏水管道内有高温工质流动。由于工质不断向管壁传热，管壁温度会逐渐升高，也由于疏水管道管壁温度升高这一特征与疏水阀门发生内漏息息相关，所以蒸汽疏水阀门前的管壁温度特征可以用作诊断疏水阀门内漏的依据。基于温度计算的电站阀门内漏监视系统，采用在目标阀门上游管道合理设置 2 个管壁温度测点，从传热学的基本原理出发，采用理论分析和数值计算相结合的方法，分析由于高温高压阀门内漏引起的管路内蒸汽对流换热导致沿管路的温度变化，根据传热量和温度变化之间的关系，建立相应的物理控制方程并进行求解，结合计算机仿真技术，采用对管路进行离散求解的方法，对火电厂疏水管道在不同阀门内漏工况下的温度场分布进行数值模拟计算，得出疏水管道壁温与内漏量的变化关系，实现不同运行工况和不同管路工况下高温高压蒸汽阀门内漏预警及内漏量定量预测。电站蒸汽疏水阀门内漏监测原理图如图 2.11 所示。

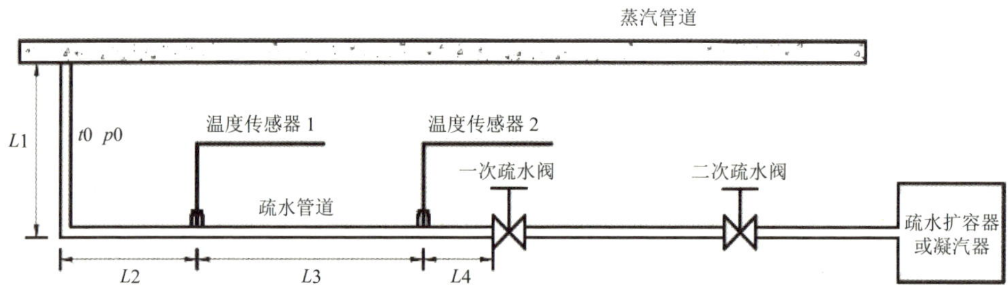

图 2.11　电站蒸汽疏水阀门内漏监测原理图

*L*1—疏水管道的入口垂直段长度，≥ 500mm；*L*2—第一个温度测点与疏水管道入口的总长度距离，2000±100mm；*L*3—第一个温度测点和第二个温度测点之间的管道长度，2000±100mm；*L*4—第二个温度测点和一次疏水阀门之间的管道长度，≥ 200mm；*t*0—疏水系统入口蒸汽温度；*p*0—疏水系统入口蒸汽压力

山东电力工程咨询院有限公司开发完成了 iSDEPCI 蒸汽疏水阀门内漏监测应用软件，用于电站阀门内漏监视报警，通过弹窗、声音及颜色变化等提示阀门内漏状态。电站现场的所有测点数据均接入 DCS 系统，DCS 将生产实时数据送至厂级监管信息系统（Supervisory Information System，SIS），iSDEPCI 疏水阀门内漏监测系统使用的测量数据取自 SIS。

针对电站阀门特定的工作环境和复杂工况，基于温度场监测的蒸汽疏水阀门内漏故障诊断方法，可以实现对电站蒸汽疏水阀门的内漏故障监测与定量和定性诊断，对蒸汽疏水阀门早期内漏故障提供判断依据，及时发现早期故障并采取相应的维修措施，减少工质的内漏量，实现节能降耗，提高电站设备运行效率及安全性。

2.1.8　5G 通信技术在电厂中的应用

2.1.8.1　5G 网络特点

（1）具有 IT 化的网络设施。传统移动通信网络基于网元设备实现网络功能，5G 在网络基础设施层面引入了包括网络功能虚拟化（Network Function Virtualization，NFV）、软件定义网络（Software Defined Network，SDN）等 IT 技术，并支持通过网络切片将网络划分为虚拟专网，从而能够低成本、灵活快速地满足行业应用对网络的高安全性和可定制化需求。

网络功能虚拟化：NFV 技术实现了计算和存储资源的虚拟化，实现了软件与硬件的解耦，使网络功能不再依赖于专有通信硬件平台、专用操作系统，实现了 5G 网络基础设施的云化，支持资源的集中控制、动态配置、高效调度和智能部署，缩短网络运营的业务创新周期。

软件定义网络：SDN 技术实现了通信连接的软件定义，将数据通信设备拆分为控制面和数据面，控制面集中控制并提供可编程接口，实现了根据组网和业务需要灵活定义网络传输通道，可灵活调度流量并编排安全能力。

网络切片：网络切片是为满足垂直行业对网络能力可定制化、通信及信息安全可控化的需求而出现的，它可将一个物理网络切分成功能、特性各不相同的多个逻辑网络，同时支持多种业务场景。基于网络切片技术，可以隔离不同业务场景所需的网络资源、提高网络资源利用率。

（2）具有服务化的网络构架。3GPP（第三代合作伙伴计划）将 5G 核心网定义为一个可分解的网络体系结构，引入了控制面和用户面分离，其中核心网用户面采用传统架构和接口，用户面功能（User Plane Function，UPF）负责数据包的路由转发、与外部数据网络的数据交互等，核心网控制面网元采用服务化架构设计，彼此之间通信采用服务化接口，从而提供多个网络功能服务。

（3）支持边缘计算服务。5G 时代大量高可靠低延时业务出现，对网络传输和服务计算的延时效率提出更高需求，边缘计算（Multi-access Edge Computing，MEC）的应用需求更为广泛。边缘计算是 5G 网络新型网络架构的主要特征之一，部署在无线基站、接入机房等网络边缘，通过将计算能力和 IT 服务环境下沉，就近向用户提供服务，从而构建一个具备高性能、低延时与高带宽的电信级服务环境。

2.1.8.2　5G 网络在垂直行业的应用

根据垂直行业对覆盖、传输带宽、时延、可靠性、安全性和成本等方面的差异化网络定制需求，5G 网络在垂直行业的应用，一般包含三种专网架构，以中国移动公司专网架构为例，包括虚拟专网（Virtual Private Network，VPN）、混合专网（Mixed Private Network，MPN）和物理专网（Physical Private Network，PPN）。5G 垂直行业专网架构如图 2.12 所示。

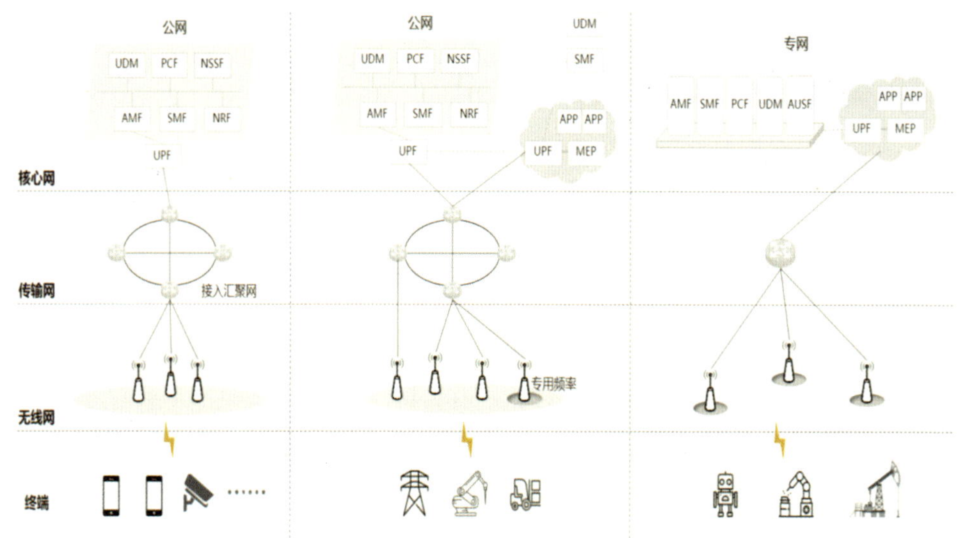

图 2.12　5G 垂直行业专网架构

上述三种网络架构主要是从对公网资源的共享程度进行区分。公网可供共享的资源大致包括无线网（如基站设备资源、频率资源等）、传输网和核心网等，其共享深度主要取决于性能需求和成本的平衡。5G 垂直行业专网的典型部署模式见表 2.3。

表 2.3　5G 垂直行业专网的典型部署模式

序号	部署模式	无线网		传输网	核心网	
		基站	频率		用户面	控制面
1	虚拟专网	●	●	●	●	●
2	混合专网	●	●	●	⊙	●

续表

序号	部署模式	无线网		传输网	核心网	
		基站	频率		用户面	控制面
3	混合专网	●	○	●	⊙	●
4		●	○	●	⊙	⊙
5	物理专网	○	○	○	○	○

注：●—完全共享；⊙—部分共享；○—自建。

（1）虚拟专网。虚拟专网指行业专网从无线网基站及频谱、传输网到核心网用户面及控制面端到端完全复用公网的资源，并通过网络切片、QoS（Quality of Service）和 DNN（Data Network Name）定制等技术保障专网业务数据与公网数据隔离，为行业专网业务提供特定服务等级协议（Service Level Agreement，SLA）保障。

在差异性能方面，虚拟专网与公网数据在同小区接入和调度，共享无线频谱资源，主要利用 QoS 区分公网和专网业务优先级，优先保障专网业务传输质量，可一定程度上保障带宽、时延、抖动等要求。但在网络资源拥塞时，可能无法保证专网用户所需的 QoS 保证。

在自主可控方面，行业用户可利用公网所提供的统一对外能力服务平台，实现对于网络能力开放、用户开户、网络监测、切片管理和资源配置管理等半自主的运营运维。

在敏捷安全方面，专网与公网共小区，在空口混合调度，隔离性主要依靠端到端切片保证。行业用户可通过自行部署安全防御体系加强网络边界安全和应用安全。

在满足专用业务要求的条件下，虚拟专网极大地复用了 5G 公网设备和频率资源。行业用户无须采购专属设备，仅通过网络数据配置即可提供专网服务，整体建设周期短、部署快，且行业用户无须承担自建网络的投入和运维的成本。

由于虚拟专网是基于公网的灵活切片配置来提供专网服务，只要在有公网覆盖的地方就可实现，因此其服务范围广、部署灵活。同时行业用户可基于网络能力开放平台，在虚拟专网提供的基础连接能力之上，购买或自行部署增值业务应用，以进一步满足自身的业务需求。鉴于广域覆盖和有限 SLA 保障的特征，虚拟专网适用于公共安全、智慧交通、智慧环保等接入区域不固定或要求全域覆盖、对网络建设成本敏感的场景。相对而言，这类场景一般有着确定的 QoS 保障要求，但对网络隔离的要求不高。

（2）混合专网。混合专网指的是行业专网共享公网的部分无线接入设备，以共享或单独频率资源的方式组网，网络侧根据隔离和可靠性需求定制，利用无线和网络侧分流技术实现公网和专网数据分流，并为行业专网业务提供 SLA 保障。

对于频率资源，如采用共享公网频率的方式，则通过空口物理资源块（Physical Resource Block，PRB）资源软切片的技术保障专网业务的资源可用性，即使公网业务变化，也不会对专网造成影响；如采用独立频率部署，则专网业务在该独立频段传输，与公网异频实现物理隔离，且专网频段内可利用 QoS 区分业务优先级，进一步保障某一场景下可能存在的各种不同类型业务的传输质量。

对核心网侧，可根据实际业务需求，定制需要下沉的 5GC（5G 核心网）网络设备。若行业用户对数据不出场、时延指标等有需求，但终端状态及分流需求相对固定，可考虑核心网用户面 UPF 下沉至用户侧，如用户同时还有边缘算力部署等需求，可考虑 UPF 和边缘计算平台（MEC Platform，MEP）共平台部署；若行业用户对数据敏感，有着最高级别的安全隔离需求，可考虑核心网用户面和控制面均下沉部署，但这里的 5GC 仅为轻量级核心网，并不需要涉及与公网核心网对等的全部网元。

在差异性能方面，混合专网除了能够提供与虚拟专网可比拟的服务外，还能通过 PRB 隔离或频率隔离保障专网用户的可用带宽，通过核心网用户面 UPF 的本地部署进一步降低端到端时延，以及借助 UPF 和 MEP 的专用部署实现本地流量卸载和数据不出场。用户的增值业务应用需求也可基于 MEP 部署，实现灵活的自服务能力。

在自主可控方面，行业用户具备高度的自主管理、自主配置权限，尤其是在采用轻量级核心网部署的模式下。

在敏捷安全方面，隔离性能进一步提升，除端到端切片保证外，还通过 UPF 的本地部署将流量在本地卸载，数据仅在企业内部转发和使用，业务安全隔离。

混合专网部分复用公网设备，尤其是无线侧基站设备或频率资源的共享，极大节约了行业企业的网络部署成本。但相比虚拟专网模式，企业需承担可能采用的专用频率、专用 UPF，甚至是轻量级核心网的费用。且后续可能需投入自有人员进行运营和维护，亦增加了整体成本。在建设周期上，混合专网的部署相对于自建端到端网络有所缩短。

（3）物理专网。物理专网独享专有的网络设备和频率资源，从无线基站、传输网到核心网用户面与控制面均为自主部署，与公网完全隔离，公网业务的变化不会影响专网数据传输质量，形成物理上高度封闭的行业应用专网。

物理专网是根据行业企业需求量身定制，可通过勘察、规划、设计、优化等专属服务，贴合企业环境进行无死角的覆盖，而不受公网基站资源的限制。同时，通过轻量级核心网的部署，数据不出场，实现了刚性的安全保障。且由于与公网端到端完全隔离，不受公网故障影响，网络可靠性进一步提高，可充分保障专网业务不中断。此外，由于网络自主权高，部署增值业务应用的灵活性也最大。

物理专网具有高可靠性、高隔离性、性能灵活定制等能力，但无线、传输和核心网设备均需要单独建设，成本相对较高，网络部署周期相对最长。

（4）5G 垂直行业专网能力定制。考虑到投资效益和运维需求，5G 垂直行业专网的设计和部署不能一味追求业务性能的超越，而应在满足基本业务性能的前提下，均衡考虑成本和维护等因素，在合理选择 5G 垂直行业专网架构的基础上，按需定制 5G 专网能力。表 2.4 梳理了部分业务需求与网络技术能力的对应关系。

表 2.4　5G 业务需求与网络技术能力对应关系

维度	业务需求	技术能力需求
性能差异	上行带宽增强	双连接、上行载波聚合、辅助上行、超级上行等
	超低业务时延	边缘计算、UPF 下沉、时隙聚合等
	业务可靠	端到端 QoS 调度、网络切片等
	接入控制	专用频段、免调度接入、专用小区接入控制等
自主可控	可管理	网络能力开放、网络切片等
	可监测	网络性能监控、网络运行状态查询、切片指标查询等
	可控制	网络能力开放
敏捷安全	网络安全	网络切片、核心网定制、网络安全机制等
	资源隔离	网络切片、专用 DNN、专线服务等
	身份认证	认证支持
	数据加密	机密性保护密码算法、完整性保护等

随着产业成熟度的提高以及新型技术的提出，二者的对应关系还将不断丰富，即便是表中所列举出的行业专网技术能力，其具体实现也可能存在多种灵活可组合的方案，需要按需适配。

2.1.8.3　5G 网络在火力发电厂的应用

在火电厂本身含有大量无线应用的前提下，5G 技术因其在数据传输速率、网络时延、可靠性以及连接密度等方面均有飞跃式提升，具备高带宽、低延时、强连接以及高可靠性的优势，可弥补火电厂现有无线连接方式的不足，为火电厂各类数据通信业务提供更具优势的选择，是火电厂智能化进程的重要推动力之一。

发电厂内建设 5G 专网作为全厂无线应用网络，实现电厂厂区范围内办公区域、生产区域 5G 无线网络信号覆盖，同时保障重点施工、生产区域网络信号的可靠性与稳定性，满足从工程基建期至生产运营期全阶段无线网络使用需求，满足高清视频回传、大数据采集、精准定位、移动巡检、智能巡检机器人、智能巡检无人机等智能工器具的数据传输需求。5G 无线专网通过安全隔离装置与电厂内网进行数据交换，能够针对不同场景提供安全的接入认证方式，并且对于接入的员工、用户和智能终端设备提供不同层级的安全防护。由于垂直行业用户没有 5G 运营牌照，根据工信部要求，不允许用户建设独立的核心网，电厂内 5G 专网只能采用混合专网结构进行建设，采用租用运营商 5G 网络模式。核心网的用户面可以下沉到电厂以便实现数据不出厂的边缘计算应用，控制面只能由运营商运维管理。

电厂内 5G 专网建设包括无线网、传输网和核心网三部分。核心网建设选用入驻式 L 形 UPF，UPF 下沉至电厂部署，实现数据不出园区，降低转发时延。某电厂内建设两套 10Gb/s 边缘增强型 UPF（MEC）设备（配 2 台机架），每套设备会话能力为 5000 个用户，可承载 10 个应用。两套 UPF 按不同需求带载不同业务，一套 UPF 带载厂区生产管理业务，作为物网网络连接；另一套 UPF 带载厂区内部人员利用 5G 网络接入内部办公网，作为人网网络连接，保证物网和人网业务均在厂区卸载数据。厂区终端通过无线、传输直接对接厂区 UPF（MEC），UPF 通过专线直连接入厂区企业网内。无线网建设采用 5G 宏基站设备选型 BBU+AAU 方式覆盖以及 5G 室分设备选型 BBU+PB+PRRU 方式覆盖，根据厂区内信号覆盖需求分别规划各区域宏基站、室分设备布置，满足 5G 信号覆盖要求。传输网建设需要根据电厂所在地已有基站情况进行规划部署，如附近已经有建设好的 5G 基站，则可以由该 5G 基站引出传输网络，如没有，则需要新建或将附近已有的 4G 基站升级为 5G 基站。

5G 专网覆盖可采用运营商提供的专用频段，通过合理的频谱规划，电厂内公网与专网使用不同的频率建网，可确保电厂 5G 专网不会受到其他厂商或运营商的干扰。

5G 无线专网为 TDD 系统，需要精确的时钟同步，为保证组网性能，5G 分布式小基站采用高精度时钟同步服务器进行时钟同步。

为减少对现场供电点位的需求，5G 分布式基站远端单元采用光电复合缆通过扩展单元进行集中供电，扩展单元与基带单元采用 220V 交流供电。

2.1.9　节能诊断平台

2.1.9.1　技术背景

节能工作是电力企业多年以来一直的主题，特别是近年来随着双碳目标的提出，降低机组能耗更成为火电机组提升竞争力的方向。2021 年国家发展改革委、国家能源局联合印发《关于开展全国煤电机组改造升级的通知》（发改运行〔2021〕1519 号），提出“推动煤电行业实施节能降耗改造、供热改造和灵活性改造制造‘三改联动’”“到 2025 年，全国火电平均供电煤耗降至 300 克标准煤 / 千瓦时以下”“对供电煤耗在 300 克标准煤 / 千瓦时以上的煤电机组，应加快创造条件实施节能改造，对无法改造的机组逐步淘汰关停，并视情况将具备条件的转为应急备用电源。十四五期间改造规模不低于 3.5 亿千瓦”。

由于影响发电机组煤耗的因素繁多复杂，所以准确把握发电机组经济指标以及相关因素造成的影响，分析探索降低机组能耗指标的有效方式与途径，对促进发电企业的发展至关重要。因此，需要科学规范系统分析适用各种配置型式发电机组供电煤耗，针对机组具体边界条件和问题提出相应的节能措施，为决策层提供全面、及时、准确、可靠的决策信息和方案，推动火力发电厂设备经济性、环保性等主要问题的持续改进工作，提高发电企业竞争力。

2.1.9.2　核心技术

可利用热平衡法建立仿真平台，为节能诊断提供数据计算的基础支撑。通过运用节能诊断的关键技术、流程方法，并融合计算方法、节能诊断数据库、节能措施库等，山东电力工程咨询院有限公司开发了节能诊断平台，可用于离线和在线数据的性能诊断与分析，形成节能诊断报告并指导电厂节能工作的开展。为华东某火力发电厂开发的性能诊断平台如图 2.13 所示。

该诊断平台依托电厂数据，通过算法实现电厂数据的计算、对标、诊断分析，并推荐节能改造措施。内置有节能措施库和诊断数据库，节能措施库包含运行优化、节能改造、检修维护三类共 103 项，涵盖了热力系统、锅炉、汽机、环保、电气、水工多个专业领域。诊断数据库包括对标数据库、诊断计算用数据库，可以用于指标偏差的计算及指标偏差对煤耗或热耗的影响计算。利用节能提效改造典型措施及诊断平台完成不同机组类型的节能设计方案。

图 2.13　华东某火力发电厂性能诊断平台

在实际操作中，性能诊断平台包括设计值导入、运行数据校验和导入、通过大量数据库（对标数据库、节能措施库、耗差分析库、诊断数据库等）帮助诊断人员自动实现诊断计算、出具诊断报告等功能。通过分析机组的运行数据和资料，可以理清机组现有设备性能水平，指出各系统存在的问题，并有针对性地提出运行优化、检修维护、节能改造等方面的具体措施，为下一步机组节能指明方向。

2.1.9.3　应用效果

该平台可以应用在 300 ～ 1000MW 机组的节能诊断中。以国内某 660MW 超临界湿冷机组的应用为例，该平台提出了建议采用的节能技术和节能效果，见表 2.5，该诊断报告从运行优化、检修维护、节能改造三个方面共提出 16 项节能措施，预计总节能效果为降低发电煤耗 5.33g/kWh，降低厂用电率 0.18%。

表 2.5　诊断平台建议节能技术汇总

	编号	技术措施	节能效果	
			降低发电煤耗 / (g/kWh)	降低厂用电率 / %
运行优化	1	干排渣系统漏风治理	0.1	
	2	冷 - 热段耦合因素的动态滑压优化	1	

续表

	编号	技术措施	节能效果	
			降低发电煤耗 /（g/kWh）	降低厂用电率 / %
运行优化	3	背压闭环控制优化	1	
	4	一次风率调整		0.10
	5	热一次风阀门开度加大		0.01
	6	凝结水泵深度变频优化		0.07
	7	厂级负荷优化分配	0.3	
检修维护	8	空预器换热检修维护	0.2	
	9	汽轮机重点部位汽封更换	1	
	10	取消轴封加热器前后闸阀	—	
节能改造	11	暖风器 + 省煤器联合方案	0.5	
	12	一次风冷却器加热给水方案	0.6	
	13	疏水系统改造	0.1	
	14	增设外置式蒸冷	0.48	
	15	供热汽源改造	0.05	
	16	轴封溢流改造	—	
合计			5.33	0.18

2.2　燃气轮机与内燃机

2.2.1　燃气轮机

2.2.1.1　分类

燃气轮机（以下简称“燃机”）主要分为重型燃机和轻型燃机。

（1）重型燃机的特点是设备体积和重量较大，对燃料的适应性较强，既可燃用天然气、煤层气、轻质油，也可燃用重油。其排气温度高，当采用燃气 - 蒸汽联合循环时，汽轮机的发电出力和供汽量均较大。重型燃气轮机单循环效率略低于轻型燃气轮机，但联合循环热效率较高。设备检修周期长，检修所需工作日约为 15 ～ 20 天。重型燃气轮机可带基本负荷，也可作调峰运行，对外部负荷变化的响应速度不如轻型燃机机组快。

（2）轻型燃气轮机又叫航改机，启停迅速，体积小，重量轻，设备部件精度高，对机组运行的环境条件要求较高。轻型燃气轮机单循环热效率较高，适宜于调峰机组。机组排气温度较低，当采用燃气 - 蒸汽联合循环时，汽轮机的发电出力和供热汽量均较小，用作热电联产项目时，供热能力相对低。轻型燃机寿命不受机组启停次数影响，响应外界负荷变化的速度较快，可靠性较高、维护工作简单、快速，大修时现场就可更换组件，单元体可整体返厂，检修所需工作日约为 2 ～ 3 天。轻型燃机进气压力要求较高。轻型燃机广泛用于机械驱动、浮动式发电平台、区域调峰和分布式能源项目。

2.2.1.2 技术特点

（1）重型燃机。

1）西门子燃机。西门子公司的机型结构特点是：①整体结构型式，双轴承支撑方案；②压气机冷端输出功率，燃气透平的排气扩压器直接与余热锅炉相连接，轴向排气，流阻损失较小；③压气机与燃气透平转子为盘鼓式的转子，用一根中心拉杆压紧各轮盘，并通过各轮盘外缘压紧面处的端面齿，来对中和传递转矩；④燃气透平均设计成 4 级。

2）GE 公司燃机。GE 公司生产用于 50Hz 发电的工业型机组有 6B.03、6F.01、6F.03、9E.03、9E.04、9F.03、9F.05、9F.06、9HA.01 等，其中 5 万 kW 级以下的主要有 6B.03、6F.01 两款机型。GE 公司的机型结构特点是：①压气机、燃烧室和燃气透平，采用安装在同一个底座上的整体结构型式，现场的安装时间短，机组设备的运输费用低。② 6B.03、9E.03 型机组都是在燃气透平侧的热端输出功率，有利于减小压气机转子的传扭负载，但不利于排气扩压段与余热锅炉的连接。6F.01、6F.03、9F.03、9F.05、9F.06、9HA.01 型机组则为压气机侧的冷端输出功率，燃气透平的排气扩压器直接与余热锅炉相连，流阻损失较小，压气机的传扭负载较大，须对压气机转子的传扭结构进行强化。③除 9E.03 型机组为三轴承支撑外，其余几种机组均采用双轴承支撑。三轴承支撑方案压气机的效率略高，但结构复杂，同心度要求很高。④压气机由进气系统、气缸、静叶、转子、动叶、气封和排气扩压缸等部件组成，机组的压气机中都装有进口可转导叶和 1 ～ 2 个中间级的放气口。⑤燃烧室采用逆流式分管型结构型式，机组的轴向长度短。由于机组容量的差异，燃烧室的个数有所不同。⑥ GE 公司的燃气轮机，燃气透平均为 3 级，燃气轮机的整体结构简化，制造成本降低，但级的效率相对低。

（2）轻型燃机。目前生产轻型燃机的厂家主要有 GE 公司、美国索拉公司、P&W 普惠公司以及国内的中航工业沈阳黎明公司。

1）GE 航改机。GE 公司于 1968 年将 J79 航空发动机改造成第一台航改型燃机 LM1500 后，陆续推出了 LM2500、LM6000 和 LMS100 系列航改型燃机。

LM2500 是世界上装机数量最多的燃机，额定出力为 37MW，效率最高可达 39%。LM2500 采用双轴结构，热端驱动的 LM2500 系列燃机采用侧向排气，其结构外观如图 2.14 所示。

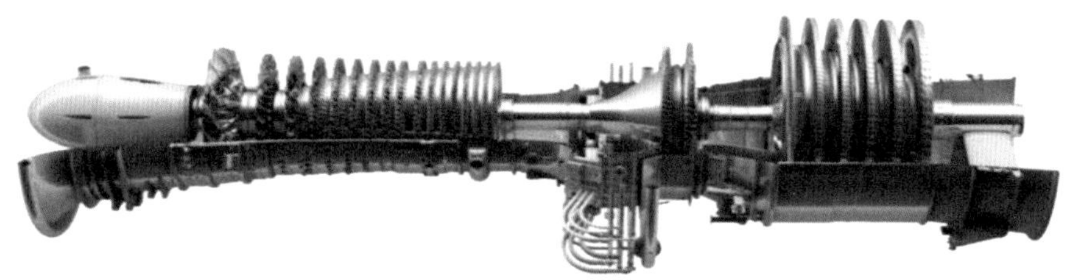

图 2.14　LM2500 燃机结构外观

LM6000 最大出力 57MW，效率超过 41%。LM6000 采用套轴结构，5 级低压透平直接驱动 5 级低压压气机，可以热端或者冷端驱动。标准的 LM6000 采用冷端驱动，轴向排气，在特殊应用中，可采用热端驱动，侧向排气。当 LM6000 用于发电时，需采用齿轮箱连接发电机。LM6000 配置了压气机入口雾化水冷却系统（SPRINT），除盐水被压气机抽气雾化后注入压气机入口，可以在环境温度较高的条件下，仍保持较高的出力和效率，其结构外观如图 2.15 所示。

2005 年 GE 公司推出了 100MW 等级的轻型燃机 LMS100，额定出力为 117MW，效率 44%。LMS100 采用三轴、三转速型式。LMS100 的高压压气机和高压透平部分与 LM6000 类似，采用 CF6 航空发动机的核心设计，侧向排气，其结构外观如图 2.16 所示。

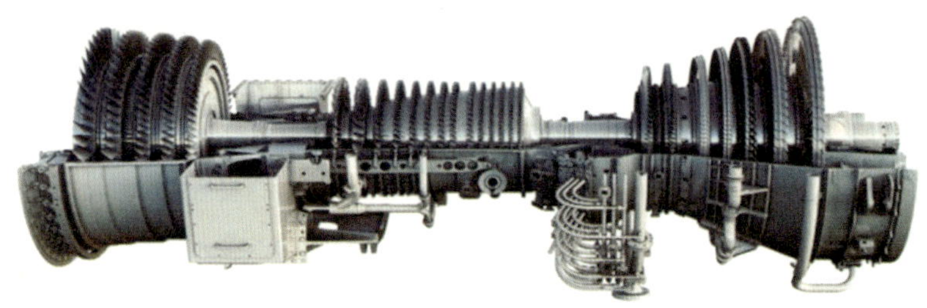

图 2.15　LM6000 燃机结构外观

图 2.16　LMS100 燃机结构外观

GE 航改机的主要特点：

- 技术成熟、可靠性高。可靠率超过 99%，启动成功率高达 99.5%。
- 维修简单方便，可在现场进行燃机部件或整机快速更换，缩短停机时间。
- 启动和调节负荷的速率快，实现 10 分钟以内的冷态快速启动。
- 频繁启停不影响部件寿命。
- 负荷调节范围广。
- 部分负荷效率高。
- 动态性能好——燃机负荷调节能力达到每分钟 50%。
- 快速安装调试——机组采用模块化设计，易于安装。

2）美国索拉机组。索拉公司是专业的中小型燃机生产厂商，其机组属于工业燃机，在中小型燃机领域中占 60% 市场份额，发电机组为单轴设计，机组可用率可达 97% 以上，大修间隔约为 3 万～ 3.5 万小时，现场工作时间约 5 ～ 7 天。期间没有小修、中修，需要每 4000 小时做一次定检，检查滤芯、校验仪表等，每次停机约 2 ～ 3 天。机组功率小，在 1.2 ～ 27.75MW 之间，设备体积小、重量轻。

索拉机组可以采用天然气、焦炉煤气、沼气、生物质气化气等中低热值气体作为燃料。

3）美国 P&W 普惠公司机组。P&W 普惠动力系统公司是三菱重工在美国的一家子公司，是世界上生产轻型燃气轮机的主要厂家之一。该公司的轻型燃气轮机发电机组，应用于发电、热电联供以及机械驱动等领域，在 50 多个国家有两千多台套业绩，产品系列从 25MW 到 140MW。

4）中航工业黎明航空发动机有限责任公司机组。该公司研制生产了中国第一台航空涡轮喷气发动机、第一台地对地导弹液体火箭发动机、第一台具有完全自主知识产权的航空发动机，并在此基础上研发了第一台具有完全自主产权的航改燃机。

目前 QD128 燃机已经打开国内外燃机市场，QD70、QD168、QD185 燃机型号研制工作也正在进行长试考核试验。QD128 燃机额定功率 11.5MW，效率 27%。

2.2.1.3　主要技术经济指标

一般来说，单机功率越低，单价越高。小型燃机的设备价格一般在 2000 ～ 3500 元 /kW 左右，单机功率特别小的，比如索拉公司的土星 20 机组，价格达到 6000 元 /kW。如果考虑工程造价，大型燃气轮机（单机 150MW 级）的工程造价约 2500 元 /kW，含税电价约 0.6 元 /kWh。

燃气轮机一般采用天然气作为燃料，在燃烧过程中，仅产生少量 NO_x，几乎不产生 SO_2 和烟尘。目前燃气轮机采用低氮燃烧技术，其排放浓度和排放量均满足国家和地方的排放要求，对周围的环境影响较小。

燃机发电效率高，燃机排气余热回收利用，产生蒸汽可直接对外供热或制冷，或进入汽轮机做功发电，背压机供热进一步利用余热，实现能源的梯级利用，大大提高了天然气利用效率，对社会和经济的综合效益都有重要意义。

常用机组的主要性能参数如下：

（1）重型燃机。西门子机组的主要性能参数见表 2.6。

表 2.6　西门子重型燃机主要性能参数

型号	额定功率 /kW	热效率 /%	压比	透平转速 /（r/min）
SGT-100	5050	30.2	14.0	17384
	5040	31.0	15.6	

续表

型号	额定功率 / kW	热效率 /%	压比	透平转速 / (r/min)
SGT-200	6750	31.5	12.2	11053
SGT-300	7900	30.6	13.7	14010
SGT-400	12900	34.8	16.8	9500
	14330	35.4	18.9	
SGT-500	19060	33.7	13.0	3600
SGT-600	24480	33.6	14.0	7700
SGT-700	32820	37.2	18.7	6500
SGT-750	37030	39.5	23.8	6100
SGT-800	47500	37.7	20.4	6608
	50500	38.3	21.1	

GE 公司机组的主要性能参数见表 2.7。

表 2.7　GE 重型燃机主要性能参数

型号	额定功率 / MW	热效率 / %	压比	透平转速 / (r/min)	燃气初温 / ℃
6B.03 PG6581（B）	44	33.5	12.7	5163	1124
6F.01	52	38.4	21.0	7266	1370

（2）轻型燃机。GE 公司机组的主要性能参数见表 2.8。

表 2.8　GE 轻型燃机主要性能参数

型号	额定功率 / MW	热效率 / %	压比	透平转速 / (r/min)	排气温度 / ℃
LM2500PE	22.346	35.4	18.0	3000	558
LM2500+	29.975	37.2	19.4	3000	540
LM2500+G4	32.867	38.5	23.0	3600	553
LM6000PH sprint	51.182	41.1	41.0	3927	—

续表

型号	额定功率 / MW	热效率 / %	压比	透平转速 / （r/min）	排气温度 / ℃
LM6000PH 15ppm	48.809	41.1	41.0	3927	—
LM6000PG	54.14	40.0	32.6	3927	—
LM6000PF sprint	48.04	41.7	32.1	3600	—
LM6000PF	42.732	41.6	30.0	3600	—
LM6000PD sprint	47.505	41.6	32.0	3600	490
LM6000PD（Liquid fuel）	40.997	40.9	29.5	3600	—
LM6000PD	42.732	41.5	30.0	3600	—
LM6000PC	43.339	39.8	30.0	3600	—
LM6000PC sprint	50.836	40.3	32.3	3600	—
LMS 100PB	100.4	44.1	40.0	3000	—
LMS 100PA	103.2	43.6	41.0	3000	425

美国索拉公司机组的主要性能参数见表 2.9。

表 2.9　索拉轻型燃机主要性能参数

机组型号	ISO 基本功率 / kW	压比	排气温度 /℃	发电效率 /%	联合循环出力
土星 20	1210	6.7	505	24.3	1210
半人马 40	3515	9.7	445	27.9	3515
半人马 50	4600	10.6	510	29.3	4600
水星 50	4600	9.9	377	38.5	4600
金牛 60	5670	12.2	510	31.5	5670
金牛 65	6300	15.0	550	32.9	6300
金牛 70	7965	17.6	510	34.3	7965
火星 100	11350	17.6	485	32.9	11350
大力神 130	15000	17.1	495	35.2	15000
大力神 250	21745	24.0	465	38.9	21745

P&W 普惠公司机组的主要性能参数见表 2.10。

表 2.10　P&W 普惠轻型燃机主要性能参数

型号	热效率 /%	压比	透平转速 /（r/min）
FT4000-6	40.4	34.7	3000
	41.3	34.7	3000
FT4000-6 双联	41.4	34.7	3000
FT8-3	36.8	20.2	3000
FT8-3 双联	37.0	20.2	3000

中航工业黎明航空发动机有限责任公司机组的主要性能参数见表 2.11。

表 2.11　中航工业黎明航空发动机轻型燃机主要性能参数

序号	型号	发电功率 /MW	发电效率 /%
1	QD70	7	31.2
2	QD128	11.5	27
3	QD168	16.5	36.5
4	QD185	17.8	34.8

2.2.1.4　应用案例

（1）华东某天然气多联供能源项目。项目一期工程建设 2 台燃气 - 蒸汽联合循环机组，燃机为西门子公司生产的 SGT-800 机组，配套 2 台抽凝式汽轮机。额定热负荷 106t/h，最大热负荷 182t/h，为该市高新区企业提供工业蒸汽，以替代原有的分散锅炉。机组年发电量 8.01 亿 kWh，年供热量 188.96 万 GJ。

该工程总投资 105547 万元，单位投资 6854 元 /kW。当计算期内项目资本金内部收益率为 10%、含税热价为 70 元 /GJ 时，测算的平均上网电价（含税）为 623.12 元 /MWh，总投资收益率为 5.68%，资本金净利润率为 10.55%，所得税后项目投资内部收益率为 7.34%、财务净现值 10395.59 万元、投资回收期 12 年。

（2）华北某燃气冷热电三联供改造项目。项目一期安装 2 台 GE 公司的 LM6000PF 燃机，配两台抽凝式汽轮机，平均设计热负荷 53.7t/h，平均设计冷负荷 13MW，替代燃煤锅炉，为工业区企业提供蒸汽，替代电制冷空调为区内提供部分空调用蒸汽和制冷水。

静态投资 96116 万元，单位投资 8507 元 /kW。投运后单机年运行小时数均超过 8000 小时。

燃气冷热电三联供系统流程示意图如图 2.17 所示，主要技术指标见表 2.12。

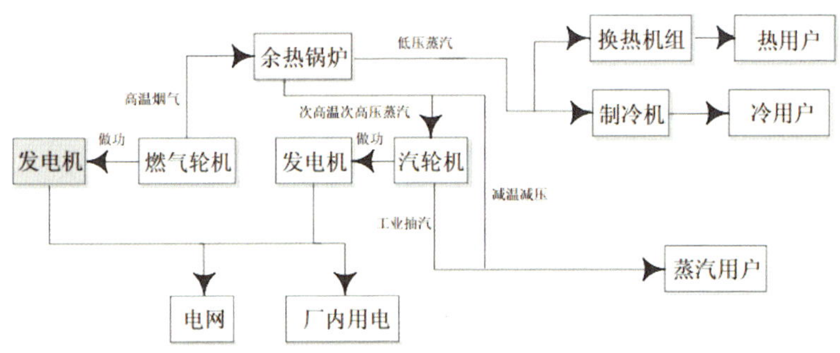

图 2.17　燃气冷热电三联供系统流程示意图

表 2.12　某工业区燃气冷热电三联供主要技术指标

项目	单位	数值
年耗气量	亿 Nm^3/a	1.21
燃料年输入热量	万 GJ/a	442.2
机组功率	MW	101.0
年发电量	GWh	555.5
年平均供热量（工业热负荷）	万 GJ/a	89.9
年平均供冷量（空调冷热负荷）	万 GJ/a	26.89
全年平均热耗率	kJ/kWh	5067
全年平均发电气耗	Nm^3/kWh	0.149
全年平均折合发电标煤耗	g/kWh	186
全年平均供热（冷）气耗	Nm^3/GJ	32.89
综合厂用电率	%	2.5
全年平均热效率	%	71.64
年利用小时数	h	5500
全年平均热电比	%	58.40

2.2.2 内燃机

2.2.2.1 原理

内燃机是一种动力机械，是通过使燃料在机器内部燃烧，并将放出的热能直接转换为动力的热力发动机。

广义上的内燃机不仅包括往复活塞式内燃机、旋转活塞式发动机和自由活塞式发动机，也包括旋转叶轮式的燃气轮机、喷气式发动机等，但通常所说的内燃机是指活塞式内燃机。活塞式内燃机以往复活塞式最为普遍。

往复活塞式内燃机的组成部分主要有曲柄连杆机构、机体和气缸盖、配气机构、供油系统、润滑系统、冷却系统、起动装置等。活塞式内燃机将燃料和空气混合，在其气缸内燃烧，释放出的热能使气缸内产生高温高压的燃气。燃气膨胀推动活塞做功，再通过曲柄连杆机构或其他机构将机械功输出，驱动从动机械工作。

内燃机性能主要包括动力性能和经济性能。动力性能是指内燃机发出的功率（扭矩），表示内燃机在能量转换中量的大小，标志动力性能的参数有扭矩和功率等。经济性能是指发出一定功率时燃料消耗量的大小，表示能量转换中质的优劣，标志经济性能的参数有热效率和燃料消耗率。

天然气在燃烧室中燃烧产生高温烟气进入溴化锂机组制冷、制热，可发电、供热、制冷，实现冷热电三联供。内燃机采用逐级余热利用，基本特性如下：

（1）功率范围一般在 20 ～ 10000kW，单位造价低、操作简单、发电效率高，发电效率依转速及功率不同一般在 35% ～ 44%。

（2）余热有 400℃～ 550℃的排气、90℃～ 110℃缸套冷却水、50℃～ 80℃中冷器冷却水和润滑油冷却水。

（3）余热可回收。一般高温排气经余热锅炉产生蒸汽或热水，其缸套水经热交换器产生热水为楼宇、居住区冬季采暖，总热效率可达 85%。

基于内燃机的能源站三联供工艺流程原理图如图 2.18 所示。

2.2.2.2 技术特点

燃气内燃机项目应用非常普遍，可以多台机组组合，搭配不同的单机容量，灵活投运，满足电厂经济性需求。其突出的特点如下：

（1）高效节能：主流燃气内燃机发电机组采用稀薄燃烧技术，燃料得到充分利用，采用了大量的节能技术，发电效率普遍超过了 40%。燃气内燃机的效率明显高于燃气轮机，如图 2.19 所示。

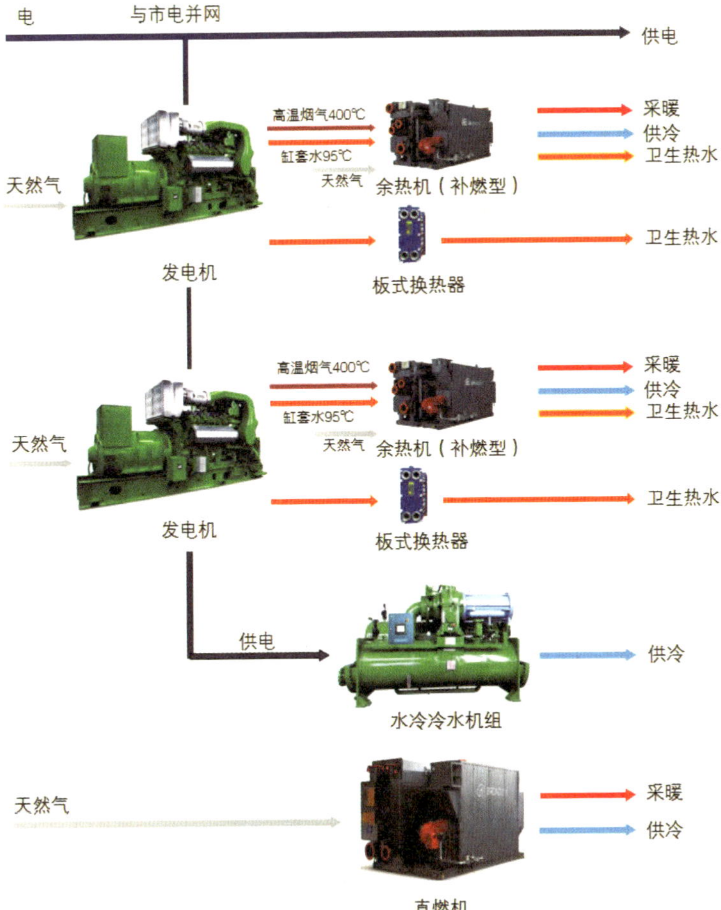

图 2.18　基于内燃机的能源站三联供工艺流程原理图

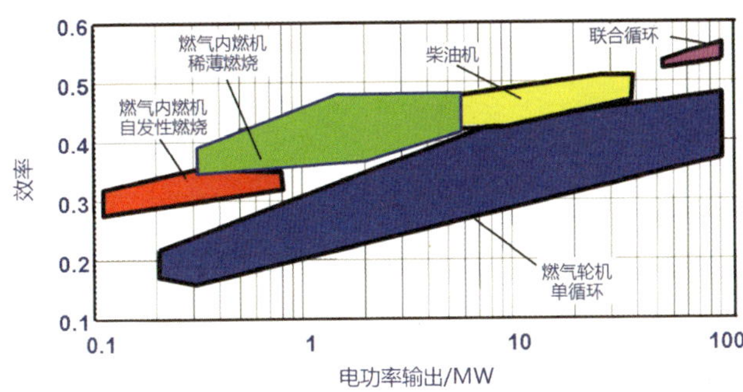

图 2.19　内燃机效率与其他机组效率比较图

（2）绿色环保：采用稀薄燃烧技术，大量空气进入气缸可以使燃料得到更加充分的燃烧，有效降低气缸的温度，降低 NO_x 的生成。燃气内燃机发电机组尾气中的 NO_x 浓度在 500mg/Nm³ 以下，甚至可低至 250mg/Nm³，远远低于柴油机的 3600mg/Nm³。

（3）可以承受长时间重载：燃气内燃机发电机组的标定功率为连续功率，即理论上可以实现一年 365 天、一天 24 小时满载运行。

（4）负载突变适应能力较差：气体燃料的能量密度低于液态燃料，燃气内燃机发电机组的负载响应速度低于柴油发电机组。当负载从 100% 降到 50% 时，机组频率和电压的稳定时间长达 20s，甚至会因为转速突升导致停机。因此燃气内燃机发电机组的最佳工作状态是长期并网运行。

2.2.2.3 代表性产品及其技术指标

目前，国际主流品牌有颜巴赫（Jenbacher）、卡特彼勒（Caterpillar）、曼海姆（MWM）、康明斯（Cummins）和瓦锡兰等，国内主要内燃机品牌有湖南力宇、重庆普什、济柴和潍柴等。近年来，国内品牌的技术能力正在快速发展，但其市场占有率相对较低，本书重点对颜巴赫、卡特彼勒和曼海姆等国际品牌的代表性产品进行介绍。

（1）颜巴赫：颜巴赫（奥地利品牌）旗下有 2 系、3 系、4 系、6 系、9 系多款产品。其中，2 系仅 J208 一款，性价比不高，市面不常见；9 系 J920 是最新产品，单机 10MW，效率高，因单机功率大，在分布式能源市场中暂未推广使用；3 系、4 系、6 系是其主打产品。

颜巴赫 2 系列如图 2.20 所示，功率范围为 250 ～ 350kW，该系列机型发电效率高，单次大修周期可达 60000h 以上，控制与维护简易，可靠性高。

图 2.20　颜巴赫 2 系列燃气内燃机外观

颜巴赫 3 系列如图 2.21 所示，功率范围为 500 ～ 1100kW，该系列机型高效、耐久、可靠，维修间隙长，维护方便，燃料消耗低。可用燃气包括天然气、伴生气、丙烷、生物沼气、垃圾填埋气、污水沼气、特殊燃气（如煤层气、焦炉煤气、木制气、高温裂解气等）。

图 2.21　颜巴赫 3 系列燃气内燃机外观

颜巴赫 4 系列如图 2.22 所示，功率范围为 800 ～ 1500kW，该系列机型在回水温度较高或波动时，仍能获得最大的热效率，具备反应速度快、快速调节空气 / 燃气比例、热值调节范围大、采用火花塞中心布置使冷却与燃烧条件优化等优点。

图 2.22　颜巴赫 4 系列燃气内燃机外观

颜巴赫 6 系列如图 2.23 所示，功率范围为 1.5kW ～ 4.5MW，该系列机型转速 1500r/min，发电密度高，安装成本低，无故障工作 60000h，其中 J624 机型配备双级涡轮增压技术，能提供更高的效率和更好的灵活性。该系列机型的优点是：加压交换损失较低；效率高，燃烧稳定；在回水温度较高或波动时，仍能获得最大热效率；可在低压状态完成主要燃气供给；混合气体在涡轮增压器中分布均匀；响应迅速，空燃比适应快；热值范围广等。

图 2.23　颜巴赫 6 系列燃气内燃机外观

（2）卡特彼勒：卡特彼勒（美国品牌）公司正式成立于 1925 年，主要产品涵盖了各类工程机械、矿山机械、动力设备（内燃机和燃气轮机）。面向分布式能源市场，卡特彼勒天然气内燃机发电机组的常用产品系列如图 2.24 所示，外形示意图如图 2.25 所示。

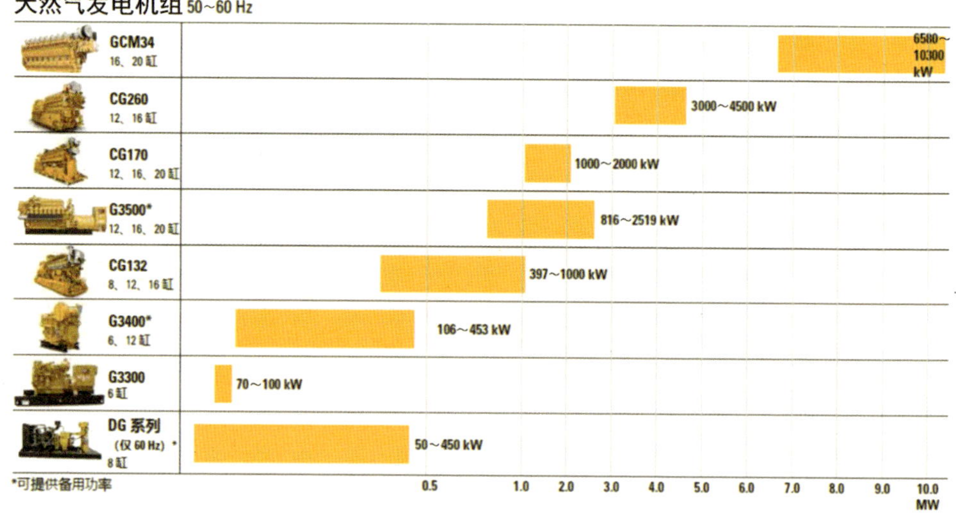

图 2.24　卡特彼勒天然气内燃机发电机组的常用产品系列

（3）曼海姆：曼海姆（德国品牌）的产品主要有 TCG3016、TCG2020、

TCG2032 三个系列，其中 TCG3016 是 TCG2016 的升级版，原 TCG2016 已停产。

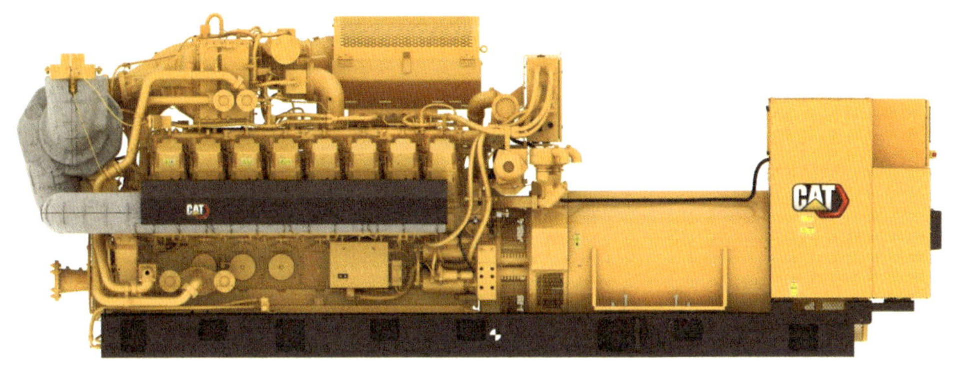

图 2.25　卡特彼勒某型号燃气发电机组外观

2.2.2.4　燃气内燃机智慧能源系统优化设计软件

山东电力工程咨询院有限公司自主开发了“iSDEPCI 基于内燃机多联供的综合智慧能源系统设计软件”，建立了能源系统的优化模型，构建了能源系统可供选择的设备数据库，利用 LPSolve 软件建立了以年最小费用为目标函数的混合整数线性规划算法，采用 Python 语言开发了系统优化设计平台界面。该软件可根据用户的冷热电负荷等信息，快速实现系统的优化设计、设备选型及其实时运行工况分析，为智慧能源的优化设计提供了高效准确的软件工具平台。目前，该软件已在多个项目的设计过程中使用。

（1）软件组成。该智慧能源系统优化设计软件主要由冷热电负荷、自动寻优、设备数据库等模块组成，其流程如图 2.26 所示。

（2）设计案例。利用该软件平台对多个实际燃气内燃机冷热电联供系统项目进行优化设计，得到了系统的优化设计方案，验证了该软件平台的高效性和准确可靠性。以山东省某燃气内燃机冷热电联供系统优化设计项目为例，选择烟气热水型溴化锂吸收式制冷系统方案，如图 2.27 所示。输入相应计算参数，选择设备的厂家和型号等参数，利用该软件平台，以系统最小总费用为优化目标，获得该联供系统的最优设计方案，可见表 2.13。利用该软件平台进行选型的界面如图 2.28 所示。

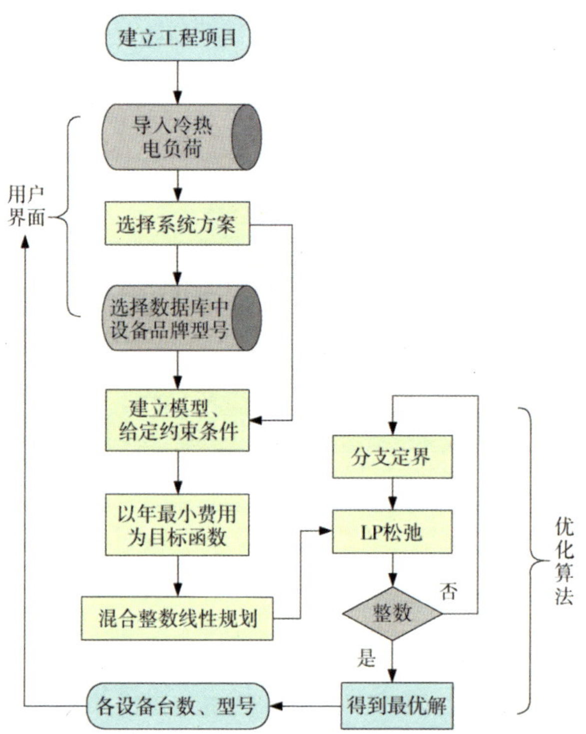

图 2.26　燃气内燃机智慧能源系统优化设计软件流程

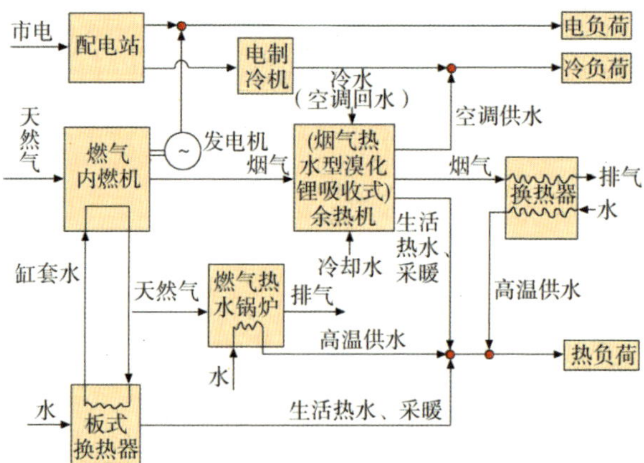

图 2.27　燃气内燃机冷热电联供系统构成

表 2.13　某项目联供系统最优设计方案

设备类型	品牌	型号	台数
燃气发电机组	颜巴赫	J316GS	3
燃气锅炉	中太	cwns3.5-95/70-YQ	1
燃气锅炉	中太	cwns7-95/70-YQ	1
冷水机组	日立	HC-F700GSG	1
冷水机组	日立	HC-F900GSG	3
溴化锂机	双良	YXRB-70	2
溴化锂机	双良	YXRB-116	1

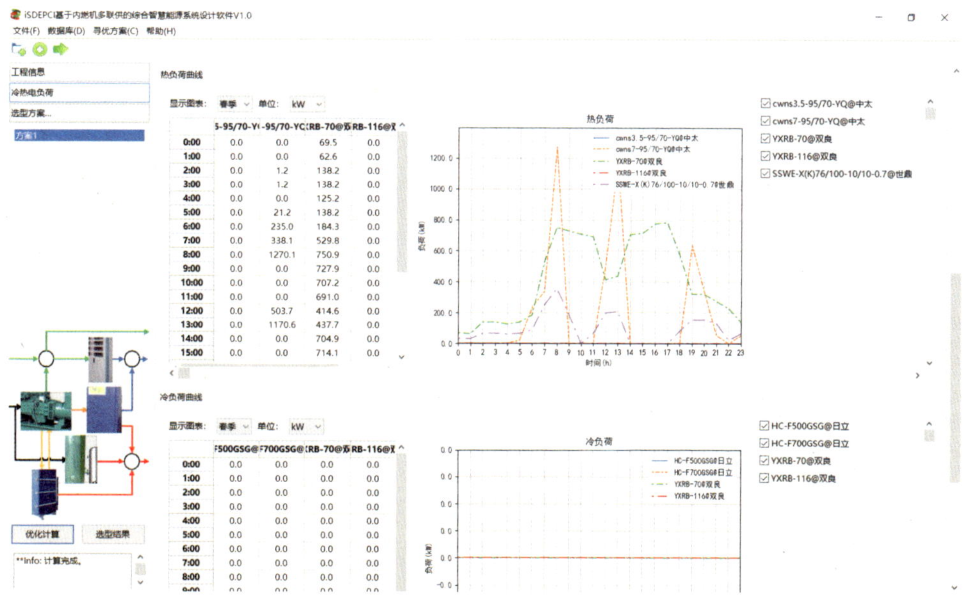

图 2.28　iSDEPCI 基于内燃机多联供的综合智慧能源系统设计软件的选型界面

2.2.2.5　应用案例

某综合智慧能源项目采用 1 套由曼海姆公司生产的单机容量 1000kW、型号 TCG3016V16S 的内燃机，并配 1 台单机制冷量 1200kW 的烟气热水型溴化锂机组。曼海姆 TCG3016V16S 燃气内燃机单机发电功率 1000kW，发电效率 40.8%，烟气温度 475℃，排烟流量（湿）5579Nm^3/h；高温缸套水出水温度 91℃，回水温度 80℃，流量 50m^3/h；中温水出水温度 51℃，回水温度 45℃，流量 25m^3/h。

该项目冷热电三联供，全年运行，每天运行 16h，停机 8h，设计全年运行小时数按 5500h，经热平衡计算后，三联供系统能源站主要技术经济指标见表 2.14、财务分析指标见表 2.15。

表 2.14　该项目主要技术经济指标

项目	单位	数值
单台内燃机发电量	kW	1000
燃机热耗率	kJ/kWh	8788
天然气低位热值	kJ/Nm^3	35160
单台燃机耗气量	Nm^3/h	251
内燃热效率	%	40.8
年利用小时数	h	5500
售电价（含税）	元 /kWh	1.05
售热价（含税）	元 /GJ	129.7
购燃气价格（含税）	元 /Nm^3	2.49
润滑油消耗量（满负荷时平均消耗）	kg/h	1
工程总投资	万元	1846
年总耗气量	$\times 10^4$Nm^3	147.7
年总发电量	$\times 10^4$kW	550
发电平均气耗率	Nm^3/kW	0.122
供电平均气耗率	Nm^3/kWh	0.126
供冷气耗率	Nm^3/GJ	33.91
厂用电率	%	3
年总供电量	$\times 10^4$kWh	533.5
年制冷量	GJ/a	23760
年平均热电比	%	120
年平均全厂热效率	%	83.88

表 2.15　该项目财务分析主要指标一览表

项目	数值
总投资收益率 /%	5.45
资本金净利润率 /%	7.07

续表

项目	数值
内部收益率（项目投资所得税后）/%	7.69
净现值（项目投资所得税后）/ 万元	467.30
投资回收期（项目投资所得税后）/ 年	10.54
内部收益率（项目资本金）/%	10.08
净现值（项目资本金）/ 万元	552.18
投资回收期（项目资本金）/ 年	9.42
内部收益率（投资方）/%	5.88
净现值（投资方）/ 万元	71.35
投资回收期（投资方）/ 年	18.58
盈亏平衡点（生产能力利用率）/%	67.13

2.3　分布式光伏与风电

2.3.1　光伏发电技术

随着清洁能源日益受到关注，光伏发电作为一项重要的可再生能源技术在能源领域扮演着愈发重要的角色。在光伏发电领域，分布式光伏发电和集中式光伏发电作为两种不同的发电模式，各自具有独特的特点和优势。

集中式光伏发电则是将光伏发电系统集中安装在特定区域的发电方式。通常选址于日照条件较好、空间相对集中的地区，如大型沙漠、高原等。集中式光伏发电系统规模较大，可以借助先进的技术实现更高效的发电转换和储能。由于规模效应的存在，集中式光伏发电往往能够降低发电成本，提高发电效益。然而，输电距离较远，输电损耗较大，同时对于用电网络的依赖程度较高。

分布式光伏发电项目是指自发自用或少量余电就近利用，且在配电网系统中以平衡调节为特征的小型光伏发电系统，主要包括小型分布式光伏发电设施和小型分布式光伏电站两类。

（1）小型分布式光伏发电设施：以自用为主、余电可上网（上网电量不超过 50%）且单点并网，总装机容量不超过 6MW。包括在居民固定建筑物、构筑物及附属场所由业主自建的不超过 50kW 的户用光伏发电系统，以及在固定建筑物、构筑物及附属场所安装的不超过 6MW 的光伏发电系统。

（2）小型分布式光伏电站：全部自发自用，总装机容量大于 6MW 但不超过 20MW 的分布式光伏发电系统。

在技术层面上，分布式光伏发电系统和集中式光伏发电系统也存在一些区别：分布式光伏发电系统通常采用分布式逆变器，能够更好地适应不同场所的发电需求，同时具备一定程度的系统冗余，提高了可靠性；而集中式光伏发电系统则需要更复杂的电力传输和集中逆变器等设施，以实现大规模电能的集中调度和输送。

自 2013 年 7 月 15 日，国务院办公厅下发了《国务院关于促进光伏产业健康发展的若干意见》以来，分布式光伏发电发展经历了起步、爆发式增长、政策性调整、再起步等四个阶段。随着光伏平价上网时代的来临，分布式光伏已经发展成为不可或缺的可再生能源主力军。到 2050 年，太阳能将成为我国能源系统的绝对主力之一，将在未来能源中处于重要的战略地位。分布式光伏因其小型化、就近化的特点，未来将是太阳能发电最重要的方式之一。

本节将重点介绍分布式光伏发电技术。

2.3.1.1 分布式光伏系统概述

（1）全国太阳能资源概况。全国太阳年辐射总量范围为 3340 ～ 8400MJ/m^2，中值为 5852MJ/m^2。主要特点有：太阳能的高值中心和低值中心都处在北纬 22° ～ 35°，青藏高原是高值中心，四川盆地是低值中心；太阳年辐射总量，西部地区高于东部地区，除西藏和新疆两个自治区外，基本上是南部低于北部；南方多数地区云多雨多，北纬 30° ～ 40° 地区，太阳能随着纬度的升高而增长。根据太阳年总辐射量的大小，《太阳能资源等级 总辐射》（GB/T 31155—2014）划分了 4 个太阳总辐射年辐照量等级。

（2）分布式光伏发电系统。分布式光伏发电系统主要由光伏组件、控制器、逆变器、蓄电池及其他配件组成（并网系统不需要蓄电池），如图 2.29 所示，光伏组件将光能转换成直流电，直流电在逆变器的作用下转变成交流电，最终实现用电、上网功能。根据是否依赖公共电网，分为离网和并网两种系统，其中离网系统是独立运行的。离网光伏系统配备蓄电池，可保证系统功率稳定，能在光伏系统夜间不发电或阴雨天发电不足等情况下供电。

（3）太阳能电池分类。太阳能电池主要有以下几种类型：单晶硅电池、多晶硅电池、非晶硅电池、碲化镉电池、铜铟镓硒电池等，常见类型的示例如图 2.30 所示。

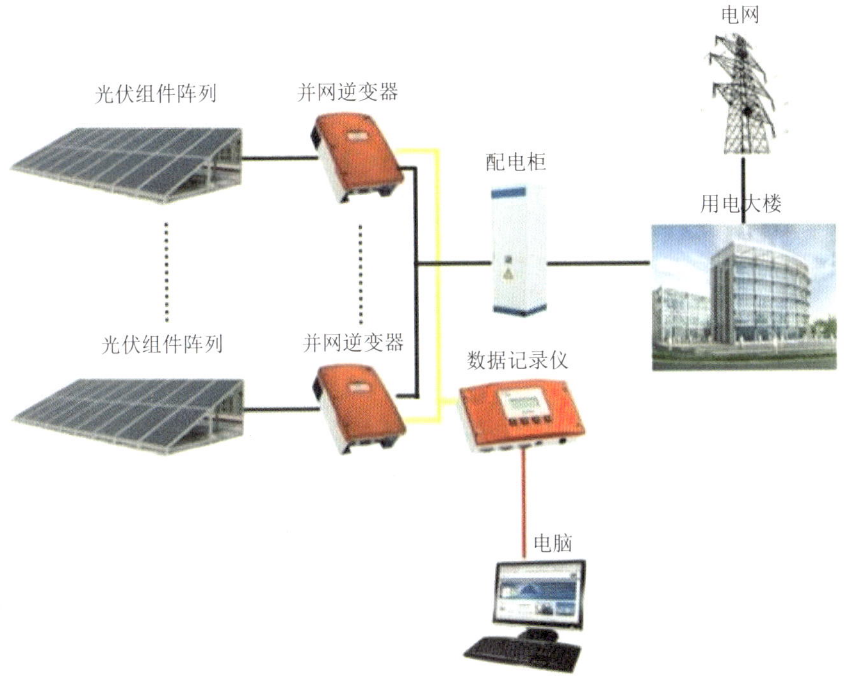

图 2.29　分布式光伏系统示意图

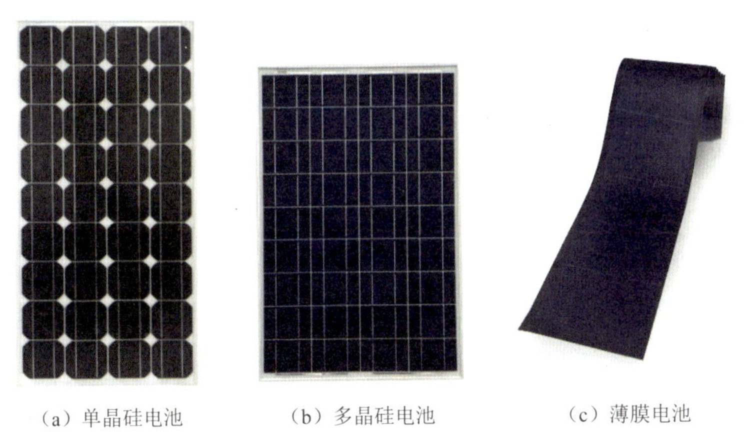

图 2.30　太阳能电池组件示例

目前硅基材料的太阳能电池占据市场的主流，单晶硅太阳能电池、多晶硅太阳能电池及非晶硅薄膜太阳能电池占整个光伏发电市场的 90% 以上。对三类五种太阳光伏组件进行比较，见表 2.16。

表 2.16 太阳光伏组件比较

比较项	单晶硅组件	多晶硅组件	非晶硅薄膜组件	多元化合物薄膜组件	聚光型组件
制造水平	工艺成熟，型号多样，能够大规模生产	工艺成熟，型号多样，能够大规模生产	工艺成熟，型号多样，能够大规模生产	工艺成熟，型号多样，但尚不能够大规模生产	尚不能商业化大规模生产
技术成熟度	成熟	成熟	成熟	成熟	不成熟
光电商用效率	14% ～ 18%	13% ～ 17%	5% ～ 9%	13% ～ 28%	25% ～ 30%
25 年衰减率	约 20%	约 20%	约 40%	—	—
环境适应性	适宜于直射辐射量较大的地区；高温时性能下降	适宜于直射辐射量较大的地区，弱光条件下的性能较单晶硅好；高温时性能下降	适应于散射辐射较大的地区，受温度影响较小	适宜于外空间或其他较特殊使用场合	适应于总辐射量较大、直接辐射量较大的地区
占地面积	固定式安装占地面积相对较小；其他安装方式占地面积较大	固定式安装占地面积相对较小；其他安装方式占地面积较大	较单晶硅、多晶硅组件大约 40%	—	占地面积较大
使用寿命	约 25 年	约 25 年	较短	较长	较长
价格 /（元 /kW）	1750 ～ 1950	1650 ～ 1800	5500 ～ 7000	6000 ～ 8000	10000 ～ 12000

2.3.1.2 技术特点

分布式光伏分为 BAPV（主要指屋顶光伏）、BIPV（主要指光伏建筑一体化）、农光 / 渔光互补等三大类；从总体系统设计上分，有并网型和离网型两种；从接入系统方面分，则有单点接入、多点接入等。

（1）应用范围广泛。BAPV 在工业厂房应用最为广泛。工业厂房安装光伏电站可以利用闲置屋顶（图 2.31），盘活固定资产，节约峰值电费，余电上网增加企业收益，还可以促进节能减排；分布式光伏发电项目能够充分利用机场、汽车站、火车站等社会资源，实现企业转型发展和增收创效，降低用电支出，节约用电成本，实现节能减排、低碳环保。

图 2.31　BAPV 应用场景

BIPV 是应用太阳能发电的一种新概念，简单地讲就是将太阳能光伏发电方阵安装在建筑的围护结构外表面来提供电力，如图 2.32 所示。由于光伏方阵与建筑的结合不占用额外的地面空间，是光伏发电系统在城市中广泛应用的最佳安装方式，但整体要求较高，光伏组件不仅要满足光伏发电的功能要求，还要兼顾建筑的基本功能。

图 2.32　BIPV 应用场景

农光/渔光互补则是在不影响原有种植、养殖的前提下，通过分布式光伏产生发电效益，提高单位面积土地经济价值，具有“一地两用”的特点，实现社会效益、经济效益和环境效益的共赢，如图2.33所示。

图2.33　农光/渔光应用场景

（2）安装形式多样。对于分布式光伏项目，组件安装形式多样，水平屋顶、倾斜坡屋顶、侧墙均可安装光伏组件。水平屋顶上光伏列阵可以按最佳角度安装，从而获得最大发电量，并且可采用常规晶体硅光伏组件，减少组件投资成本，经济性相对较好，但该安装方式美观性一般；倾斜屋顶在北半球向正南、东南、西南、正东或正西的屋顶均可用于安装光伏阵列，在正南向的倾斜屋顶上可按照最佳朝向或接近最佳朝向安装；侧立面安装主要是指在建筑物南墙、西墙、东墙上安装，对于高层建筑来说，墙体是与太阳光接触面积最大的外表面，光伏幕墙是使用较为普遍的应用方式。

（3）并网型、离网型分布式光伏发电系统。并网型光伏发电系统由组件、支架、并网逆变器、并网柜等组成，太阳能电池板发出的直流电，经逆变器转换成交流电送入电网，系统示意图如图2.34所示。目前主要有大型地面电站、中型工商业电站和小型家用电站三种形式。

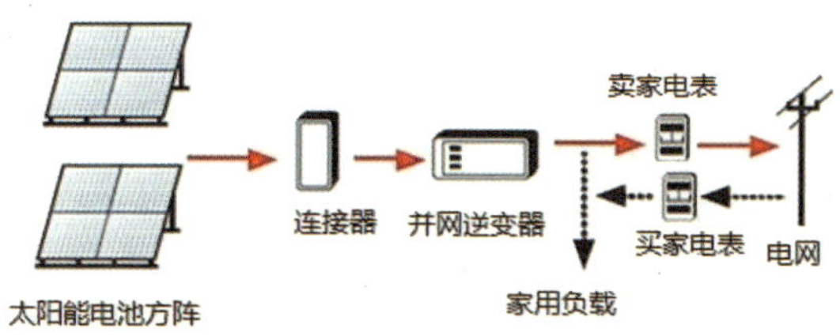

图2.34　并网型分布式光伏发电系统示意图

离网型光伏发电系统，不依赖电网而独立运行，广泛应用于偏僻山区、无电区、海岛、通信基站和路灯等应用场所。系统一般由太阳能电池组件组成的光伏方阵、太阳能控制器，逆变器、蓄电池组、负载等构成。光伏方阵在有光照的情况下将太阳能转换为电能，通过太阳能控制逆变一体机给负载供电，同时给蓄电池组充电；在无光照时，由蓄电池通过逆变器给交流负载供电，系统示意图如图 2.35 所示。

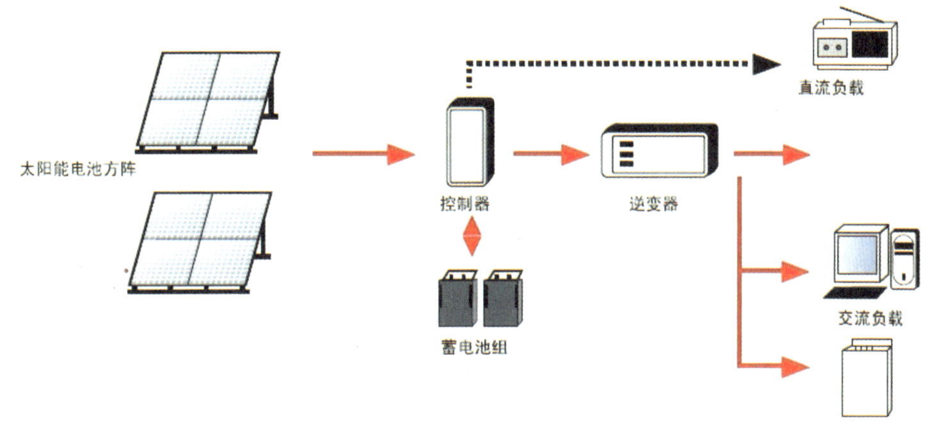

图 2.35 离网型分布式光伏发电系统示意图

（4）分布式光伏发电接入系统。国家电网公司颁布的《分布式光伏发电接入系统典型设计》根据接入电压等级、运营模式和接入点不同，共划分 8 个单点接入系统方案，5 个多点接入系统方案。每个典型设计方案内容包括接入系统一次、系统继电保护及安全自动装置、系统调度自动化、系统通信、计量与结算等。

（5）分布式光伏发电的优缺点。工业厂房屋顶光伏项目的优点是：面积大，可建设规模大；企业一般用电负荷大、稳定，且用电负荷曲线与光伏出力相匹配，可实现自发自用为主；企业用电价格高，且项目预期收益高；有利于屋顶综合利用，符合绿色建筑理念；属环保、清洁能源，降低屋顶热量传递，减弱屋顶紫外辐射老化。其缺点是：企业支付能力、信誉不可控，用电量和用电稳定性差；企业彩钢屋顶如有打穿孔，会有渗漏的危险，施工工艺要求高；企业节假日及检修情况下，会带来一定比例的上网电量；企业生产排烟气等会污染电池板，造成发电量下降；因市政规划以及企业变更等问题，存在业主搬迁变更等风险。

商业建筑屋顶光伏项目的优点是：用电价格最高，项目预期收益高；用电负荷稳定，且用电负荷曲线与光伏出力特点相匹配，可实现自发自用为主；投资回收周期短，现金流较好。其缺点是：单体面积较少，大规模开发协调成本高；屋顶构筑物及周围高大建筑物的阴影影响发电量；多在城市中心，屋顶不平整有曲面，施工难度大，运输及安装成本高;屋顶施工需对周围清场，施工安全风险高;施工影响商业秩序，或在淡季及下班时间施工，造成施工周期长。

交通枢纽屋顶光伏项目的优点是：用电负荷稳定，用电价格高。其缺点是：需要满足建筑物的特殊要求；与交通部门沟通较困难；接入电压等级复杂。

渔光互补光伏项目的优点是：能够解决东南部地区土地缺乏的困境；其缺点是：造价偏高，建设与运维困难，可能造成某些鱼类减产或捕捞困难。

2.3.1.3 经济性

（1）分布式光伏项目成本构成。分布式光伏系统成本由组件、逆变器、支架、施工及建设等成本构成，其中组件占比最高，近年约为 40.7%，占比情况详如图 2.36 所示。

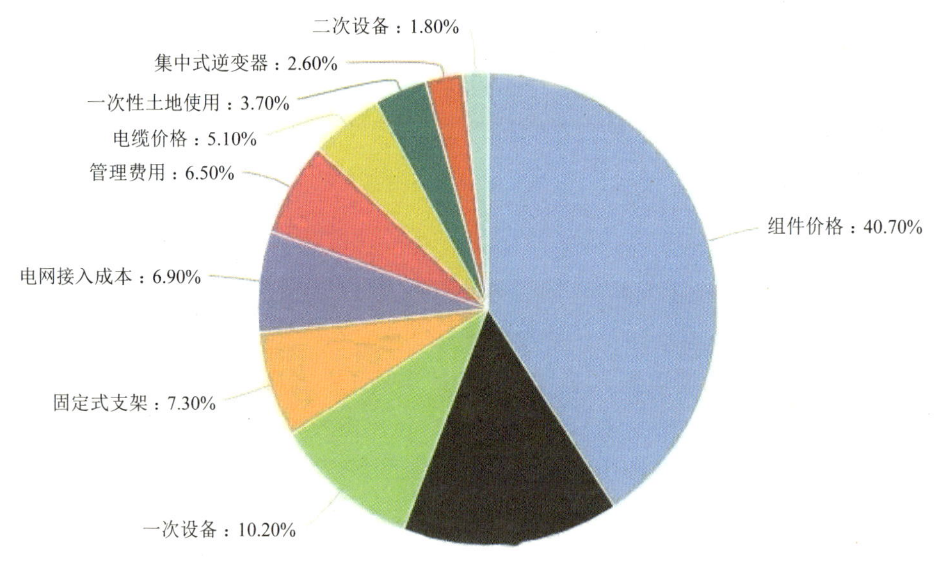

图 2.36　分布式光伏系统近年投资占比

现阶段，BAPV 项目主要指屋顶光伏，相比地面光伏，其基础部分费用减少，总体造价低；BIPV 项目由于初投资高，目前尚处于商业化应用初期。

（2）分布式光伏项目收益：因分布式光伏靠近负荷中心，对于完全自发自用项目，用户电价较高且同时享受国家补贴，收益远高于普通光伏电站。但随着国家补贴逐年退坡后，一般工商业电价逐步下降，随着电力交易市场的发展，用户对用电成本下降的期望提高，分布式光伏项目的收益将有所下降。

2.3.1.4　应用案例

（1）某公司屋顶光伏项目。该项目站址年太阳总辐射为 $4327.36MJ/m^2$，属于“资源丰富”地区，利用某公司厂区的建筑物屋顶建设分布式屋顶光伏。光伏组件阵列采用沿屋面坡度平铺安装，屋顶面积 13.07 万 m^2。共安装 275Wp 单晶硅太阳能光伏组件 53914 块，总装机容量 11.9MWp。逆变器采用组串式逆变器，光伏系统接线方式为“就地逆变、集中汇流、多点并网”，光伏组件支架采用铝合金支架，在钢结构厂房屋顶平铺布置。本系统设计运行期为 25 年，年均有效发电小时数约为 860.5h，年均发电量约 1025.18 万 kWh。

工程静态投资约 8568.76 万元，单位投资 7200 元 /kW，建设期利息 41.93 万元，动态总投资 8610.70 万元。

运营期发电总量为 25629.43 万 kWh，前 20 年电价 1.08 元 /kWh（包含自用电价 0.66 元 /kWh、补贴 0.42 元 /kWh）。经测评，财务内部收益率（税后）为 7.70%，资本金财务内部收益率为 14.04%。

（2）某工程 BIPV 光伏项目。工程利用建筑幕墙和屋顶区域安装太阳能电池组件，进行建筑光伏一体化建设，建筑的节能降耗与光伏发电实现有效互补，缓解电网的供电压力，提高建筑供电的可靠性，改善建筑内的工作环境舒适度，提高建筑的附加值。

采用 BIPV 非晶硅光伏组件约 $2100m^2$，300Wp 单晶硅光伏组件 44 块，200Wp 柔性薄膜组件 30 块，分别利用建筑幕墙和建筑屋顶空地进行安装。采用 20kW 组串式逆变器 7 套（含隔离变压器），汇流箱 12 套，并网柜 1 面。

工程投资约 1969.21 万元，其中，施工辅助工程约 5.00 万元，设备及安装工程费约 1155.19 万元，建筑工程费约 527.38 万元，其他费用约 243.03 万元，基本预备费约 38.61 万元。

本工程年发电量约为 9.9 万 kWh，降低空调制冷耗电量约为 45 万 kWh。与燃煤电厂相比，每年可节约标煤约 174.9t，相应每年可减少多种大气污染物的排放，其中减少 SO_2 排放量约 3.51t，氮氧化物（以 NO_2 计）约 8.10t，温室气体（以 CO_2 计）约 500t，烟尘（以 PM_{10} 计）约 0.97t，还可减少灰渣排放量约 64.5t。在其经济使用寿命25年内，本工程共节省标煤0.44万t。

（3）某渔光互补项目。本工程总装机容量约为25MWp，占地45hm^2，共安装91520块275Wp多晶光伏组件。光伏组件采用固定式支架，光伏阵列前后排净间距2.2m，发电设备高于历史最高内涝水位。光伏站区共分20座1MW光伏子阵单元，每单元由1.2584MWp的光伏组件、1MW集装箱式逆变器及配套的升压变压器组成。

光伏电站采用区域集控方案，按照“无人值班”的理念进行设计。新建35kV开关站一座，通过一回35kV架空线路就近接入110kV变电站。

工程静态投资约17120万元，在运营期25年内的总发电量为54156.19万kWh，光伏电站的首年发电量约为2390.51万kWh，年均发电量为2166.25万kWh，年等效发电小时数为860.7h。按上网电价0.98元/kWh进行测算，资本金内部收益率达13.05%。

2.3.2 风力发电技术

风力发电与光伏发电一样，也是一项重要的可再生能源技术，在能源领域扮演着重要的角色。风力发电也分为集中式风力发电和分布式风力发电两种不同的发电模式。

集中式风力发电是指通过建造大型的风力发电站，将多台风力发电机组织在一起，以集中的方式向电网输送电力，通常会选取可获得大量风能的地点，如山区、沿海地带等。集中式风力发电的发电规模通常较大，单位设备出力也较高，发电效率更高，电网稳定性更强。但由于其建设和维护成本较高，需要占用较多的土地资源，容易受到政策和环保法规等因素的限制。集中式风力发电一般采用强制供电方式，即强制将所发电力送到电网，不同的发电站电网连接方式有所不同，常见的有集中式风电站、大型风电场等。

分布式风力发电是指位于负荷中心附近，不以大规模远距离输送电力为目的，产生的电力就近接入当地电网进行消纳的风电项目。

按我国风能资源状况和工程建设条件，可将全国分为四类风能资源区：

（1）Ⅰ类资源区：内蒙古自治区除赤峰市、通辽市、兴安盟、呼伦贝尔市以外的其他地区；新疆维吾尔自治区乌鲁木齐市、伊犁哈萨克族自治州、昌吉回族自治州、克拉玛依市、石河子市。

（2）Ⅱ类资源区：河北省张家口市、承德市；内蒙古自治区赤峰市、通辽市、兴安盟、呼伦贝尔市；甘肃省张掖市、嘉峪关市、酒泉市。

（3）Ⅲ类资源区：吉林省白城市、松原市；黑龙江省鸡西市、双鸭山市、七台河市、绥化市、伊春市、大兴安岭地区；甘肃省除张掖市、嘉峪关市、酒泉市以外的其他地区；新疆维吾尔自治区除乌鲁木齐市、伊犁哈萨克族自治州、昌吉回族自治州、克拉玛依市、石河子市以外的其他地区；宁夏回族自治区。

（4）Ⅳ类资源区：除Ⅰ类、Ⅱ类、Ⅲ类资源区以外的其他地区。

从应用范围分析：三北地区具有优质风资源，其他地区风资源广泛，但不具备发展大型风电的条件，是发展中小型风电的沃土。

从需求环境分析：分布式的中小型风电具有就近入网、就地消纳的特点，可在城市就近建设小规模风电，需求市场广阔。

近年来，国家高度重视和大力支持分布式风电的开发，是我国未来风电发展领跑转型开发的新模式，充分体现以分布式风电建设布局、大力推动风电就地就近高效利用的发展思想，随着陆上非限电地区 5.5m 以上的风资源几乎被瓜分殆尽，风电发展从风电大基地转向集中规模化开发与分布式开发“两条腿走路”。

本节将重点介绍分布式风力发电技术。

2.3.2.1　原理

风力发电是利用风力带动风车叶片旋转，再通过增速机将旋转的速度提升，来带动发电机发电。依据目前的风车技术，大约是 1m/s 的微风速度，便可以开始发电。风力发电机由机头、转体、尾翼、叶片等组成，如图 2.37 所示。叶片接受风力转为电能，尾翼使叶片获得风能，机头灵活地转动调整方向，机头转子是永磁体，定子绕组切割磁力线产生电能，通过电网传输到用户。

分布式风电位于用电负荷中心附近，具备“本地平衡、就近消纳”的重要特征，其试点、成长、扩张的路径与大型风电基地截然相反。分布式风电项目在申请核准时，可选择“自发自用、余电上网”或“全额上网”中的任一种模式。

2.3.2.2　技术特点

（1）规模小：以小容量多点接入低电压配电系统，不通过变电站，直接将风电接入农网和低压配电网，高效灵活。鼓励企业将以县为单位的多个电网接入点的风电机组、打捆成一个项目进行开发建设，打捆项目规模不高于 50MW。

（2）布局分散：就近接入、分布式布局，多点接入区域内各个 35kV 及以下电压等级的配电系统。投资企业无须建设升压站，利用电网现有变电站和配电系统设施，只需自建送出线路，有效降低远距离送电所造成的能量损耗。

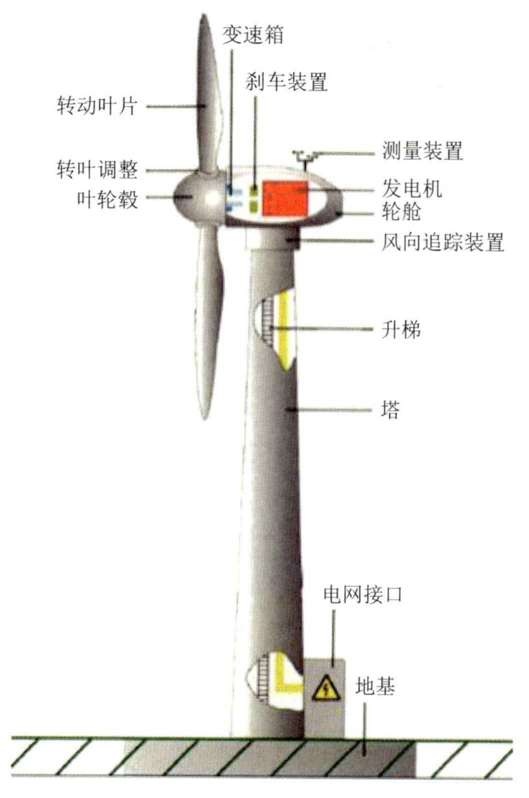

图 2.37　风力发电机示意图

（3）管控智能：安装智能风电机组，建设智能化管控平台，对一定区域内的多个分布式接入风电设立远程集控中心。利用各种通信手段，实现全方位的遥视、遥测、遥控；利用大数据、云计算、物联网、移动 App，建立远程故障分析、诊断和预警系统，确保各风电场可控、能控、在控的安全运行。

（4）电力消纳经济可靠：分布式接入风电靠近负荷中心，就近直接消纳。将风电升压后接入农网和低压配电网，有利于保障电网的安全性。接入电压等级为 110kV（东北地区 66kV）及以下，在 110kV（东北地区 66kV）及以下电压等级内消纳，不向上一级电压等级电网反送电。接入分布式风电项目只能有 1 个并网点，总容量不应超过 50MW。在一个并网点接入的风电容量上限以不影响电网安全运行为前提，统筹考虑各电压等级的接入总容量。35kV 及以下电压等级接入的分布式风电项目，应充分利用电网现有变电站和配电系统设施，优先以 T 或者 π 接的方式接入电网。

（5）开发建设模式灵活多样：开发模式高效灵活，可因地制宜、多样组合、多项选择。如资源利用方式可结合风光储能源互补、建设智能微网；规划选址地区可考虑海岛、农场、机场、港口、特色新能源小镇等。

（6）创新市场交易模式：分布式发电作为新的能源供应主体，可以发挥其项目规模小、靠近用户、综合能源服务延伸范围广的特点，丰富电力市场化交易的形式，运营商可将风电运营与园区用电、储能等综合能源服务合为一体，叠加分布式发电市场化交易，提高经济收益。随着分布式电力市场交易试点的启动，将创新分布式风电的电力交易模式与电价形成机制，在集发电、售电于一体的模式下，能够提高分布式风电项目的经济收益。

2.3.2.3　经济性

（1）分布式风电调研和测算。调研表明，风资源优质区域分散风电项目的内部收益率一般在 15% 左右。以内蒙古某 21MW 分布式风电项目为例，折合发电利用小时数超过全国平均利用小时数，具体经济指标见表 2.17。

表 2.17　内蒙古某分布式风电项目经济指标

装机容量 / MW	发电利用小时数 / h	上网电价（含税）/（元 /kWh）	毛利率 / %	净利率 / %	净资产收益率 /%
21	3300 ～ 3400	0.52	75	59	38

测算分布式风电经济性，需要从营业收入、成本两个维度拆分。营业收入主要是电费收入、财政补贴，其中，电费收入取决于项目装机规模、发电利用小时数、上网电价。风电成本主要是折旧摊销、运维费、管理费、财务费用、税费成本、其他成本。某分布式风电项目运行期间的费用占比如图 2.38。

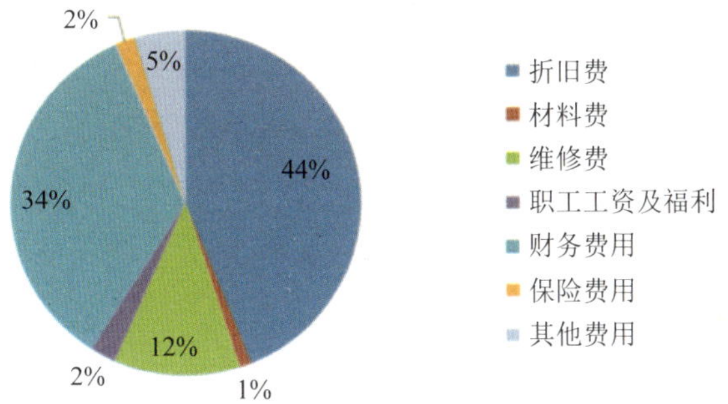

图 2.38　某分布式风电项目运行期间费用占比

（2）经济测算。以某 10MW 分布式风电项目为例，其运营情况如下：

1）建设期为 6 个月，生产经营期 20 年，财务评价计算期采用 21 年。

2）折旧期 18 年，残值为零。

3）年发电利用小时数 2500 小时。

4）工程建设第 1 年末风电机组全部安装完毕，从第 2 年开始全部投入发电。

5）工程动态投资 7000 万元（单位千瓦工程动态投资 7000 元）。

6）自有资金为投资额 20%，其余部分银行贷款或其他融资渠道；还贷资金来源包括风电场未分配利润、折旧费用等。

该项目的经济指标测算见表 2.18。

表 2.18　某分布式风电项目经济指标测算表

序号	项目	数值	经济测算	指标
1	装机规模 /MW	10	项目投资总额 / 万元	7500
2	建设期 / 月	6	营业收入总额 / 万元	24358.97
3	投资估算 / 万元	7000	营业总成本费用 / 万元	14087.28
4	生产经营期 / 年	20	税金及附加 / 万元	414.1
5	折旧期 / 年	18	营业利润 / 万元	11928.1
6	年发电利用小数 /h	2500	净利润总额 / 万元	9455.08
7	项目资本金投资占比 /%	20	总投资收益率（ROI）/%	10.72
8	贷款规模 / 万元	6000	资本金净利润率（ROE）/%	33.77
9	发电量 / 万 kWh	2500	投资利润率 /%	8.52
10	上网电价（含税）/（元 /kWh）	0.57	项目投资（税前）财务内部收益率 /%	15.24
11	上网电价（不含税）/（元 /kWh）	0.487	项目投资（税后）财务内部收益率 /%	13.99
12	电费收入 / 万元	1217.95	净现值 / 万元	3059.78
13	五年以上借款利率 /%	5.39	静态投资回收期 / 年	6.23
14	贷款期限 / 年	15	动态投资回收期 / 年	9.22
15	总投资额 / 万元	7000	项目资本金收益率 /%	31.95

同时，对在发电利用小时数 2500h、上网电价 0.52 元 /kWh 的条件下进行测算，装机成本电价相对于项目收益负相关。我们分别取装机成本 6500 元 /kW、7000

元 /kW、7500 元 /kW、8000 元 /kW 与 8500 元 /kW 进行经济测算，测算结果显示：在装机成本 6500 元 /kW 时项目内部收益率 15.25%，资本金净利润率为 39.33%；而当项目装机成本上升至 8000 元 /kW 时，项目内部收益率为 11.57%，资本金净利润率为 27.81%；当装机成本上升至 8500 元 /kW 时，项目收益水平下降幅度更大；其变化趋势如图 2.39 所示。

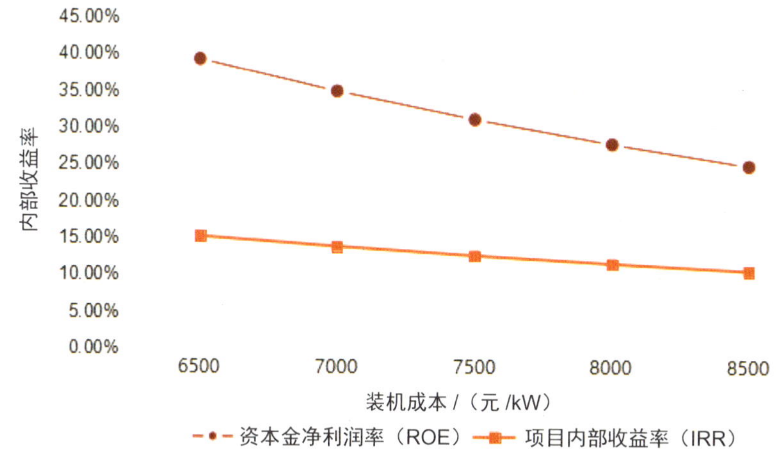

图 2.39　资本金净利润率和项目内部收益率变化趋势图

（3）资金门槛降低，投资主体多元化：相比于集中式风电，分布式风电初始投资规模小。对华北地区某区域的分布式风电的调研表明：分布式风电项目规模普遍落入 5 ～ 20MW 区间；当前阶段，分布式风电单位成本位于 7.5 ～ 8.5 元 /W，高于西北地区集中式风电的建设成本；分布式风电项目的初始投资，远低于集中式风电项目。进入风电市场的资金体量下降了一个量级，有益于民间资本进场，为行业注入新动力。

（4）把握市场化交易良机，彰显经济投资价值：风电产业终端电力产品仍属于商品属性，行业发展的决定性变量仍是项目经济性。政策、技术及配套制度已为分布式风电铺平发展道路，分布式项目已经具备较好的收益率。

（5）发展环境良好，成为企业新的经济增长点：从能源产业发展形态看，分布式风电是国内风电发展到一定规模、电力系统需要重新建立新秩序、开发企业寻求新的利润增长点、政策引导行业建立新均衡的结果。据统计，我国 19 个省份和地区的低风速风能资源可开发量达到近 10 亿 kW，潜力巨大。随着国家政策的进一步完善，地方政府对分布式风电的支持力度也在不断加大，行业发展具备良好的外部环境，社会效益显著。

2.3.2.4 应用案例

（1）项目概况。华北某分布式风力发电项目，针对当地低风速环境特点，匹配超低风速的2MW直驱永磁机型，并网性能优越、电能输出优质。项目配置1台GW121/2000的风力发电机组，塔筒高度100m，采用1台2200kVA 0.69kV/10kV箱变并网；10kV接入厂区配电装置，构建1套分布式风力发电系统，为客户提供绿色可再生能源电力。项目电力以就地消纳为主，余电上网为辅，实现自动化采集系统及无人值守，根据尖峰平谷电价自动结算，提高运维效率，减少运维成本。该项目投资见表2.19。

表2.19 华北某分布式风力发电项目投资表

部分	工程或费用名称	合计 / 万元	占总投资额 /%
一	施工辅助工程	50.05	2.64
二	设备及安装工程	1361.66	71.86
三	建筑工程	238.02	12.56
四	其他费用	208.09	10.98
	一至四部分投资合计	1857.83	98.04
五	基本预备费	37.15	1.96
	静态投资（一至五部分）合计	1894.99	100
六	建设期利息	30.45	
七	工程总投资（一至六部分）合计	1925.44	
	单位千瓦静态投资 /（元 /kW）	9474.96	
	单位千瓦动态投资 /（元 /kW）	9627.21	

（2）投资收益。

项目投资：项目总投资1925.44万元，建设期利息30.45万元，单位千瓦静态投资9474.96元 /kW，单位千瓦动态投资9627.21元 /kW。

项目建设模式：采取自发自用80%，余额上网20%的售电合作模式。

项目投资财务内部收益率（所得税前）12.58%，项目投资财务内部收益率（所得税后）11.12%，项目投资回收期（年，所得税后）8.52年。所得税后资本金财务内部收益率 19.31%，财务净现值 596.11 万元（基准收益率 8%），资本金投资回收期 3.00 年。

（3）项目效益。

1）降低用户用电成本：基于互惠互利、合作共赢的理念，项目无须用户进行投资，且在项目建设完成后，向用户提供绿色清洁电力的同时，还将在电价方面给予一定的优惠，帮助用户降低用电成本，提供增值服务。

2）为用户提供无功补偿服务：本项目所选风力发电机组为永磁直驱机组，其技术特点是在风机接入配电网后，风力发电机组可以根据厂区供配电系统的无功需求，提供连续的无功支持，保持系统电压稳定，减少用户在无功补偿设备（如 SVC 等）的投资和运行成本。每台风力发电机组可对配电系统提供 900kvar 容量的持续无功输出。

3）提高用户供电可靠性：本分布式风力发电系统与外部大电网并联运行，分布式电源运行时可以使厂区供电系统减少从外部大电网吸收的有功功率，从而降低主变压器的电流与温升，有益于提高主变压器的安全与可靠性。

4）社会环境效益显著：本项目的开发有助于提升企业用能绿色度，经测算，项目建成发电后，年均绿色能源发电量约为 476.8 万 kWh，折算成节能减排效益，年均可节省标准煤约 1533.18t，减少烟尘排放量约 1158.98t，减少二氧化碳排放量约 4247.35t，减少二氧化硫排放量约 127.84t。

参考文献

[1] 高耀岿，王林，高海东，等．火电厂智能控制系统体系架构及关键技术 [J]．热力发电，2022，51（03）：166-174．

[2] 王晓峰．基于数据挖掘的电站锅炉运行优化研究 [D]．北京：华北电力大学，2017．

[3] 高展羽，宋放放，马骏．智慧汽轮机功能及设计难点探讨 [J]．东方汽轮机，2023（02）：18-21，39．

[4] 张斌，李官鹏，程鹏，等．磨煤机前圆形一次风道均流设计和优化 [J]．山东大学学报（工学版），2023，53（05）：142-148，155．

[5] 王妮妮，杨靖，张斌，等．W 型火焰锅炉腐蚀特性及防腐蚀措施研究 [J]．能源工程，2023，43（04）：80-85．

[6] 张斌，高超．电站循环流化床锅炉中的洗煤泥输送系统设计 [J]．热机技术，2000，4：1-5．

[7] 张斌，黄汝玲．煤粉炉改造循环流化床锅炉及运行研究 [J]．热机技术，2003，4：52-56．

[8] 张斌．1000MW 超超临界二次再热机组主机参数选择及论证简介 [J]．山东大学学报（工学版），2016，8：51-54．

[9] 王锋，陆建莺，周建．基于现场总线技术的火电厂输煤系统控制设计 [J]．电站系统工程，2010，26（04）：61-63．

[10] 周建，周卫巍，王锋．1000MW 发电机变压器组保护配置探讨 [J]．电力系统保护与控制，2010，38（11）：126-129，146．

[11] 王锋，王雷鸣，许卫东．600MW 火电机组高压厂用电接线新型方案 [J]．电力建设，2008，29（12）：70-73．

[12] 王锋，张晓亮．菏泽发电厂 2×300MW 机组保安电源接线设计 [J]．山东电力技术，2003（01）：57-60．

[13] 国家能源局．火力发电厂水工设计规范：DL/T 5339—2018[S]．北京：中国计划出版社，2018．

[14] 孙立刚，李琳，苗井泉，等．干湿冷却塔性能特性及节能降碳分析 [J]．能源研究与利用，2023（01）：2-9．

[15] 孙立刚，季海龙．火力发电厂空压机采用变频方式的技术经济分析 [J]．价值工程，2014，33（17）：61-62．

[16] 刘敏，刘友，孙立刚．印度古德洛尔工程设计浅析 [J]．科技与企业，2014(22)：92，95．

[17] 刘晓玲，张力，王智．直接空冷凝汽器换热性能影响因素研究 [J]．机械设计与制造，2021（03）：48-52，56．

[18] 刘晓玲．生物质能发电工程锅炉给水控制系统研究 [J]．信息技术与信息化，2009（05）：74-75．

[19] 黄汝玲，李官鹏，王兆阳，等．导流板对火电厂烟道气动噪声特性影响的模拟研究 [J]．动力工程学报，2022，42（12）：1191-1197，1229．

[20] 黄昶，黄汝玲，郑仙荣，等．钙基水合改性飞灰吸附剂脱除模拟烟气中 SO_2 的实验研究 [J]．科学技术与工程，2017，17（23）：108-114．

[21] 祁金胜，黄汝玲，高永芬．介绍一种新型的煤斗设计 [J]．电站系统工程，2010，26（01）：31-32．

[22] 高德申，郭富民，宋小军．超大型高位集水冷却塔的三维数值模拟研究[J]．中国水利水电科学研究院学报，2017，15（06）：449-454.
[23] 李满，傅钧，高德申．秸秆电厂水务管理及给排水设计应用 [J]．给水排水，2013，49（10）：59-63.
[24] 齐慧卿，高德申，韩强，等．冷却塔内冷却水特性三维数值模拟研究 [J]．中国电力，2017，50（03）：88-91.
[25] 李宁，余喆．一种大型钢结构间接空冷塔智慧运行解决方案研究 [J]．机电信息，2022（13）：5-8.
[26] 国家能源局．发电厂节水设计规程：DL/T 5513—2016[S]．北京：中国计划出版社，2016.
[27] 熊远南．基于改进灰色 - 多元回归组合预测模型的燃煤电厂智慧水务研究[J]．化工进展，2020，39（S2）：393-400.
[28] 白双源．智慧型燃煤电厂废水处理系统研究 [J]．设备管理与维修，2023（17）：18-19.
[29] 黄红．脱硫氧化风机的变频改造和控制 [J]．广西电力，2011，34（5）：62-63.
[30] Yoshio Nakayama, Satoshi Nakamura, Yasuhiro Takeuchi, et al. MHI high-efficient system: proven technology for multi pollutant removal[R]. Hiroshima Research & Development Center, 2011, 1-11.
[31] Shintaro Honjo, Bill Welliver, Takeo Shinoda, et al. SCR/Wet-FGD Mercury Removal Co-Benefits Improvement — 5 MW Demonstration Test[R]. 2008, 1-9.
[32] 张冰，张力，陈志强，等．电厂阀门泄漏的计算流体力学仿真研究 [J]．山东科学，2022，35（5）：61-68.
[33] 肖祥武，邹光球，罗婵纯，等．基于大数据平台的火电机组运行优化研究[J]．电力信息化，2018（8）：28-32.
[34] 刘卫华，张淑娟，陈志强，等．火力发电厂 5G 专网建设方案 [J]．中国仪器仪表，2022（10）：17-22.
[35] 裴善鹏，朱春萍．高可再生能源比例下的山东电力系统储能需求分析及省级政策研究 [J]．热力发电，2020，49（08）：29-35.
[36] 曹波，陈伏余，王章进．某医院分布式冷热电三联供技术应用 [J]．节能与环保，2023（01）：79-80.
[37] 刘义达，祁金胜，尹晓东，等．燃气内燃机智慧能源系统优化设计软件研

发[J]. 山东电力技术，2021，48（01）：48-53.
[38] 刘义达. 委内瑞拉100MW中速内燃机电站设计关键问题[J]. 内燃机，2018（06）：4-7，11.
[39] 关立，黄国栋，吴锋，等. 面向高比例分布式光伏的电力调度及市场化机制研究[J]. 浙江电力，2022（08）：10-16.
[40] 全国气象防灾减灾标准化技术委员会. 太阳能资源等级 总辐射：GB/T 31155—2014[S]. 北京：中国标准出版社，2015.
[41] 曹鹏飞，杨君，饶纪全，等. 分布式光伏发电网络构建与仿真[J]. 电气技术，2019（08）：64-68，74.
[42] 贾云辉，张峰. 考虑分布式风电接入下的区域综合能源系统多元储能双层优化配置研究[J]. 可再生能源，2019（10）：1524-1532.
[43] 王光磊，刘伟，高绪栋. 燃煤电厂炉侧节能改造技术探讨[J]. 山东工业技术，2020（04）：53-57.
[44] 陈世玉，李学栋. 湿法脱硫系统水量平衡及节水方案[J]. 中国电力，2014，47（01）：151-154.
[45] 傅钧，刘晓玲，徐爱东，等. 燃气-蒸汽联合循环机组自动控制系统的研究[J]. 水利电力机械，2007（05）：30-32.
[46] 王峰，李官鹏，祁金胜. 燃煤电站基于煤质特性变化的改造技术路线[J]. 电站系统工程，2019，35（01）：37-38，40.
[47] 张书迎，于涛，李绍生，等. 基于DBSCAN聚类算法的汽轮机滑参数运行优化方法[J]. 汽轮机技术，2022，64（03）：217-220.
[48] 李万军，杜安保，孙黎，等. 考虑冷-热端耦合因素的汽轮发电机组滑压运行综合优化[J]. 节能技术，2023，41（03）：248-251.
[49] 孙立刚，黄汝玲，杨俊波，等. 一种用于火力发电厂烟道放灰系统[P]. 山东省：CN220379706U，2024-01-23.
[50] 郭富民，赵佰波，高德申，等. 一种冷却塔聚风装置及冷却塔[P]. 山东省：CN212058463U，2020-12-01.
[51] 黄冬梅，张斌，徐士倩，等. 多水合一水的电站水处理系统[P]. 山东省：CN101805081B，2011-11-23.

第 3 章 蓄电技术

3.1 抽水蓄能

3.1.1 原理

3.1.1.1 技术原理

抽水蓄能电站是利用电力负荷低谷时的电能抽水至上水库，在电力负荷高峰期再放水至下水库发电的水电站，又称蓄能式水电站。它可将电网负荷低时的多余电能，转变为电网高峰时期的高价值电能，还可用于调频、调相，稳定电力系统的周波和电压，且宜作为事故备用，还可提高系统中火电站和核电站的效率。

国际与国内的成功应用经验表明，“抽水蓄能电站是当前技术最成熟、经济性最优、最具大规模开发条件的电力系统绿色低碳清洁灵活调节电源，与风电、太阳能发电、核电、火电等配合效果较好。加快发展抽水蓄能，是构建以新能源为主体的新型电力系统的迫切要求，是保障电力系统安全稳定运行的重要支撑，是可再生能源大规模发展的重要保障”。目前，作为长时间大规模的储能手段，抽水蓄能是国内和国际装机规模最大的储能型式，有数据表明：截至 2022 年底，在全球已投运储能项目中，抽水蓄能占比超 85%，中国的占比更高。

抽水蓄能电站的主要原理是：抽水蓄能电站以水为载体，其机组兼有水轮机和水泵的功能，在负荷低谷时利用电网过剩的电力驱动水泵，将水从下水库抽到上水库储存起来，将电能转化为水的势能；在用电负荷高峰时将上水库的水放出驱动水轮机发电送至电网，并将水流入下水库。由此，抽水蓄能电站能够避免电力系统中火电机组反复变出力运行所带来的弊端，同时增加电力系统高峰时段的供电能力，提高电力系统运行的安全性和经济性。在整个运作过程中，虽然部分能量会在转化间流失，但相比之下，使用抽水蓄能电站仍然比增建发电设备来满足“高峰用电、低谷压荷甚至停机”等情况的综合效益更佳。其技术原理示意图如图 3.1 所示。

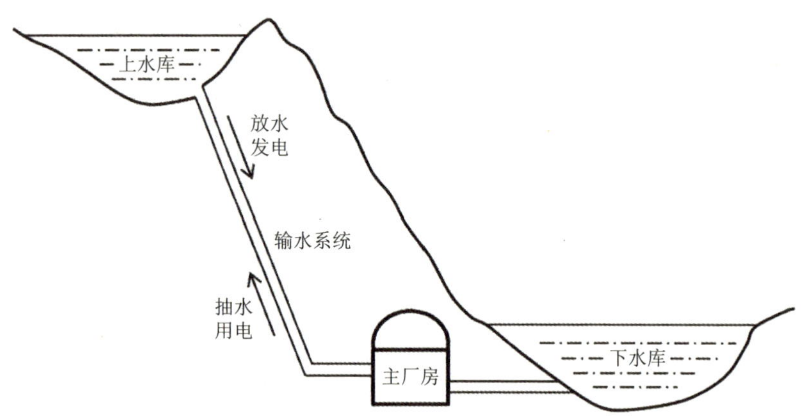

图 3.1　抽水蓄能电站技术原理示意图

3.1.1.2　主要分类

抽水蓄能电站有多种分类方式，常见的分类主要包括按开发方式分、按调节周期分、按机组类型分，另外还有按厂房布置、按水头级别等分类方式，如图 3.2 所示。

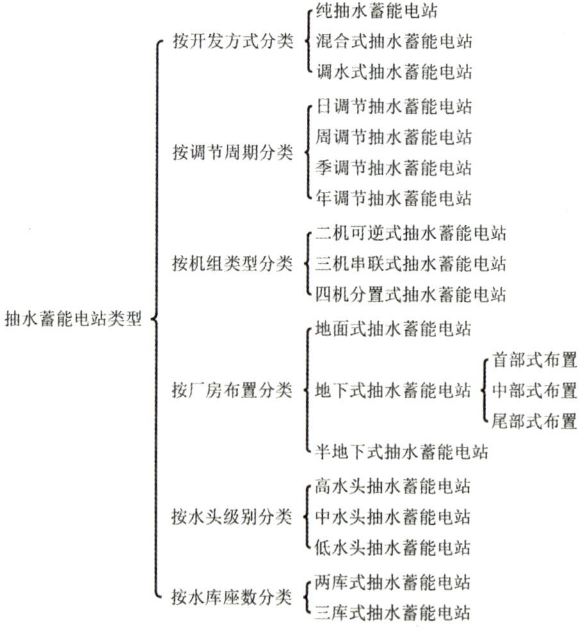

图 3.2　抽水蓄能电站分类方式

（1）按开发方式分类。一般分为纯抽水蓄能电站、混合式抽水蓄能电站。

纯抽水蓄能电站的特点是上水库没有或有很少量的天然径流汇入，电站的用水在上、下水库间重复循环使用，发电和抽水用水量基本相等。目前我国已建和在建的蓄能电站大部分为纯抽水蓄能电站。在运行中，仅需少量天然径流，补充蒸发和渗漏损失，补充水量既可来自上水库的天然径流，也可来自下水库的天然径流。

混合式抽水蓄能电站一般由常规水电站在新建、改建或扩建时，根据电网发展需要加装抽水蓄能机组而成，其上水库有一定的天然径流入库，发电用水量大于抽水用水量。这类电站上水库多为具有天然径流入库的大型综合利用水库，如按常规水电开发，其发电运行方式受综合利用要求限制较大，改建成混合式抽水蓄能电站后，既可以满足水库综合利用要求，又可实现抽水蓄能电站的主要功能，满足电力系统需求，可以做到一举两得。

另外，还有一种特殊的开发方式，可称为调水式抽水蓄能电站，即将抽水站和发电站分别建在两处，其上水库一般建在分水岭上，又称分建式电站，可与调水工程结合修建。

（2）按调节周期分类。可分为日调节、周调节、季调节或年调节抽水蓄能电站。

日调节抽水蓄能电站是最常见的形式，目前我国大部分已建、在建抽水蓄能电站均属这一类。该类型电站以一昼夜为调节周期，上、下水库水位变化循环周期为一昼夜，在每天电网负荷高峰时发电，负荷低谷时抽水。由于调节周期相对短，其上、下水库的调节库容可按每天的满发小时数 5 ～ 7h 确定，一般较小。

周调节抽水蓄能电站，则是以一周为运行周期，调节一周内电力系统负荷不均匀变化，其运行特点为在周内负荷较大时增加电站高峰发电时间，在周末负荷低落时增加电站抽水时间，储存更多电能。该类抽水蓄能电站所需调节库容较大，一般需按装机满发时间 10 ～ 20h 确定。

季调节或年调节抽水蓄能电站的调节周期更长，可以将汛期丰沛水量抽蓄到上水库供枯水期发电用，承担调节年内丰、枯间不均匀与电力系统负荷之间的矛盾。一般要求上水库具有较大库容，通常不需要建设下水库，在汛期利用系统多余电力将河流水抽至上水库，在枯水期向系统供电。一般在系统水电比重较大且调节能力差、季节性电能较多、枯水期供电紧张的区域建设较为有利。

（3）按机组类型分类。一般分为二机可逆式、三机串联式抽水蓄能电站和四机分置式抽水蓄能电站。

二机可逆式机组，是目前应用最广泛的抽水蓄能机组形式（与常规水电站机组相似），也就是常说的水泵水轮机，其水泵和水轮机合并为一套水力机械，与常规水电站布置相似，水轮机正向旋转为水轮机发电工况，反向旋转则为水泵抽水工况。由于水泵、水轮机和电动机、发电机合为一体，布置简化，机组尺寸缩小，工程投资相应也可降低。结合可利用水头的不同，可逆式水泵水轮机可分混流式、斜流式、贯流式、轴流式等四种。

三机串联式机组，是指电动机和发电机结合在一个电机内，电站机组由发电电动机、水泵和水轮机组成并布置在一根轴上，发电时由水轮机带动发电机，抽水时由电动机带动水泵。容量较小的电站通常采用横轴布置，对于大容量机组一般采用竖轴布置。由于三机式布置水泵和水轮机可按各自的工况进行设计，运行效率较高，但因水泵和水轮机分开布置，工程投资较二机式布置要大。

四机分置式机组，是受限于早期的技术条件而采用的一种布置方式，电站的水泵、水轮机、电动机和发电机分开布置，该布置形式相当于分别建设泵站和电站，工程投资大，布置复杂，目前已很少采用。

从发展角度看，早期是发电机组和抽水机组分开的四机分置式机组，然后发展为水泵、水轮机、发电 - 电动机组成的三机串联式机组，现在已发展为水泵水轮机和发电电动机组成的二机可逆式机组。

（4）其他分类。按厂房的布置形式分，可分为地面式、地下式和半地下式抽水蓄能电站，即按水工建筑物与地面所处的相对位置来分类。地面式电站则指全部建筑物布置在地面上，除大坝、厂房外，常采用露天式压力水管；地下式电站除上、下水库设在地面外，整个输水系统和厂房均布置在地下。其中，按地下式布置的厂房位置，又可细分为首部布置、中部布置、尾部布置等。

按水头级别分，可分为高水头、中水头、低水头抽水蓄能电站。由于抽水蓄能电站的可利用水头越高，所需要的流量和库容相对越小，单位造价一般较低，因此备受关注。一般来说，高水头抽水蓄能电站指可利用水头达 400 ～ 600m，甚至 400 ～ 800m 以上，400m 甚至 200m 以下的则被称为中低水头。我国的纯抽水蓄能电站水头一般较高，而混合式抽水蓄能电站受天然落差限制，水头一般较低。

3.1.2 技术特点

3.1.2.1 主要构成

抽水蓄能电站主要由上水库、下水库、输水系统、安装有机组的主厂房、开关站及出线场等建筑物组成。

抽水蓄能电站的上水库是蓄存水量的工程设施，电网负荷低谷时段可将抽上来的水储存在库内，负荷高峰时段将水放出发电。

输水系统是输送水量的工程设施，在水泵工况（抽水）把下水库的水量输送到上水库，在水轮机工况（发电）将上水库放出的水量通过厂房输送到下水库。

主厂房是放置蓄能机组和电气设备等重要机电设备的场所，也是电站生产的中心。抽水蓄能电站各项功能的实现，都是通过厂房中的机电设备来完成的。

抽水蓄能电站的下水库也是蓄存水量的工程设施，负荷低谷时段可满足抽水的需要，负荷高峰时段可蓄存发电放水的水量。

3.1.2.2　主要功能

作为电力系统中一种比较特殊的电源，抽水蓄能机组具有发电、抽水、发电调相、水泵调相四种运行工况，可在电力系统中发挥调峰、填谷、储能、调频、调相、紧急事故备用、黑启动和作为系统特殊负荷等多种功能，能够实现三大基础作用，即保障大电网安全、促进新能源消纳、提升全系统性能。可以说，抽水蓄能电站已是建设现代智能电网新型电力系统的重要支撑，是构建以新能源为主体的清洁低碳、安全可靠、智慧灵活、经济高效新型电力系统的重要组成部分。抽水蓄能电站的主要功能如图 3.3 所示。

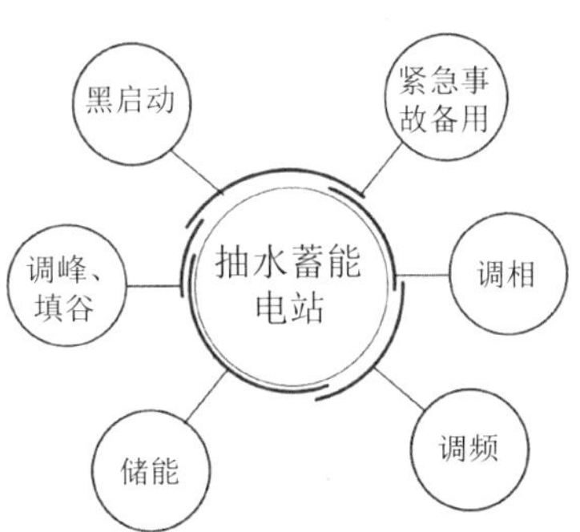

图 3.3　抽水蓄能电站的主要功能

（1）调峰、填谷功能：具有日调节以上功能的常规水电站，通常在夜间负荷低谷时不发电，而将水量储存于水库中，待尖峰负荷时集中发电，即常说的“带尖峰运行”。而蓄能电站是利用夜间低谷时其他电源（包括火电站、核电站和水电站）的多余电能，抽水至上水库储存起来，待尖峰负荷时发电。因此，抽水蓄能电站抽水时相当于一个用电大户，其作用是在负荷曲线低谷时实现“填谷”，以使火电出力平衡，可降低煤耗，从而获得节煤效益。同时，抽水蓄能电站可使径流式水电站原来要弃水的电能得到利用。

（2）储能功能：该功能是新型电力系统构建时的主要功能，当新能源出力大、系统不能消纳时，抽水蓄能电站可利用富裕电力将水抽至上水库储能，在新能源出力小或波动时，将储存的水放至下水库发电。

（3）调频功能：又称旋转备用或负荷自动跟随功能。常规水电站和抽水蓄能电站均有调频功能，但在负荷跟踪速度（爬坡速度）和调频容量变化幅度上，抽水蓄能电站更有优势。常规水电站自启动到满载一般需数分钟，而抽水蓄能机组在设计上就考虑了快速启动和快速负荷跟踪的能力。现代大型蓄能机组可以在一两分钟之内从静止达到满载，增加出力的速度可达每秒 1 万 kW，并能频繁转换工况。最突出的例子是英国的迪诺威克抽水蓄能电站，其 6 台 300MW 机组设计能力为每天启动 3 ～ 6 次；每天工况转换 40 次；6 台机组处于旋转备用时可在 10s 达到全厂出力 1320MW。

（4）调相功能：调相运行的目的是为稳定电网电压，包括发出无功的调相运行方式和吸收无功的进相运行方式。常规水电机组的发电机功率因数为 0.85 ～ 0.9，机组可以降低功率因数运行，多发无功，实现调相功能。抽水蓄能机组在设计上有更强的调相功能，无论在发电工况或在抽水工况，都可以实现调相和进相运行，并且可以在水轮机和水泵两种旋转方向进行，故其灵活性更大。另外，抽水蓄能电站通常比常规水电站更靠近负荷中心，故其对稳定系统电压的作用要比常规水电机组更大。

（5）紧急事故备用功能：有较大库容的常规水电站都有事故备用功能。抽水蓄能电站在设计上也考虑有事故备用的库容，但抽水蓄能电站的库容相对于同容量常规水电站要小，所以其事故备用的持续时间没有常规水电站长。在事故备用操作后，机组需抽水将水库库容恢复。同时，抽水蓄能机组由于其水力设计的特点，在作旋转备用时所消耗电功率较少，并能在发电和抽水两个旋转方向空转，故其事故备用的反应时间更短。此外，抽水蓄能机组如果在抽水时遇电网发生重大事故，则可以由抽水工况快速转换为发电工况，即在一两分钟内，停止抽水并以同样容量转为发电。可以说，抽水蓄能机组有两倍装机容量的能力来作为事故备用。

（6）黑启动功能：黑启动是指出现系统解列事故后，要求机组在无电源的情况下迅速启动。现代抽水蓄能电站在设计时都要求有此功能，而常规水电站一般不具备这种功能。

3.1.2.3　和常规水电的不同

抽水蓄能电站采用可逆式水泵水轮机组，与常规水电所用水轮机相比，在水力性能上有一些明显的特点：

（1）可逆式转轮要能适应两个方向水流的要求。由于水泵工况的水流条件较难满足，故可逆转轮一般都做成和离心泵一样的形状，而与常规水轮机转轮的现状相差较大。

（2）由于水泵水轮机双向运行的特性，水泵工况和水轮机工况的最高效率区并不重合，在选择水泵水轮机的工作点时，一般先照顾水泵工况，因而水轮机工况就不能在最高效率点或其附近运行，在水力设计上，这种情况称为效率不匹配。

（3）由于可逆式转轮的特有形状，在高水头运行时很容易产生叶片脱流而引起压力脉动。水泵工况时水流出口对导叶及固定桨叶的撞击也会形成很大的压力脉动，在转轮和导叶之间的压力脉动要比常规水轮机高。总地来看，可逆式水泵水轮机的水力振动特性要略差于常规水轮机。

在抽水蓄能电站中应用最多的是可逆式水泵水轮机，与之配套的是可逆式电机。这种电机向一个方向旋转为电动机，向另一方向旋转为发电机，故称为可逆式电动发电机。从电气原理上看，同步发电机本身是可以正反旋转的。但与常规水轮发电机相比较，在结构上还有以下不同的特点：

（1）双向旋转。由于可逆式水泵水轮机作水轮机和水泵运行时的旋转方向是相反的，因此电动发电机也需按双向运转设计。在电气上要求电源相序随发电工况和驱动工况转换；同时电机本身的通风、冷却系统和轴承结构都应能适应双向旋转工作。

（2）频繁启停。抽水蓄能电站在电力系统中担任填谷调峰、调频的作用，一般每天要启停数次。电动发电机功率调整幅度要求很大，调整也很频繁，大型机组要求有每秒钟增减 10MW 负荷的能力。

（3）需有专门启动设施。可逆式电动发电机作电动机运行时，不能像组合式机组那样利用水轮机来启动，而必须采用专门的启动设备，从电网上启动或采用“背靠背”方式各台机组间同步启动。在采用异步启动方法时，需在转子上装设启动用阻尼绕组或使用实心磁极，当采用其他启动方法时均需增加专门的电气设备和相应的电站接线。上述措施都增加设备造价，且操作复杂。

（4）过渡过程复杂。抽水蓄能机组在工况转换过程中要经历各种复杂的水力、机械和电气瞬态过程。在这些瞬态过程中会发生比常规水轮发电机组更大的受力和振动，因此对于整个机组和水道设计都提出了更严格的要求。

3.1.3 经济性

抽水蓄能是现今发展最成熟且最具规模的储能技术，具有技术优、成本低、寿命长、容量大、效率高等优点，可适应各种储能周期需求，系统循环效率可达70% ~ 80%。目前，抽水蓄能电站的单位千瓦投资在5000 ~ 7500元/kW之间，且随地形地质条件与装机规模的差异较大。使用年限方面，电站坝体等结构一般可使用100年左右，电机等设备的使用年限一般为40 ~ 60年。

抽水蓄能电站收益的主要来源是峰谷电价差，近年来国内相关部门也陆续出台了支持性政策，主要包括以下几项：

（1）2021年4月，国家发展改革委发布《关于进一步完善抽水蓄能价格形成机制的意见》（发改价格〔2021〕633号），简称“633号文”。

坚持并优化抽水蓄能两部制电价政策：以竞争性方式形成电量电价，“抽水电价按燃煤发电基准价的75%执行，鼓励委托电网企业通过竞争性招标方式采购，抽水电价按中标电价执行，因调度等因素未使用的中标电量按燃煤发电基准价执行”。完善容量电价核定机制，按《抽水蓄能容量电价核定办法》“电站经营期按40年核定，经营期内资本金内部收益率按6.5%核定”。

健全抽水蓄能电站费用分摊疏导方式：建立容量电费纳入输配电价回收的机制。建立相关收益分享机制，“鼓励抽水蓄能电站参与辅助服务市场或辅助服务补偿机制，上一监管周期内形成的相应收益，以及执行抽水电价、上网电价形成的收益，20%由抽水蓄能电站分享，80%在下一监管周期核定电站容量电价时相应扣减，形成的亏损由抽水蓄能电站承担”。完善容量电费在多个省级电网的分摊方式。完善容量电费在特定电源和电力系统间的分摊方式。推动抽水蓄能电站作为独立市场主体参与市场。健全对抽水蓄能电站电价执行情况的监管。

（2）2021年7月，国家发展改革委发布《关于进一步完善分时电价机制的通知》（发改价格〔2021〕1093号）。

优化分时电价：完善峰谷电价机制、建立尖峰电价机制、健全季节性电价机制。强化分时电价机制执行：明确执行范围、建立动态调整机制、完善执行方式。

同月，国家发展改革委、国家能源局发布“关于加快推动新型储能发展的指导意见”，提出“抽水蓄能和新型储能是支撑新型电力系统的重要技术和基础装备，对推动能源绿色转型、应对极端事件、保障能源安全、促进能源高质量发展、支撑应对气候变化目标实现具有重要意义”。

（3）2023年5月，国家发展改革委发布《关于抽水蓄能电站容量电价及有关事项的通知》（发改价格〔2023〕533 号），简称“533 号文”。公布了在运及 2025 年底前拟投运的 48 座抽水蓄能电站容量电价。同日，国家发展改革委发布《关于第三监管周期省级电网输配电价及有关事项的通知》（发改价格〔2023〕526 号），该通知进一步落实抽水蓄能容量电费疏导路径，纳入系统运行费，单列在输配电价之外。

3.1.4　发展前景

（1）国际。自 1882 年在瑞士苏黎世问世以来，抽水蓄能技术已有 140 多年的历史，但是具有近代工程意义的建设则是近五六十年才出现的。20 世纪 70—80 年代是国外抽水蓄能电站发展最快的时期，装机容量增加了 25 倍，由欧美日等工业发达国家扩展到世界各国。1996 年，全球已有 46 个国家共建成抽水蓄能电站 290 余座，总容量 8280 万 kW。近年来世界各国的抽水蓄能电站建设以每年大于 10% 的速度发展。

可以说，抽水蓄能电站就是为了解决电网高峰、低谷之间供需矛盾而产生和快速发展的，是实现间接储存电能的最好方式之一。100 多年的建设与运行，也对抽水蓄能电站形成了共识：是已经证明的各种调峰机组中技术最优、经济效益最好的一种；抽水蓄能容量在电力系统中的比例大致为总装机容量的 5% ～ 10% 最优；欧美日等国家的大容量火电和核电机组，一般配置抽水蓄能电站，有些则与核电站同时修建；与其他调峰机组比，既能调峰也能填谷，这样就允许提高系统里基荷的比重、降低调峰容量的比重；在没有合适条件开发常规水电时，要增加事故备用容量就应首先修建抽水蓄能电站；峰谷电价差对抽蓄发展至关重要，国外高、低电价比值多为 3 ～ 4，意大利达 5，法国曾达 10 以上。

（2）国内。国内的抽水蓄能电站是从 20 世纪 60 年代开始研究起步，并在 1990 年至 2000 年间引进发展，进入 2000 年后国内抽水蓄能自主发展迅速，相继开工建成了多个项目。目前，国内抽水蓄能电站的设计施工、装备制造及电站运行已达世界先进水平，中国已超过日本成为抽水蓄能容量全球第一的国家，但占全部装机容量的比例较低。

中长期规划指出，“欧美日等国的抽水蓄能和燃气电站在电力系统中的比例均超过 10%，甚至达 50%。我国油气资源禀赋相对匮乏，燃气调峰电站发展不足，抽水蓄能和燃气电站占比仅 6% 左右，其中抽水蓄能占比 1.4%”，“到 2025 年，抽水蓄能投产总规模 6200 万 kW 以上；到 2030 年，投产总规模 1.2 亿 kW 左右；

到2035年，形成满足新能源高比例大规模发展需求的，技术先进、管理优质、国际竞争力强的抽水蓄能现代化产业，培育形成一批抽水蓄能大型骨干企业”。

随着我国经济社会快速发展，产业结构不断优化，人民生活水平逐步提高，电力负荷持续增长，电力系统峰谷差逐步加大，电力系统灵活调节电源需求大。预计到2030年风电、太阳能发电总装机容量达12亿kW以上，大规模的新能源并网迫切需要大量调节电源提供优质的辅助服务，构建以新能源为主体的新型电力系统对抽水蓄能发展提出更高要求。

3.1.5 应用案例

（1）项目概况：华东某抽水蓄能电站承担项目所在省份电网系统调峰、填谷、调频、调相及紧急事故备用等任务，能有效提高电网的调峰能力，缓解电网调峰缺口，节约系统耗煤量，优化电源结构，减轻电网调峰压力，提高电网运行经济性。

（2）枢纽建筑物：电站枢纽建筑物主要由上/下水库、输水系统、地下厂房及开关站等组成。枢纽工程为一等大（1）型工程，上水库大坝、输水系统、地下厂房、地面开关站、下水库大坝及泄洪设施等主要永久性建筑物按1级建筑物设计，拦沙坝、消能防冲等次要永久性建筑物按3级建筑物设计，临时建筑物按4级建筑物设计。

上水库位于沟首位置，为新建水库，正常蓄水位1046.00m，死水位1017.00m，正常蓄水位相应总库容1212万m^3，死库容280万m^3，调节库容932万m^3。上水库主要建筑物有上水库大坝、进/出水口、库岸公路等，不设溢洪道。大坝为混凝土面板堆石坝，最大坝高95.0m，坝顶长465.0m，坝顶宽8.0m。坝后设置压坡体，大坝下游坝坡及压坡体下游坡面设置“混凝土框格梁+植草”护坡，上水库设环库公路。

下水库位于当地河流之上，为新建水库，坝址以上集雨面积29km^2。正常蓄水位619.00m，死水位586.00m，正常蓄水位相应库容1148万m^3，死库容217万m^3，调节库容932万m^3。下水库主要建筑物有下水库大坝、进/出水口、岸边溢洪道、泄洪放空洞等。大坝为钢筋混凝土面板堆石坝，最大坝高91.0m，坝顶长355.0m，坝顶宽8.0m。坝后设压坡体，大坝下游坝坡及压坡体下游坡面设置“混凝土框格梁+植草”护坡。大坝右坝肩设置侧堰开敞式溢洪道，由进水渠、控制段、调整段、泄槽段、挑流鼻坎、护坦、预挖冲坑及尾坎等建筑物组成。

输水系统及地下厂房布置于上、下水库间的山体内，厂房采用中部开发方式，引水及尾水系统均采用两洞四机布置，分两个水力单元。按自上游向下游的发电运行，输水系统主要由上库进 / 出水口、引水上平洞、引水上斜井、引水中平洞、引水下斜井、引水下平洞、引水钢岔管、引水钢支管、尾水支管、尾水岔管、尾水调压室、尾水隧洞、下库进 / 出水口等组成。其中，上、下水库进 / 出水口均采用侧式 + 闸门竖井式，闸门竖井平台采用埋藏式布置，引水系统立面采用两级斜井布置。

地下厂房洞室群主要由主副厂房洞、主变洞、尾闸洞等三大主洞室，以及进厂交通洞、通风兼安全洞、母线洞、500kV 出线洞、排水廊道等辅助洞室组成。主副厂房洞、主变洞、尾闸洞三大洞室平行布置。

地面开关站布置在下水库下坝址不远处的左岸山坡上，呈矩形布置，布置有 GIS 室、继保楼及 500kV 出线场。500kV 高压电缆采用平洞的出线方式，从主变洞 GIS 室通过 500kV 出线洞进入地面开关站 GIS 室。

（3）主要技术参数。该电站装机容量 1200MW，包括 4 台可逆式水泵水轮机—发电电动机组，单机容量 300MW，综合效率 75%，以 2 回 500kV 线路接入 500kV 变电站。电站额定水头为 420m，距高比为 5.1，项目占地约 3300 亩。

3.2　电化学储能

3.2.1　概述

电化学储能是通过储能电池内的化学反应来完成电能储存、释放与管理的过程。储能电池在充电时将外部电能转化成化学能储存起来，放电时再将储存的化学能转换成电能释放出来驱动外部设备。根据材料不同，储能电池主要分为铅酸 / 铅炭电池、锂离子电池、液流电池和钠硫电池等形式。由于电化学储能的能量密度与能量转换效率较高，且响应速度较快，能够有效满足电力系统调峰调频需求，同时其功率和能量可根据不同应用需求灵活配置，几乎不受外部气候及地理因素的影响，因此广泛应用于电力系统的源、网、荷侧等各个环节。在电源侧主要用于调峰调频、平滑新能源波动等，在电网侧可用于缓解电网阻塞、延缓输配电设备扩容升级；在用户侧可用于峰谷价差套利、容量电费管理、提高供电可靠性等。

完整的电化学储能系统主要由电池组、电池管理系统（Battery Management System，BMS）、储能变流器系统（Power Conversion System，PCS）、能量管理系统（Energy Management System，EMS）以及其他辅助系统构成，电化学储能的系统结构示意图如图 3.4 所示。

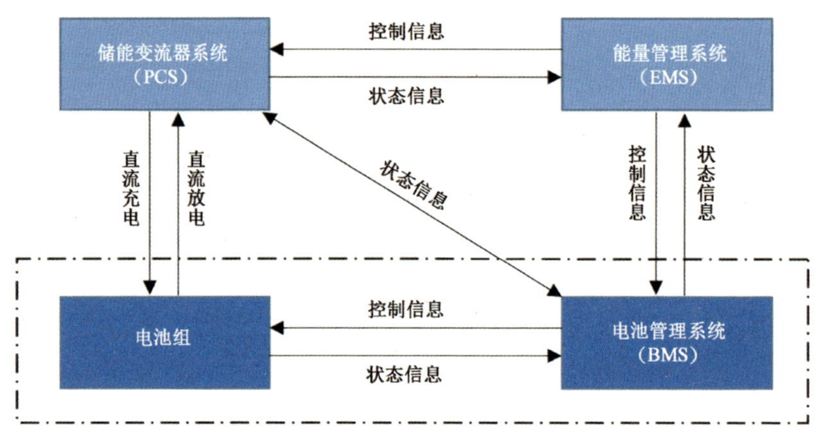

图 3.4　电化学储能系统结构示意图

（1）电池组：电池组是电化学储能系统最主要的构成部分，占系统成本的 60% ～ 70%，负责能量存储。

（2）BMS：对各电池单体串并联组成的电池组进行分层管理，实现电池组的监测、评估、告警、保护以及均衡，使得各电池和电池组达到最佳运行状态。

（3）PCS：由 DC/AC 双向变流器、控制单元等构成，用于控制电池组的充电和放电过程，进行交直流的变换。PCS 通过接收来自 EMS 的控制指令，根据功率指令的符号及大小控制变流器对电池组进行充电或放电；同时，PCS 通过与 BMS 通信，获取电池组状态信息，实现对电池的保护性充放电，确保电池运行安全。

（4）EMS：是整个储能系统的大脑，一方面直接负责储能系统的控制策略，通过接收电网调度指令或根据预设的充放策略，对整个储能系统进行调度，结合储能设备运行状态合理分配功率指令到各 PCS 中；另一方面负责监控系统运行中的故障异常，起到快速保护设备的重要作用。

3.2.2　铅酸 / 铅炭电池技术

3.2.2.1　原理

铅酸电池最早由法国化学家 Gaston Plante 在 1859 年提出，是利用铅在不同价态之间的固相反应实现充放电的一种蓄电池。铅酸电池是目前产量最大和工业、通信、交通、电力等系统应用最广的二次电池体系。

传统铅酸电池的电极由铅及其氧化物制成，电解液采用硫酸溶液。在荷电状态，铅酸电池正极主要成分为二氧化铅，负极主要成分为铅；放电状态下，正负极主要成分均为硫酸铅。放电时，正极二氧化铅与硫酸反应生成硫酸铅和水，负极铅与硫酸反应生成硫酸铅；充电时，正极硫酸铅转化为二氧化铅，负极硫酸铅转化为铅。其基本的电池反应为：

总反应：$PbO_2+Pb+2H_2SO_4 \longrightarrow 2PbSO_4+2H_2O$

负极：$Pb + HSO_4^- \longrightarrow PbSO_4 + 2e^- + H^+$

正极：$PbO_2 + 3H^+ + HSO_4^- + 2e^- \longrightarrow PbSO_4 + 2H_2O$

铅酸电池结构主要由极板、栅板、隔板、电解液、安全阀、连接单元、壳体等组成，如图 3.5 所示。

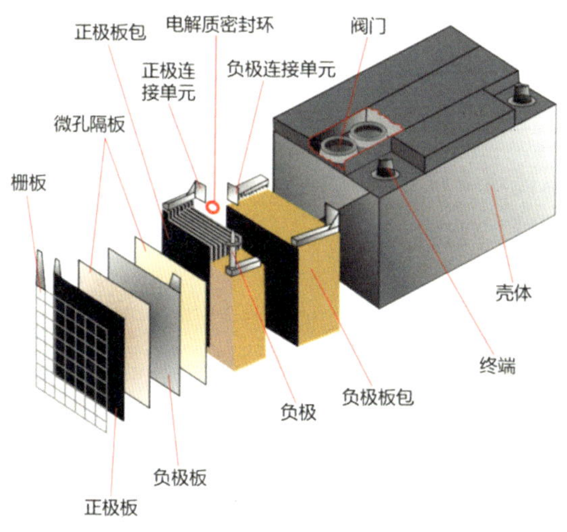

图 3.5　铅酸电池结构组成示意图

铅炭电池是在传统铅酸电池的铅负极中“内并”或“内混”的形式掺入具有

电容特性的碳材料而形成的新型储能装置，如图 3.6 所示，正极是二氧化铅，负极是铅 - 炭复合电极，其开路电压和基本电池反应同传统铅酸电池。铅炭电池的核心是在负极引入活性炭，使电池兼具铅酸电池和超级电容器的优势，同时可有效抑制普通铅蓄电池负极不可逆硫酸盐化的问题，显著提升大电流充放电性能和循环寿命。当前铅炭电池研究的重点在于铅炭负极的作用机理、碳材料的选择和抑制析氢等问题。

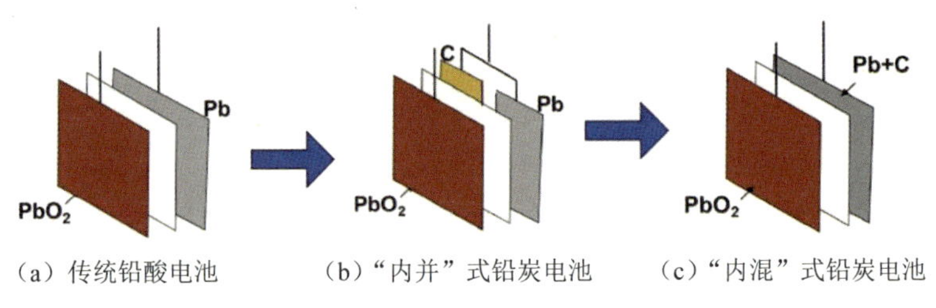

（a）传统铅酸电池　（b）“内并”式铅炭电池　（c）“内混”式铅炭电池

图 3.6　铅炭电池结构示意图

3.2.2.2　技术特点

铅酸电池具有技术成熟、安全可靠、成本低廉、工艺简便、适应性强并可制成密封免维护结构等优点，原材料来源丰富并且工作温度宽泛，达到 –40℃～40℃的水平，低温性能远好于锂离子电池，在汽车启动电源、UPS 及 EPS（应急电源）等传统领域中应用广泛。然而传统铅酸电池由于循环寿命短、能量转换效率偏低，无法满足电力系统储能应用所需长循环寿命和高能量转换效率的要求，其总体成本优势难以体现。

铅炭电池兼具铅酸电池与超级电容的特点，大幅改善了传统铅酸电池各方面的性能，其技术优点是：充电倍率高；循环寿命长，是传统铅酸电池 4～5 倍；再生利用率高（可达 97%），远高于其他化学电池；原材料资源丰富，成本较低，仅为传统铅酸电池的 1.5 倍左右，远低于锂离子电池；安全性好，应用领域广泛。

3.2.2.3　经济性

（1）投资成本：传统铅酸电池的系统成本在 500～1000 元 /kWh 左右，全寿命周期内的度电成本为 0.5～1.0 元 /kWh。铅炭电池的系统成本在 1000～1500 元 /kWh 左右，全寿命周期内的度电成本为 0.5～0.7 元 /kWh。

（2）环保和社会效益：铅酸电池的主要原材料（如铅和酸），属于非环保材料，需要回收利用，目前铅酸废旧电池的回收体系成熟，不存在大规模污染环境的风险，已广泛应用于交通运输、通信、电力、国防、航海、航空等领域。

3.2.3　锂离子电池技术

3.2.3.1　原理

锂离子电池由索尼公司在 1989 年提出，是以锂离子为活性离子，充放电时锂离子经过电解液在正负极之间脱嵌，将电能储存在嵌入（或插入）锂的化合物电极中的一种储能技术，是目前能量密度最高的实用二次电池（充电电池）。

锂离子电池的工作原理如图 3.7 所示，电池充电时，锂离子从正极脱嵌，穿过电解质和隔膜嵌入负极，使得负极处于富锂态，正极处于贫锂态，同时电子的补偿电荷从外电路供给到负极，保证负极的电荷平衡；放电时则相反，锂离子从负极脱嵌，穿过电解质和隔膜重新嵌入正极，正极回到富锂态。因此，锂离子电池实质为一种锂离子浓差电池，依靠锂离子在正负极之间的转移来完成充放电工作。

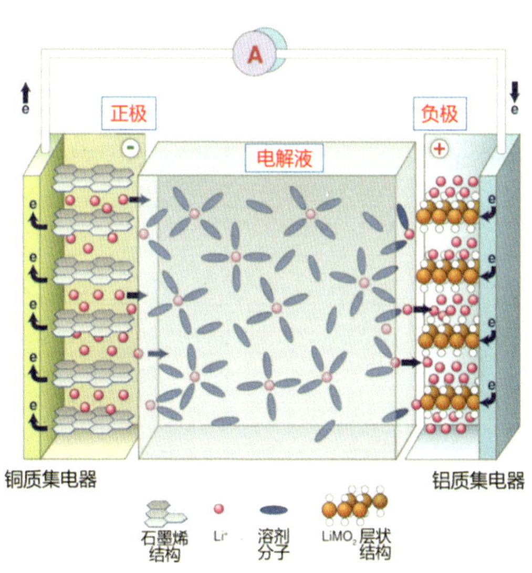

图 3.7　锂离子电池工作原理示意图

以正极为磷酸铁锂，负极为碳材料的锂离子电池为例，其总化学反应和负极、正极化学反应分别如下式所示：

总反应：$LiFePO_4 + 6C \longrightarrow Li_{1-x}FePO_4 + Li_xC_6$

负极：$xLi^+ + xe^- + 6C \longrightarrow Li_xC_6$

正极：$LiFePO_4 \longrightarrow Li_{1-x}FePO_4 + xLi^+ + xe^-$

在正常充放电的情况下，锂离子在均为层状结构的正负极材料层间嵌入和脱嵌，一般只引起层面间距变化，不破坏晶体结构，在充放电过程中，电极材料的化学结构基本不变。因此，锂离子电池反应是一种理想的可逆反应，从而保证了电池的长循环寿命和高能量转换效率。

锂离子电池主要由材料（正极、负极）、隔膜、电解液和壳体等组成，其材料种类丰富多样：适合作正极的含锂化合物有钴酸锂、锰酸锂、磷酸铁锂等二元或三元材料；负极采用锂 - 碳层间化合物，主要有石墨、软碳、硬碳、钛酸锂等；电解液为含有锂盐（如 $LiPF_6$、$LiBF_4$）的碳酸酯类有机电解液（如 EC、EMC、DMC 等）。

不同种类材料锂电池技术的能量密度、循环寿命等性能各异，磷酸铁锂电池、镍钴锰酸锂电池、钛酸锂电池的主要性能参数见表 3.1。

表 3.1　锂离子电池主要性能参数

项目	磷酸铁锂	镍钴锰酸锂	钛酸锂（负）
技术成熟度	商用	商用	示范—商用
能量密度 /（Wh/kg）	150	220	110
功率密度 /（W/kg）	1500 ～ 2000	3000	3000
功率等级 /MW	0 ～ 32	0 ～ 32	0 ～ 32
持续发电时间	秒～小时	秒～小时	秒～小时
能量转换效率 /%	90 ～ 95	>95	>95
自放电率 /（%/ 月）	1.5	2	2
循环次数 / 次	3000 ～ 5000	5000 ～ 6000	≥ 10000
服役年限 / 年	8	8	10
响应速度	毫秒级	毫秒级	毫秒级

3.2.3.2　技术特点

锂离子电池主要优点包括：

（1）高能量密度，锂离子电池体积能量密度可达 350Wh/L，质量能量密度可达 200Wh/kg，且还在不断提升中。

（2）高功率密度，目前三元锂电池质量功率密度已达到 3000W/kg。

（3）高达 95% 以上的能量转换效率。

（4）长循环寿命，锂离子电池的循环寿命均在 500 次以上，磷酸铁锂和三元锂可达 3000 次以上，浅充浅放工况下电池的循环寿命更长。

（5）无记忆效应，可进行不同深度的充放电循环。

（6）易快充快放，锂离子的充电倍率一般在 0.5 ～ 3C（钛酸锂电池放电倍率甚至 >10C），充电时间在 0.5 ～ 2h。

锂离子电池主要缺点包括：

（1）采用有机电解液，存在较大的安全隐患。

（2）循环寿命和成本等指标尚不能满足电力系统大规模储能应用的需求。

3.2.3.3　经济性

（1）投资成本。目前，磷酸铁锂电池的系统成本约 2000 元 /kWh，全寿命周期内的度电成本约 0.7 ～ 1.0 元 /kWh。钛酸锂电池的系统成本约 5000 元 /kWh，全寿命周期内的度电成本约 0.7 ～ 1.0 元 /kWh。三元锂电池的系统成本约 4000 元 /kWh，全寿命周期内的度电成本约 1.1 ～ 1.5 元 /kWh。

（2）环保和社会效益。锂离子电池电解质溶液属于油性溶液，有一定的毒性和腐蚀性，在高温的情况下，锂电池容易发生起火和爆炸，废旧锂电池的回收目前也是一个难题。

锂离子电池已广泛应用在电力系统的各个环节，包括在发电侧辅助传统机组动态运行；参与辅助服务市场，提供调频、备用等服务；在输配侧延缓输配电设施升级、保障输配侧供电可靠性、安全性等；在用户侧帮助用户实现需量电费管理、峰谷价差套利、提高供电可靠性及电能质量等;在大型可再生能源发电场站，帮助平滑新能源发电出力、跟踪计划出力等；以独立储能电站形式提供调峰服务；还可将电动汽车动力电池（或者退役电池）作为一种储能单元，应用于电力系统。

3.2.4　液流电池技术

3.2.4.1　原理

液流电池是一种正、负极活性物质均为液体的电化学电池，其液态活性物质既为电极活性材料，又为电解质溶液，被分别储存在独立的储液罐中，通过外接管路与流体泵使电解质溶液流入电池堆内进行反应。在机械动力作用下，液态活性物质在不同的储液罐与电池堆的闭合回路中循环流动，采用离子交换膜作为电池组的隔膜，电解质溶液平行流过电极表面并发生电化学反应。系统通过双极板收集和传导电流，从而使得储存在溶液中的化学能转换成电能。这个可逆的反应过程使液流电池顺利完成充电、放电和再充电。

一个典型的液流电池的结构如图 3.8 所示，电池单体包括：正、负电极；隔膜及其与电极围成的电极室；电解液罐、泵和管路系统。多个电池单体用双极板串接等方式组成电堆，电堆引入控制系统组成液流电池储能系统。

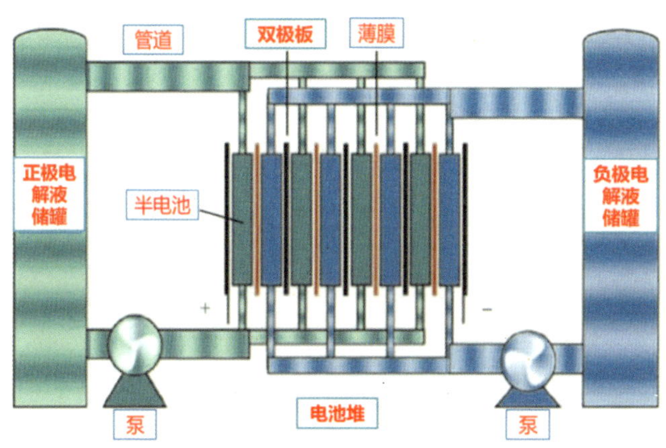

图 3.8　液流电池工作原理示意图

全钒液流电池是目前应用最多的液流电池，但受其主要原料钒的价格影响，其未来商业化的应用前景不明朗。

铁铬液流电池是低成本液流电池的一个代表，其电解液原材料铁、铬资源更加丰富，成本更低，因此是更加可持续发展的储能技术，不会出现短期内资源制约发展的情况。另外铁铬液流电池的电解质溶液稳定性较好，不会出现全钒液流电池正极离子化合物热分解形成沉淀的现象，安全性更高。

锌溴体系液流电池在国内已进入示范阶段，锌溴液流电池结构与工作原理也与全钒体系类似，其正负极电对为 Br/Br^-、Zn/Zn^{2+}，两种元素均丰富易得。与全钒液流电池不同的是，锌溴液流电池隔膜材料主要是与铅酸电池、锂离子电池类似的微孔膜塑料材料，不含金属，价格低廉，同时其体积能量密度也相对较高。锌溴电池技术方面的主要问题在于溴的强腐蚀性造成的安全隐患。

主流液流电池的主要性能参数见表 3.2。

表 3.2　主流液流电池主要性能参数

项目	全钒液流电池	锌溴液流电池	铁铬液流电池
技术成熟度	示范	示范	示范
能量密度 /（Wh/kg）	15 ～ 25	65	15 ～ 25
功率密度 /（W/kg）	50 ～ 100	200	50 ～ 100
功率等级 /MW	0.03 ～ 10	0.05 ～ 2	0.03 ～ 10
持续发电时间	秒～小时	秒～小时	秒～小时
能量转换效率 /%	75 ～ 85	75 ～ 80	75 ～ 85
自放电率 /（%/ 月）	低	10%/ 月	低
循环次数 / 次	>10000	5000	>10000
服役年限 / 年	20	10	20
响应速度	毫秒级	毫秒级	毫秒级

3.2.4.2　技术特点

与通常以固体作电极的普通蓄电池不同，液流电池的活性物质以液体形态储存在两个分离的储液罐中，由泵驱动电解质溶液在独立存在的电池堆中反应，电池堆与储液罐分离，在常温常压下运行，因此安全性高，没有潜在爆炸风险。此外，液流电池还具有以下特点：

（1）容易实现规模化（兆瓦级）：额定功率和额定容量是独立的，功率大小取决于电池堆，容量大小取决于电解液，因此液流电池的电能储存容量理论上可以无限扩展，相对于其他电化学电池而言，液流电池可以灵活配置功率和容量，组装方便，选址自由。

（2）循环寿命长：电池的理论保存期无限，储存寿命远高于传统铅酸电池和锂离子电池。

（3）快速响应（<1ms）：电化学反应迅速，响应速度快。

（4）自放电率低：正、负极电解液分开储存，电池搁置时自放电率低。

（5）深度放电性能良好：可 100% 深度放电而不会对电池造成损害。

（6）环境友好与安全可靠：无污染排放，电池运行温度通常不高于 50℃。

（7）运行与维护费用低：单位时间运行费用低，维护周期长，材料便宜。

液流电池虽然是一种很好的具有商业化前景的储能电池，但缺点也很突出：

（1）能量转换效率低，仅 70% ～ 80% 左右。

（2）能量密度和功率密度偏低。

（3）因为需要独立的储蓄罐、反应罐、泵及各种阀门、管路，占地面积巨大，系统成本较高。

3.2.4.3 经济性

（1）投资成本。目前，全钒液流电池的系统成本约 4000 ～ 5000 元 /kWh，全寿命周期内的度电成本约 0.7 ～ 1.0 元 /kWh。铁铬液流电池的系统成本约 3000 元 /kWh，全寿命周期内的度电成本约 0.4 元 /kWh。锌溴液流电池的系统成本约 2500 ～ 3000 元 /kWh，全寿命周期内的度电成本约 0.7 ～ 1.0 元 /kWh。

（2）环保和社会效益。全钒液流电池需要使用强酸和高成本的钒电解质溶液。铁铬液流电池电解质溶液毒性和腐蚀性相对较低，废旧电池易于处理，电解质溶液可循环利用。锌溴液流电池存在高毒性和腐蚀性。

全钒和铁铬液流电池作为储能电源主要应用于可再生能源发电平滑输出、跟踪计划发电、削峰填谷、需求响应、延缓电力系统升级改造、偏远地区供电、分布式发电、智能电网与微电网等领域。锌溴液流电池的应用则相对集中于工商业用户、偏远地区、军方等用户侧综合智慧能源场景。

3.2.5 钠硫电池技术

3.2.5.1 原理

钠硫电池是高温钠系电池的一种，是以金属钠为负极、硫为正极、陶瓷管为电解质隔膜的熔融盐二次电池。电池采用加热系统把不导电的固态盐类电解质加热熔融，使电解质呈离子型导体而进入工作状态。钠离子透过电解质隔膜与硫之间发生可逆反应，形成能量的释放和储存。钠硫电池的总化学反应和负极、正极化学反应分别如下所示。

总反应：$Na_2S_x \longleftrightarrow 2Na + xS$

负极：$2Na^+ + 2e^- \longleftrightarrow 2Na$

正极：$S^{2-} \longleftrightarrow S + 2e^-$

钠硫电池的结构与工作原理如图 3.9 所示，一般为中心负极的管式结构，由钠负极、钠极安全管、固体电解质（一般为 β-氧化铝）及其封接件、硫（或多硫化钠）正极、硫极导电网络、集流体和外壳等部分组成。电池的工作温度控制在 300℃～350℃，此时钠与硫均呈液态。基于钠离子（Na^+）在高温下与液态硫（S）进行反应，形成钠多硫化物（Na_2S_x，x=4～8），同时释放出大量电子。这些电子流向外部电路，在完成电功时返回至阳极，与逆向溶液中的钠离子再次结合。

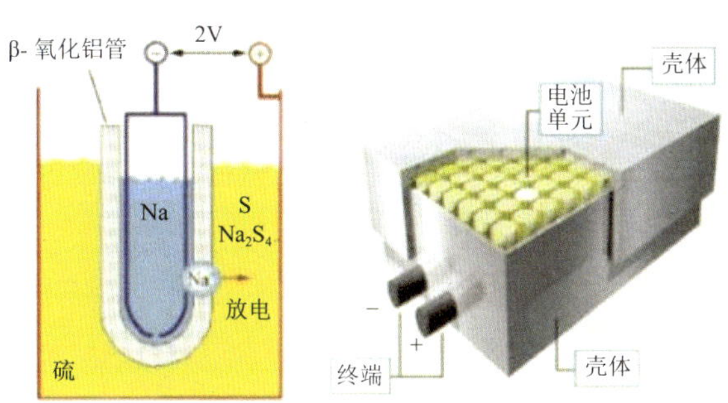

图 3.9　钠硫电池的结构与工作原理示意图

3.2.5.2　技术特点

钠硫电池能够进行大电流、高功率放电，充放电效率很高，系统规模可根据应用需求通过钠硫电池模块集成灵活扩展，达到 MW 级别。此外基于熔盐电解质，主要具有以下优点：

（1）高能量密度：钠硫电池的能量密度高达 200Wh/kg 以上，比传统的铅酸电池高出数倍，可以满足高能量密度应用的需求。

（2）长循环寿命：钠硫电池的寿命长，可以达到数千个充放电循环，比传统的铅酸电池寿命长得多。

（3）低成本潜力：钠硫电池的原材料和密封材料成本相对较低，可以满足大规模应用的需求。

同时，钠硫电池也具有一些缺点：

（1）高温工作：需要将电池加热至约 300℃以使熔盐保持液态，因此难以在常温下运行。

（2）金属钠的剧烈反应特性：液态的钠与硫在直接接触或遇水会发生剧烈放热反应，会给储能系统带来一定的安全隐患。

（3）特殊设计：需要采用特殊的材料和结构设计，确保安全稳定。

3.2.5.3　经济性

（1）投资成本：目前，钠硫电池的系统成本约 2000～2500 元 /kWh，全寿命周期内的度电成本约 1.0 ~ 1.4 元 /kWh。

（2）环保和社会效益：钠硫电池用于储能具有独特的优势，主要体现在原材料储量大、能量和功率密度大、充放电效率高、不受场地限制、维护方便等方面。由于它不排放任何有害物质，使用或报废后也不会对环境造成二次污染，是一种真正意义上的环保型电池。钠硫电池在国外已经成功应用于削峰填谷、应急电源、风力发电等可再生能源的稳定输出以及提高电力质量等方面，涉及工业、商业、交通、电力等多个行业，是各种先进二次电池中最具有潜力的一种储能电池。

3.2.6 应用案例

3.2.6.1 华东某用户侧配储电站

位于华东某储能电站设计规模为 20MW/160MWh，采用铅炭电池技术，属于用户侧储能项目，主要用于削峰填谷。该项目总投资约 26000 万元，总占地约 6000m^2，采用集装箱模块化形式建设，如图 3.10 所示。储能电站采用先进的能量管理系统，实现对储能电站全方位、智能化的管理。

图 3.10 华东某重工企业储能电站

该项目采用铅炭技术路线的主要原因是铅炭电池全寿命周期内度电成本是 0.5 ~ 0.7 元 /kWh，而该企业所在地的峰谷电价差为 0.8 元左右，通过削峰填谷能够有效降低电费支出。

3.2.6.2 西南某光伏配储电站

西南某光伏配储电站项目采用铅炭电池技术，储能电站设计规模为 4MW/19.2MWh，由 16 个集装箱构成，每个集装箱的储能规模为 250kW/1200kWh，如

图 3.11 所示。该配储电站目的是解决光伏电站的弃光问题，并且具备一定的电网调频调压功能，在光伏电站白天限电时段利用弃光为储能电站充电，在清晨和傍晚并网发电。

图 3.11　西南某光伏配储电站全景

3.2.6.3　西北某风电配储电站

西北某风电项目装机容量 450MW，配套建设 10% 装机规模的储能电站，储能容量为 2h，根据技术成熟度、系统成本和容量等因素综合考虑，采用磷酸铁锂电池、三元锂电池及液流电池等技术，储能集装箱如图 3.12 所示。

图 3.12　西北某风电配储电站储能集装箱

该项目的储能系统采用分布式就地安装 - 集中控制方式，各储能单元（包括储能变流器、电池系统及其附属设备）分别与风机变流器并联在风机升压箱变的低压侧，设备采用集装箱安装方式，储能电站系统如图 3.13 所示。

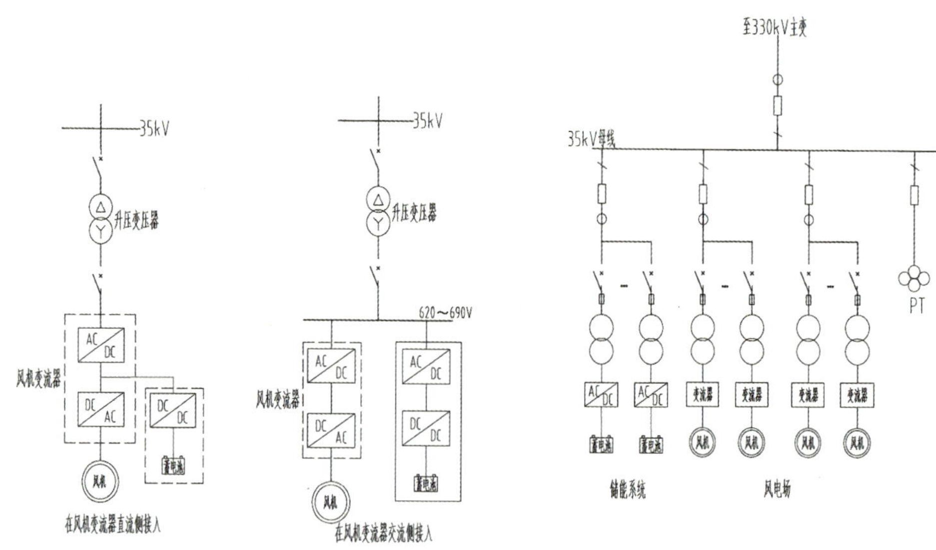

图 3.13　储能电站系统图

储能单元与安装在风机塔底的风电场监控系统平台（包括能量管理控制系统、风机监控、储能监控、升压站监控、AGC/AVC 系统等）交换机之间采用以太网通信，全部储能单元接入风电场监控系统平台，利用风机监控系统光纤环网实现信息传送。储能单元执行数据采集及分析、完成远方 / 就地控制和报警处理及事故记录，实现解决弃风限电、提高风功率预测预报准确性、调峰、调频、平滑功率曲线等功能。储能单元采集风机箱变电气（风机出力）和变压器故障信息，作为储能充放电的就地判据。

储能单元计量点设在风机箱变储能进线断路器处，充放电量数据经储能单元 EMU 采集后传送至风电场监控系统平台。储能单元的自用电电源取自风机箱变辅助变压器。在储能变流器集装箱内设置总配电箱，在电池集装箱内设分配电箱，各分配电箱相互连接。

3.2.6.4　东北某风电配储电站

东北某风电项目装机容量为 99MW，如图 3.14 所示。为实现风电场风电储能、调峰功能，配套建设全钒液流电池储能系统，总容量为 10MW/40MWh，其中 9.75MW 在室内集中布置，以一回 35kV 电缆线路接入风电场升压站 35kV 母线。另外 0.25MW 全钒液流电池用于一机一储的配置，采用集装箱布置于风机旁边，全钒液流电池储能集装箱如图 3.15 所示。

图 3.14　东北某风电场实景图

图 3.15　全钒液流电池储能集装箱

3.3　压缩空气储能

传统压缩空气储能技术最早由德国工程师 Stal Laval 于 1949 年提出，其工作原理是在用电低谷时，利用过剩电力驱动压缩机产生压缩空气，并将压缩空气储存于大型地下洞穴或人工容器中，而在用电高峰时，将储存的压缩空气通过膨胀机做功，进而驱动发电机产生电能，如图 3.16 所示。由于不回收利用压缩热，而空气膨胀做功需要吸收热量，需在膨胀机前设置燃烧室，发电时借助天然气补燃提高压缩空气温度后再进入膨胀机做功以提高效率，因而这类技术也称为补燃式压缩空气储能技术，如德国 Huntorf 电站和美国 McIntosh 电站便属于此类系统。然而，在当前大力发展绿色能源、控制碳排放量的大背景下，补燃式压缩空气储能技术的弊端显现：依赖天然气等化石燃料的补燃，导致碳和其他污染物的二次排放；压缩过程的压缩热被抛弃会导致系统能量损失，相应地降低储能效率；依赖岩石洞穴、废弃矿井和盐穴等特殊地理条件，虽然总容积大，但结构复杂、气密性不良等因素会导致系统效率和安全性问题。

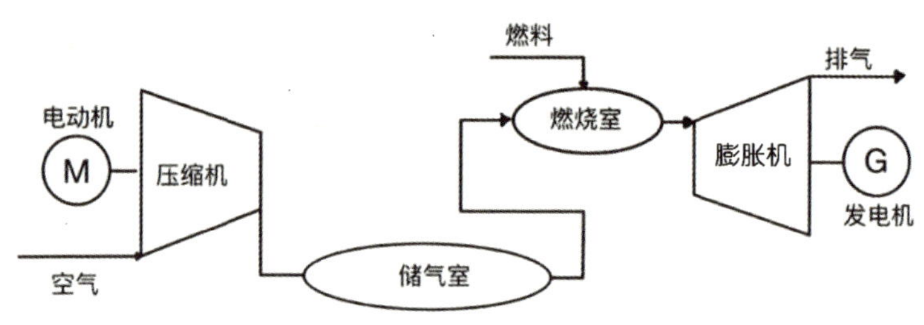

图 3.16　传统压缩空气储能技术工作原理

随着能源结构调整和环境保护压力增大，压缩空气储能系统作为储能装置而非热机，摒弃化石燃料势在必行，因而近年来基于这一思路发展出诸多新型压缩空气储能技术。根据技术路线不同，主要有气态压缩空气储能、液态压缩空气储能、超临界压缩空气储能三种。超临界压缩空气储能目前正处于技术攻关阶段，尚未进入试验示范及商业化应用，本节暂不介绍。

3.3.1　原理及分类

3.3.1.1　按介质形态分类

（1）气态压缩空气储能。气态压缩空气储能可根据运行参数的不同，进一步分为等温压缩空气储能和绝热压缩空气储能两种。等温压缩空气储能利用大量水的混合式换热，如喷雾冷却、液体活塞等措施，使空气的压缩和膨胀过程近似为等温过程，从而减少了压缩过程放热量并可在膨胀过程中灵活利用外界低温废热。利用喷雾冷却的等温压缩空气储能技术原理示意如图 3.17 所示。等温压缩空气储能系统一般基于小功率、低速往复式压缩 / 膨胀机，装机功率较小，仅适用于小容量储能场景，如分布式储能，但难以应用于大规模储能场景，其原因在于：（近）等温过程要求水的进出口温差小，故耗水量极大；大量水滴或水流会损坏大型动力式压缩机 / 涡轮机的高速旋转叶片。

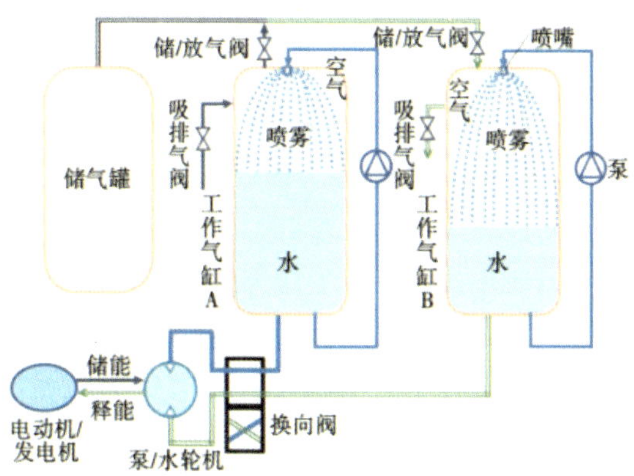

图 3.17　典型等温压缩空气储能原理示意图

绝热压缩空气储能是一种高效、可调度的大规模电能储存技术，其与非绝热压缩空气储能的不同之处在于：储电时利用换热器回收压缩热并储存至蓄热装置，实现电能向压力势能和热能的解耦存储，而发电时将储存的热能回馈至高压空气以提高进入膨胀机的温度，取代了化石燃料的补燃，从而提高储能效率，其技术原理如图 3.18 所示。绝热压缩空气储能的理论电 - 电效率可达到 50% ～ 60%，并解决了传统压缩空气储能系统的二次排放问题。绝热压缩空气储能技术在多个方面具有显著优势，包括技术实现相对容易、储能容量大、建设成本低、适应性强、储能效率高及零排放等，因而在大规模压缩空气储能技术领域极具发展潜力。现阶段，已实现工程试验示范的绝热压缩空气储能技术路线是先进绝热压缩空气储能，其原理类似于绝热压缩空气储能，区别在于压缩热回收方式不同，先进绝热压缩空气储能在压缩机级间进行换热回收，而绝热压缩空气储能在全部压缩过程结束后进行换热回收。

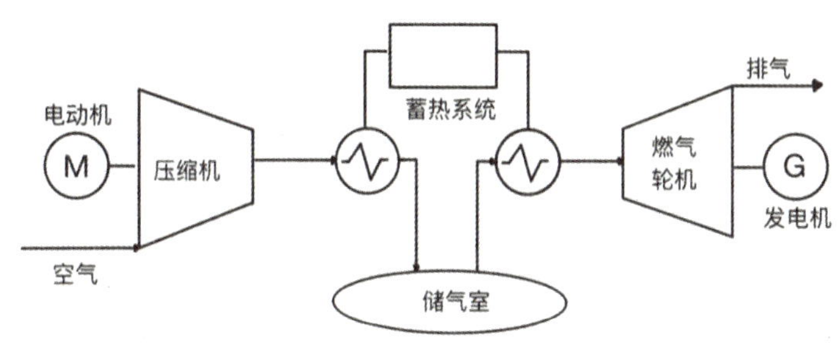

图 3.18　绝热压缩空气储能技术工作原理

先进绝热压缩空气储能技术路线首先由欧洲于2003年提出，理论上其电-电效率可超过70%，而实现这一效率的前提是蓄热温度要高于600℃，满足如此高运行温度的蓄热器只能采用固体填料床型式，且高温操作会造成诸多技术障碍：高温对压缩机材料和制造工艺造成挑战；蓄热器属于高温高压容器（约7MPa），造价和运行维护成本极高；固体蓄热介质升温过程慢，系统启动时间长，灵活性差。从热力学角度考量，理想条件下空气压缩过程可视为等熵过程，而先进绝热压缩空气储能涉及的等熵压缩/膨胀互为逆过程，即系统电-电效率理论上不受蓄热温度制约。因而，当储气压力给定时，可通过增加压缩级数降低蓄热温度，由此提出了低温先进绝热压缩空气储能概念，通过五级压缩-间冷可将蓄热温度降低到90℃～200℃，从而显著降低启动时间。理论分析表明，相比高温先进绝热压缩空气储能系统，虽然低温先进绝热压缩空气储能技术路线采用多级换热带来的㶲损致使其电-电效率略有降低(约52%～60%)，但蓄热介质可使用廉价水，且启动快、变负荷性能好，这些优点足以弥补效率损失。由此可见，虽然低温先进绝热压缩空气储能技术路线的储热温度及储能密度较低，但其对压缩机材料要求低，压缩过程能耗更低。目前，该技术路线已在国内某60MW盐穴压缩空气储能项目、某100MW先进压缩空气储能项目中得到应用，其技术原理如图3.19所示。

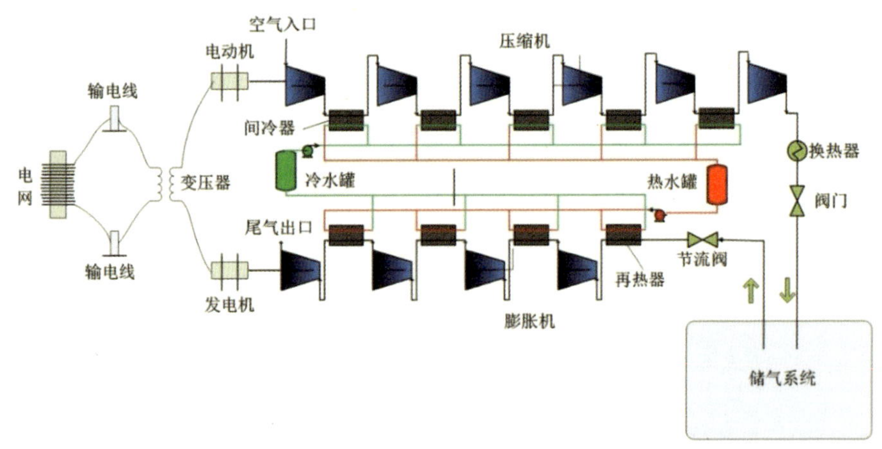

图3.19　先进绝热压缩空气储能系统原理

常规非绝热/绝热压缩空气储能均基于定容储气，释能时储气室出口空气压力持续降低，进入膨胀机前需节流减压至定值以保证其稳定运行，由此造成节流损失及储能密度损失（低于膨胀机进口设计压力的压缩空气无法做功）。为解决定容储气的弊端，近年来在绝热压缩空气储能基础上，提出了定压压缩空气储能技术路线并受到能源界关注，其借助水的静压特性或人工手段实现定压储气和释能，从而避免节流损失，储能密度也得以提高。

水下压缩空气储能技术路线是定压压缩空气储能的主要型式，即利用置于水下的刚性或柔性容器实现定压储气，该技术已被温莎大学和 Hydrostor 公司联合建成的首座水下压缩空气储能示范电站证实，其柔性储气包安装于水下 65m，发电功率 700kW。水下压缩空气储能受地理条件限制，相比之下，液控定压压缩空气储能更适于陆基应用场景，其原理是将高压空气储存于气 - 水共容储气室内，在储能 / 释能过程中，通过调节储气室内水位实现定压储 / 放气。在此基础上，构建了液控绝热定压压缩空气储能技术路线。

（2）液态压缩空气储能。液态压缩空气储能技术近几年发展迅速，其关键技术在国内外示范工程中得到了验证与应用，已趋于成熟。该技术与传统压缩空气储能技术的区别在于储能过程产生的高压空气以液态空气形式存储，并且在涵盖传统压缩空气储能技术所具有的众多优势基础上，摆脱了地理位置、地貌条件等环境因素的限制，具有高储能密度、可移动存储，单位储能成本低并可以很好地与其他储能方式进行整合等重要优势。液态压缩空气储能系统由以下几个主要部分组成：空气压缩过程、热交换过程、冷却空分过程、液态空气储槽、蒸发膨胀发电过程、储热和储冷装置，其工作原理如图 3.20 所示。

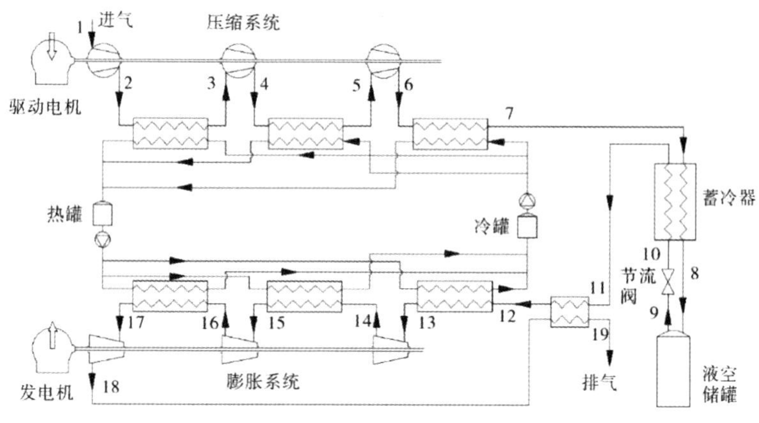

图 3.20　液态压缩空气储能系统原理图

1）储能阶段：电能 - 液态空气。利用弃风弃光电能或电网夜间低谷电驱动压缩单元，将经过净化单元后常压常温空气压缩至高压高温，高压高温空气经水冷却至高压常温，压缩热通过蓄热介质存储，高压空气流经液化单元的冷箱中进行多级预冷液化，液化冷量来自于液态空气气化存储的冷量，液态空气进一步经过节流降压，以常压低温形态存储于低温储罐中，节流产生的气态空气返流至冷箱中回收剩余冷量。

2）释能阶段：液态空气 - 电能。液态空气经低温泵增压后，流经气化单元的冷箱中进行多级升温气化，同时将冷量存储于蓄冷器中，气化后的常温高压空气经压缩热预热后，产生高压高温气体驱动空气透平做功，带动发电机发电并网。同时，系统多余压缩热通过冷却塔冷却。

基于目前公开的资料，英国在 2012 年、2018 年已分别建成 350kW/2.5MWh、5MW/15MWh 的液态空气储能示范项目。国内目前正在建设世界上最大的液态压缩空气储能项目（60MW/600MWh）。

3.3.1.2　按储热介质分类

（1）高温储热介质方案。采用高温储热方案时，储热介质通常为导热油或熔盐，可选用具有较高压比的压缩机，压缩过程接近于绝热压缩，储热温度通常高于 350℃，储能系统的电 - 电效率相对较高。高温储热介质方案的缺点是储热参数高，对储热系统隔热、总平面布置和消防、安全性要求高，故投资较大。目前，国内已建及在建的项目采用此种方案的较少。

（2）低温储热介质方案。当采用低温储热方案时，储热介质为水，可选用具有较低压比的压缩机，压缩过程可采用较多级数，压缩机的压缩过程更接近于等温过程，储热温度一般小于 180℃。由于换热单元多，可用能损失更大，储能系统的电 - 电效率相对较低，但是对储热系统隔热要求低且蓄热介质廉价，故投资较低。目前，国内已建以及在建的压缩空气储能项目采用此种方案的较多。

高温储热方案和低温储热方案的对比见表 3.3。在实际工程建设时，两种方案可根据实际情况，做技术经济比较后确定。

表 3.3　等温压缩与绝热压缩技术对比

对比项	低温储热	高温储热
冷却方式	级数多	级数少
空气温度	较低，一般不超过 180℃	较高，一般不超过 350℃

续表

对比项	低温储热	高温储热
材料要求	低	高
导热介质	水	导热油、熔盐
换热级数	较多	较少
系统效率	大致相当，稍低	大致相当，稍高

3.3.1.3　按储气方式分类

按照储气方式不同，压缩空气储能技术可分为洞穴储气（如盐穴、废旧矿洞、人工硐室）和人造容器储气（如高压气罐、低温储罐）等。压缩空气储能系统的储气库形式多样，具体采用何种方式需因地制宜，根据工程建设地点的自然环境、地理条件、机组容量、造价等因素综合考虑，储气库形式与机组容量、单位千瓦投资的关系如图 3.21 所示。

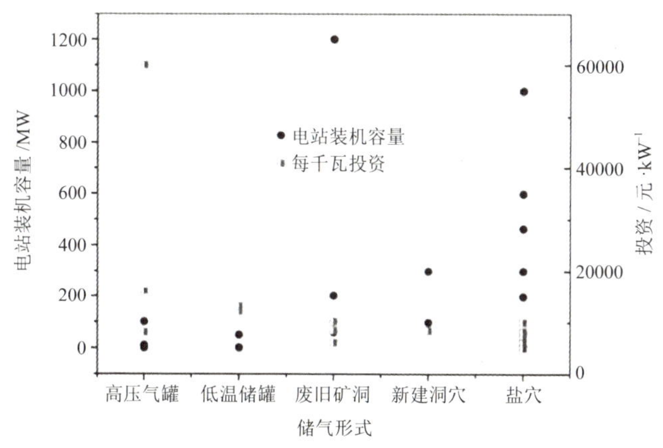

图 3.21　储气库形式与电站装机容量及单位千瓦投资关系

对我国规划、可研、在建、已建项目的统计分析可知：盐穴储气库机组容量较大，单位千瓦投资相对较低；废旧矿洞和人工硐室也多可用作大型电站建设，单位千瓦投资稍高于盐穴建库；而低温储罐和高压气罐一般用于中小型电站，且多处于试验阶段，现阶段其单位千瓦平均投资普遍比洞穴储气高。由于大型压缩空气储能电站需较大储气空间，而地上储气罐价格昂贵，现阶段在建、已投产项目多采用洞穴储气方式。

3.3.2 技术特点

3.3.2.1 气态压缩空气储能

气态压缩空气储能是目前最成熟且已实现不同容量工程应用的压缩空气储能技术，主要技术特点如下：

（1）不需要补燃：由于采用换热 / 储热装置回收、存储空气压缩过程的压缩热，并且在发电阶段将压缩热回馈至膨胀机前端，系统不再依赖燃烧化石燃料提供进入膨胀机的空气所需热量。

（2）储能效率较高：绝热压缩空气储能的额定电 - 电转换效率可达 50% ～ 70%，比国外现存同等规模的非绝热压缩空气储能电站高出约 10% ～ 20%。

（3）系统寿命长：气态压缩空气储能系统的寿命可达 30 ～ 50 年。

（4）储能周期不受限制：压缩空气可在储气室中大规模、长期保存，每天的耗散率可小于 1%。

（5）适用范围广：由于气态压缩空气储能系统与电站系统间仅交换电能，不涉及电站内部流程，因此可以适合各种类型电站的储能需求。

（6）对环境友好：气态压缩空气储能系统无补燃，摒弃了化石燃料的燃烧，运行过程不排放任何污染物和二氧化碳。

（7）供能形式多样：气态压缩空气储能系统运行产生的多余热量及冷能可外供，实现综合能源供给，同时也可回收工业余热再利用。

3.3.2.2 液态压缩空气储能

液态压缩空气储能是在先进绝热压缩空气储能技术的基础上，通过引入蓄冷装置将高压空气液化后以常压形式储存。相比气态压缩空气储能技术，液态压缩空气储能技术存在以下特点。

（1）储能密度高：储能密度可达 60 ～ 120Wh/L，是高压气态压缩空气储能的 20 倍左右。

（2）储气装置简单：同容量液态压缩空气储能所需储气装置容积更小，可利用地面人工容器实现规模化存储，从而不受地理条件限制。

（3）系统流程复杂：由于增加了空气液化、液态空气换热和空气气化等能量转换过程，液态压缩空气储能的系统流程较先进绝热压缩空气储能更复杂，系统内的设备更多，电 - 电转换效率较低。

3.3.3　经济性

不同的压缩空气储能项目，受储热介质、储气方式、储能时长等多因素影响，投资成本跨度较大。根据公开资料显示，已建成的压缩空气储能电站功率成本约为 6000 ～ 13000 元 /kW，容量成本约为 1000 ～ 1500 元 /kWh 之间。整体来看，随着压缩空气储能技术的不断提升和项目数量的增加，储能系统设备国产化正在快速推进，总投资成本也将会呈下降趋势。预计，气态压缩空气储能将来大规模产业化后的成本可降低至 4000 ～ 5000 元 /kW、1000 ～ 1200 元 /kWh。

3.3.4　应用场景

3.3.4.1　大规模新能源基地配套储能项目

在国家战略层面，随着以新能源为主体的新型电力系统建设布局加快，在三北地区和大基地风光资源开发过程中，压缩空气储能作为本质安全的长时大规模物理储能手段，其适用性更为广泛，将迎来大规模快速发展期。

3.3.4.2　共享储能

国内在建或已建的大部分压缩空气储能项目，基本都属此类场景。此类项目受各省份储能政策影响较大，参与电网调峰、调频等辅助服务时所能获得的收益差别也较大。目前，各省份鼓励压缩空气储能电站作为独立储能电站，与新能源发电企业签署租赁协议，以满足新能源发电配储的政策要求，如在山东、湖南等已经运行或试运行电力现货市场的省份，压缩空气储能电站充放电价已按照现货市场规则执行。

2022 年 8 月，国家发展和改革委员会针对开展压缩空气储能示范项目参照抽水蓄能两部制电价模式的方案征求意见：明确其作为新型储能形式，压缩空气储能产业化、规模化发展条件相对较好；为了加快推动压缩空气储能技术创新和产业发展，对标抽水蓄能，对示范项目采用两部制电价模式予以支持，并对基于人工硐室储气和基于盐穴储气两种不同技术路线，分别给出容量电价水平。虽然目前对于此种模式还没有最终定论和正式通知文件，但是传达出了国家层面积极推动压缩空气储能发展的明确信号。未来在储能政策尚不明晰的省份，两部制电价模式亦可作为建设选项。

3.3.5 国内建设情况

国内前期压缩空气储能项目的规模较小，多为示范项目，目前已运行的项目有 7 个，共约 182.5MW。10MW 及以上的有西南某 10MW 压缩空气储能验证平台、华东某 60MW 盐穴压缩空气储能示范项目、华北某 100MW 先进压缩空气储能示范项目，见表 3.4。

表 3.4 国内部分已投产压缩空气储能项目情况

项目名称	类型	规模	储气方式	投产年份
华北某 1.5MW 超临界压缩空气储能示范项目	气态压缩空气	1.5MW	储罐储气	2013 年
华东某 500kW 压缩空气储能示范项目	气态压缩空气	500kW	储罐储气	2014 年
西南某 10MW 压缩空气储能验证平台	气态压缩空气	10MW	储罐储气	2017 年
华东某 500kW 液态空气储能示范项目	液态压缩空气	500kW	储罐储气	2018 年
华东某 60MW 盐穴压缩空气储能示范项目	气态压缩空气	60MW/300MWh	盐穴储气	2021 年
华东某 10MW 盐穴压缩空气储能调峰电站项目	气态压缩空气	10MW/60MWh	盐穴储气	2021 年
华北某 100MW 先进压缩空气储能示范项目	气态压缩空气	100MW/400MWh	人工硐室储气	2021 年

近几年，压缩空气储能作为长时大规模储能手段迎来了发展机遇，据不完全统计，国内目前已规划、在建的项目有 60 多个。

3.3.6 应用案例

3.3.6.1 盐穴压缩空气储能

国内某 100MW 级先进压缩空气储能系统，利用盐穴作为压缩空气储存空间，储气规模能满足 1 台 100MW 膨胀发电系统在额定工况下发电 4h。

盐穴距站址约 100m，利用已经完成采盐的老腔，通过试验确定腔体的气密封性，盐穴储气压力为 5.5 ～ 7MPa。

压缩机选用 1 套多级离心式空气压缩机，电机总额定功率 84.3MW。根据储气设施的储气压力状态，其中离心式空气压缩机最大可实现 84.3MW 的电网负荷平衡，最小可实现约 59MW 的电网负荷平衡。压缩机暂按 5 级压缩设计，第 1 级入口流量 498.3t/h，入口压力 0.1012MPa，第 5 级出口压力 7.03MPa。

膨胀机系统主要包括多级膨胀机、发电机、油站、管道、阀门等。膨胀机的额定输出功率为单台套 100MW。级数为 4 级，设计流量为 988.7t/h；排气压力为 0.1035MPa。

配置 12 台压缩机换热器，13 台膨胀机换热器，换热介质为水，不超过 180℃，机组各设置 1 个冷、热水球罐。

项目设计电 - 电转化效率约为 65%。

3.3.6.2　液态压缩空气储能

西北某 60MW 液态压缩空气储能项目，总装机容量为 60MW/600MWh，空气压缩机运行 12h 系统可以实现 600MWh 储能，膨胀发电运行 10h 可以实现 600MWh 放电，如图 3.22 所示。

图 3.22　某液态压缩空气储能项目示意图

系统主要包括空气压缩单元、蓄冷单元、膨胀发电单元和储热单元。

空气压缩单元：空气经三级压缩机压缩至 7MPa，每一级压缩机进气经冷却水冷却后降温至 35℃，排气温度为 213℃～214℃；压缩机级后设置分子筛纯化器，最后一级压缩机排气经冷却、脱水后进入冷箱。配置一套多级压缩机组，入口为大气压，出口 7.02MPa，空气总体积流量约 40 万～50 万 Nm^3/h。

蓄冷单元：储能时，常温高压（7MPa，35℃）空气从冷箱顶部进入，在冷箱内被返流空气和蓄冷罐蓄冷工质冷却，经膨胀、节流降压后，产生气液两相空气，液态空气被储存在低温储罐中，气态空气返流回冷箱回收冷量。同时，蓄冷系统中的蓄冷介质释放冷量后恢复至初始温度。释能时，来自低温储罐中的液态空气经低温泵增压，进入冷箱释放冷量气化。同时，蓄冷系统中的蓄冷介质吸收冷量后恢复至低温，完成空气复温过程高品位冷能的存储，用于空气液化过程冷却空气。系统配置 1 台空气液化 / 复温冷箱，4 台蓄冷循环泵，2 台液空泵。

膨胀发电单元：常温高压空气从冷箱顶部排出，在每一级空气预热器中被热水加热，进入四级透平膨胀机后膨胀至常压，带动发电机发电并网，常压空气排入大气。自热水罐的循环水释放压缩热量降温后，经冷却器冷却降温至 25℃循环利用。配置 1 台多级膨胀机，膨胀机入口空气压力为 4.3MPa，出口背压 0.073MPa 左右，空气总体积流量约 40 万～ 50 万 Nm³/h。

储热单元：1 台冷水罐、1 台热水罐、2 台一级蓄冷罐、2 台二级蓄冷罐、1 台液空储罐、15 台换热器。

项目设计系统电 - 电效率约为 54%。

参考文献

[1] 国家能源局. 抽水蓄能中长期发展规划（2021—2035 年）[R]. 北京：国家能源局，2021.

[2] 张春生，姜忠见. 抽水蓄能电站设计 [M]. 北京：中国电力出版社，2012.

[3] 邱彬如，刘连希. 抽水蓄能电站工程技术 [M]. 北京：中国电力出版社，2008.

[4] 国家发展和改革委员会. 关于进一步完善抽水蓄能价格形成机制的意见 [R]. 北京：国家发展和改革委员会，2021.

[5] 国家发展和改革委员会. 关于进一步完善分时电价机制的通知 [R]. 北京：国家发展和改革委员会，2021.

[6] 国家发展和改革委员会. 关于抽水蓄能电站容量电价及有关事项的通知 [R]. 北京：国家发展和改革委员会，2021.

[7] 余勇，年珩. 电池储能系统集成技术与应用 [M]. 北京：机械工业出版社，2021.

[8] 胡英瑛，吴相伟，温兆银. 储能钠硫电池的工程化研究进展与展望 [J]. 储

能科学与技术，2021，10（3）：781-799.
[9] 纪律，陈海生，张新敬，等. 压缩空气储能技术研发现状及应用前景 [J]. 高科技与产业化，2018（04）：52-58.
[10] 董舟，李凯，王永生，等. 压缩空气储能技术研究及应用现状 [J]. 河北电力技术，2019，38（05）：18-20.
[11] 何子伟，罗马吉，涂正凯. 等温压缩空气储能技术综述 [J]. 热能动力工程，2018，33（02）：1-6.
[12] M. Ebrahimi, R. Carriveau, D. Ting, et al. Conventional and advanced exergy analysis of a grid connected underwater compressed air energy storage facility[J]. Applied Energy, 2019, 242: 1198-1208.
[13] Y. Mazloum, H. Sayah, M. Nemer. Exergy analysis and exergoeconomic optimization of a constant-pressure adiabatic compressed air energy storage system[J]. Journal of Energy Storage, 2017,14:192-202.
[14] 邓章，安保林，陈嘉祥，等. 低温高压液态空气储能系统分析 [J]. 低温技术，2023，45（5）：7-10，43.
[15] 王富强，王汉斌，武明鑫，等. 压缩空气储能技术与发展 [J]. 水力发电，2022，48（11）：10-15.
[16] 赵兰明，沙志成，董霜. 山东电网建设抽水蓄能电站的必要性 [J]. 电力与能源，2012，33（03）：266-270.
[17] 郑帅，鲁浩，李文博，等. 大规模储能在山东电力系统发展研究 [J]. 电工技术，2020（24）：35-37，40.

第 4 章　储热储冷技术

4.1 水 储 热

4.1.1 原理

水储热技术已经广泛应用于火电灵活性改造、消纳弃风弃光、清洁供暖等储热系统中，主要利用水的显热来储存热能，水作为储热载体，储热设备通常采用储热水罐作为储热容器。主要有斜温层储热技术、双罐储热技术和多罐储热技术，国际上工程应用较多的储热技术是斜温层储热技术。斜温层储热技术是利用一个储热容器同时储存高低温介质，与冷热分存的双罐系统和多罐系统相比，大幅度降低占地和投资。

斜温层储热容器内部同时储存热水和冷水，水温度和密度不同，在容器中由于重力作用，密度不同的冷水和热水自然分层，热水在上、冷水在下，中间形成斜温层。容器的上部和下部各设置一个布水器，在储热和放热过程将热水和冷水均匀、缓慢、尽量小扰动地导入导出储热容器，保证在此过程中斜温层厚度稳定。斜温层水储热系统的运行流程是：当热源产热量大于用户用热量时，储热容器储热，热水从上部的布水器进入储热容器，冷水从下部的布水器排出，斜温层向下移动；当热源产热量小于用户用热量时，储热容器放热，热水从上部的布水器排出，冷水从下部的布水器进入，斜温层向上移动。在储热和放热的过程中，储热容器中水体积不变而能量随工况变化，如图 4.1 所示。

布水器是影响储热水罐性能的关键设备，布水器根据其不同形状可以分为圆盘式、八角式、H 形。圆盘式布水器主要应用在只进行储热的水罐中，制造工艺简单，对水质要求较低；八角式布水器可应用在冷热双蓄的水罐中，制造工艺相对复杂，对水质要求高；H 形布水器主要应用于方形水箱中。根据区域供热系统的特点，储热水罐主要可以分为常压储热罐和承压储热罐两类。常压储热罐结构简单，投资成本较低，最高工作温度一般不超过 98℃，储热罐内为微正压；承压储热罐最高工作温度一般不超过 130℃。利用斜温层水储热原理，可以实现跨季节储热，通常采用一个巨大的水池（人工湖）作为储热介质，储水量一般在几十万立方米或者上百万立方米，该技术可结合太阳能光热系统或核能系统实现清洁供热，近年来已有清洁供暖项目采用，如图 4.2 所示。

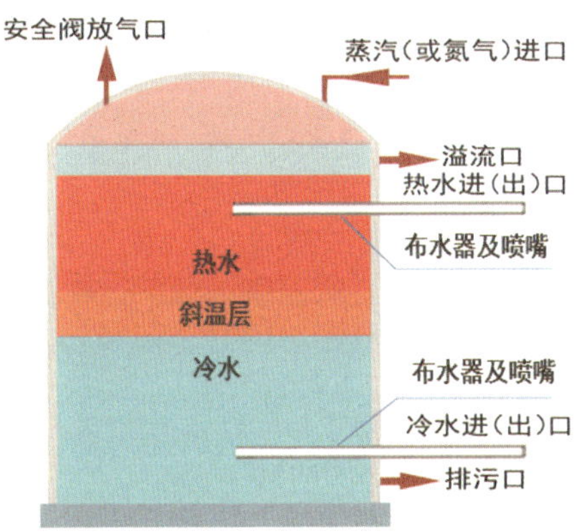

图 4.1　斜温层水储热技术原理图

图 4.2　跨季节储热水池

目前已有实施案例的水储热供热系统与热用户的连接有两种方式：一种是将储热罐与热用户直接连接，如图 4.3 所示；另一种是在储热罐与热用户之间安装换热器，形成间接连接，如图 4.4 所示。两种储热供热系统各有优劣：第一种储热供热系统结构简单，热量损失小，储热水罐可在紧急事故时对热网进行补水；

第二种储热供热系统对水质要求小，储热系统出现堵塞情况降低。

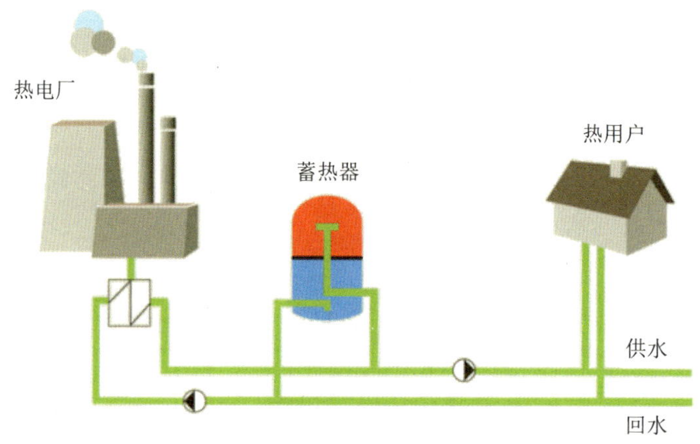

图 4.3　储热罐与热网直接连接示意图

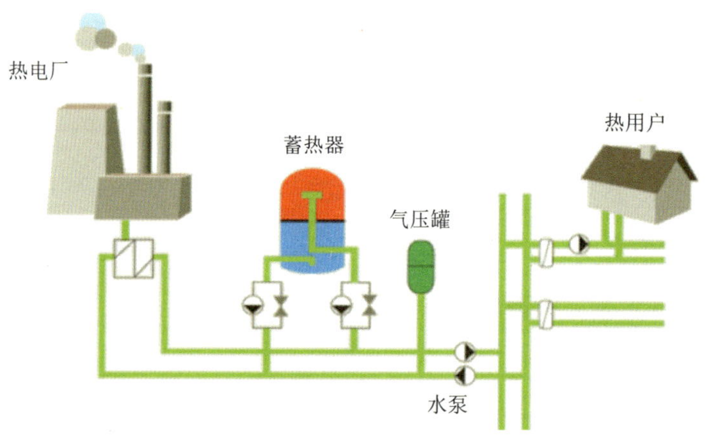

图 4.4　储热罐与热网间接连接示意图

4.1.2　技术特点

水是常压下比热最大的介质，水的存量巨大、来源广泛且价格便宜，因此将水作为储热介质是低温供热（冷）领域最合理的储热储冷方式。水储热技术优势在于储热成本低、安全、可靠，是大规模的火电灵活性改造项目、集中式清洁供暖、集中式冷热双蓄、综合能源项目等领域的首选储热技术，但对于小规模的分布式能源系统，尤其是对储热设备空间、高度有要求的项目，应用会受到一定的限制。水储热技术的特点主要包括：

（1）水储热技术主要利用水罐、水箱、水坑或人造水池等进行储热储冷，原理简单、储热放热便捷、设备成熟度高、热损失小。

（2）水储热技术的储热介质为水，具有来源广泛、成本低、无毒、无腐蚀、安全性高、储热容量大等特点。

（3）在储热罐与热用户直接连接时，储热罐可以作为热源与用户之间的缓冲器，并且在紧急事故时进行补水。

（4）水储热技术储热密度低，储热水罐的体积和占地面积大，对于安装场地的面积和高度有一定要求。

（5）采用斜温层水储热技术，占地面积和投资均小于双罐储热技术和多罐储热技术。

（6）水储热技术储热温度低、不产生高温蒸汽，常压储热水罐最高储热温度不超过 98℃；承压储热水罐最高储热温度不超过 130℃。

4.1.3　经济性

4.1.3.1　投资成本

一般项目投资约为 40 ～ 60 元 /m^2。水储热供热系统的关键设备为单罐斜温层水罐与电极锅炉，单罐斜温层水罐造价为 1000 ～ 1500 元 /m^3，随着储热罐体积的增加，单位造价会有所降低；电极锅炉造价每兆瓦约 15 万～ 20 万元，单台电极锅炉的容量越高，单位容量的价格越低。

4.1.3.2　运维成本

根据北方清洁供暖谷电电价计算（不包含补贴），水储热技术应用在供暖中每年的燃料费约为 20 ～ 35 元 /m^2，此外每年需要加药等系统维护费用约为 0.3 ～ 0.5 元 /m^2。

4.1.3.3　环保和社会效益

水储热是一种物理储能方式，储热介质为水，可以循环使用，在其使用过程中不会对环境产生影响，并且在使用后不存在大规模污染环境的风险。

水储热技术的应用，对于电网侧可以将用电的高峰负荷转移到低谷，减少了高峰用电时段对电网的压力；对于用户侧可以降低运营成本；对于热电联产机组，当电力过剩或需要为可再生能源让路时，通过水储热技术将多余的热量储存起来备用，可降低火电厂的发电量，从而实现更深度调峰，具有积极的社会效益。

4.1.4 主要厂家

主要厂家有国家电投集团科学技术研究院有限公司、青岛达能环保设备股份有限公司、哈尔滨汽轮机厂有限责任公司、杭州华源前线能源设备有限公司、日出东方太阳能控股有限公司、上海中如智慧能源集团有限公司等。

4.1.5 应用案例

4.1.5.1 东北某电储热调峰项目

东北某电储热调峰项目配置 6 台 40MW 直热式电极锅炉和 10000m^3 单罐斜温层储热水罐，如图 4.5 所示。该项目储热水罐中的核心设备布水器如图 4.6 所示，在储热 / 放热的过程中，斜温层厚度保持在平均 0.5m，达到世界领先水平。在供热期内，当用电需求下降，电网无法消纳风、光等新能源发电量时，电厂投入电锅炉及储热罐运行，将电能转换为热能进行存储，以降低火电机组的上网电量，储热水罐在供热负荷高峰期对外供热。电锅炉功率抵减机组上网功率，使电厂同时满足对外供热和调峰的需要，实现热电解耦，为新能源机组让出发电空间，从而提高燃煤供热机组的灵活性。

图 4.5　电储热调峰项目储热水罐

图 4.6　储热水罐布水器

该项目工程投资收益率为 62.93%，项目投资内部收益率（所得税后）为 275.48%，投资回收期为 1.36 年。

4.1.5.2　东北某提升火电灵活性改造项目

（1）项目概况。东北某提升火电灵活性改造项目配置 30000m^3 单罐斜温层储热水罐，如图 4.7 所示，在保证机组日间高负荷发电，保证正常供暖基础上，增加抽汽量，额外加热一部分热网循环水，并从供水侧引出至储热水罐中储存。在夜间社会用电量低谷阶段，机组参与深度调峰，同时将储热水罐中的热水直接输送至热网供水母管中供热。本工程供热面积 640 万 m^2，供热时间 184 天，每天参与调峰共计 7h，采暖季参与调峰 146 天，调峰后机组负荷为 40%。

（2）技术方案。机组高负荷发电时，在保证正常供暖基础上增加抽汽量，额外加热一部分热网循环水，并从供水侧引出至蓄热水罐中储存。在需要调峰的时间段，机组进行深度调峰，将蓄热水罐中的热水直接输送至热网供水母管中供热，以避免调峰期间供暖抽汽不足的问题。

1）蓄热和放热时间的选择。一般情况下，白天供电负荷需求量大，发电机组负荷率大；晚上供电负荷需求量小，发电机组负荷率小。当机组改为供热机组时，电负荷的波动给供热造成影响，而白天电负荷大、晚上电负荷小的特点也为蓄热系统应用提供一个可能。

图 4.7　某发电公司提升火电灵活性改造项目蓄热水罐

蓄热水罐主要用于满足和平衡日热负荷的波动，当用户处热负荷需求变小时，将多余的热能储存起来，待用户热负荷增加时再释放出这部分热量，蓄热水罐在供热过程中起到削峰填谷的作用。白天机组电负荷较高时，同时供热能力也较大，在保证电负荷和供热负荷的情况下，通过一部分抽汽对蓄热罐蓄热；晚上机组电负荷较低，同时供热能力降低，这时供热能力不足的部分用蓄热罐进行放热。在蓄热系统设计时，蓄热和放热的时间选择是蓄热系统设计的重要因素，因此必须结合机组实际运行情况来分析。

根据目前机组发电情况的调研以及国家能源局东北监管局印发的《东北电力辅助服务市场运营规则（试行）》，同时考虑机组在夜间降负荷运行经济性的问题，结合当地用电负荷情况，建议蓄热系统在 23:00 至次日 6:00 的用电低谷阶段参与电网调峰时放热，放热时间为 7h，在 6:00 至 23:00 机组高负荷发电并抽汽供热的同时进行蓄热，蓄热时间为 17h。该工程蓄热水罐将白天蓄热时间定为 17h，晚上放热时间定为 7h。

2）主要设备选择。蓄热水罐包括罐体、氮气防腐系统、上下布水器、温度采集装置、盘梯、防腐保温等。蓄热水罐为立式圆筒形，内径 30m，罐壁高

45m，水深 43m，蓄水容积 30395m^3；罐体用钢板制作，最薄的钢板在罐体顶部，沿着高度方向罐体压力逐渐增加，钢板厚度及材料强度也逐渐增加。根据罐壁不同高度所承受的压力和设计规范，从上到下分别选择 Q345R、Q370R、12MnNiVR 三种钢材。罐壁采用 150mm 厚硅酸铝棉保温，罐顶采用 150mm 厚硅酸铝棉保温，外覆 0.7mm 厚彩色压型钢板保护层。蓄热水罐技术数据见表 4.1 ～表 4.3。

表 4.1　蓄热水罐技术数据

序号	名称	单位	技术参数	备注
1	单罐蓄水总量	m^3	30395	
2	单罐蓄热时间	h	17	非解耦时间
3	单罐蓄热流量	m^3/h	≥ 1765	按非解耦时间 17h 计算
4	单罐有效蓄热量	kWh	≥ 1453500	
5	单罐释热时间	h	7	解耦时间
6	单罐释热流量	m^3/h	≥ 4286	按招标要求每天解耦时间 7h 计算
7	单罐有效释热量	kWh	≥ 1424291	
8	罐体保温散热量	kWh	16033	
9	蓄热温度	℃	95	
10	释热终了温度	℃	50	
11	斜温层厚度	mm	<2000	
12	温度传感器布置间距	mm	1000	
13	主罐体材质		12MnNiVR/Q370R/Q345R	
14	布水器材质		Q345R	
15	保温材料参数		150mm 厚硅酸铝棉	
16	防腐材料性能		氮气防腐装置 + 耐热漆（耐热温度≥ 150℃）	
17	外饰面材质		0.7mm 厚压型彩钢板	
18	保温性能	W/m^2	62.9	
19	主罐体使用寿命	年	30	

续表

序号	名称	单位	技术参数	备注
20	罐体内径	m	30	
21	液位高度	m	43	
22	罐壁高度	m	45	
23	罐体高径比		1.5	
24	蓄水容积	m^3	30395	
25	24h 温降	℃	0.25	
26	24h 热损	%	1.01	
27	风压	kN/m^2	0.55	
28	雪压	kN/m^2	0.3	
29	抗震烈度	度	7	
30	设计基本地震加速度	g	0.10	

表 4.2　蓄热水罐结构尺寸及配置情况

序号	名称	尺寸及规格	数量	备注
1	罐底	直径 30272mm	1	
2	罐壁	内径 30000mm，高度 45000mm	1	
3	罐顶	拱高 4027mm	1	

表 4.3　配套辅助设备汇总

序号	名称	规格、型号及技术数据	单位	总量
1	安全阀	DN300	个	1
2	呼吸阀	DN300	个	2
3	氮封装置	ZZYVP-16B 型	套	1

3）蓄热系统设备布置。蓄热水罐就近布置在现有厂区南侧围墙外室外。蓄热水泵房长度为 28m，宽度为 14m，高度为 6m，单层布置，室内布置蓄热水泵、氮气装置及设备检修电动葫芦，同时设置电气配电间和蓄热系统电子设备间。

（3）实施效果。机组负荷较高时进行蓄热，夜间调峰时段放出热量供热用户，供热中期热负荷较高时，采用锅炉热段抽汽加热辅助，确保热电解耦时间达到 7h，机组最低负荷可达 40% 以下，大大提升供热期机组调峰能力。供暖期热电解耦标准煤耗增加约 11g/kWh，但是供暖期燃煤量减少约 7 万 t 标准煤。

4.1.5.3　华东某分布式能源项目

华东某分布式能源项目是以天然气为基础能源的冷热电联供的分布式能源系统，如图 4.8 所示，旨在为区域内各单体建筑集中提供空调冷热源和生活热水热源，有效提高能源利用效率，实现低碳排放，采用水蓄能设备作为削峰填谷和稳定机组运行的措施。该项目采用自然分层式蓄能水槽系统，运行稳定可靠，蓄能系统作为分布式供能系统必要的技术支持，可以大幅度提高分布式供能系统的运行时间，提高供能的安全可靠性和经济性，储能管理系统如图 4.9 所示。

图 4.8　华东某分布式能源站效果图

该项目总供能面积约 217 万 m^2，能源站选用两台 3203kW 燃气内燃机发电机组，配套 2 台烟气热水型溴化锂机组；配置 1 台国产 1800kW 燃气轮发电机，配套一台烟气型溴化锂机组；配置 4 台 1350RT 离心式热泵机组；配置 21 台 1135kW 空气源热泵机组；该分布式能源站采用国内最大的钢结构蓄能水槽，蓄水容量达 25000m^3，最大储冷流量 3125m^3/h，最大储热流量 1500m^3/h。项目综合考虑了蓄能水槽与用户用能、供能设备的配比，可以很好地满足目标区域用户侧的用能需求，在白天主要采用蓄能水槽进行供能，在夜间用电低谷时，采用供能设备对蓄能水槽进行蓄能，将蓄能水槽蓄满约需要 8h，满足实际用能需求，蓄能水槽运行过程中的斜温层如图 4.10 所示。

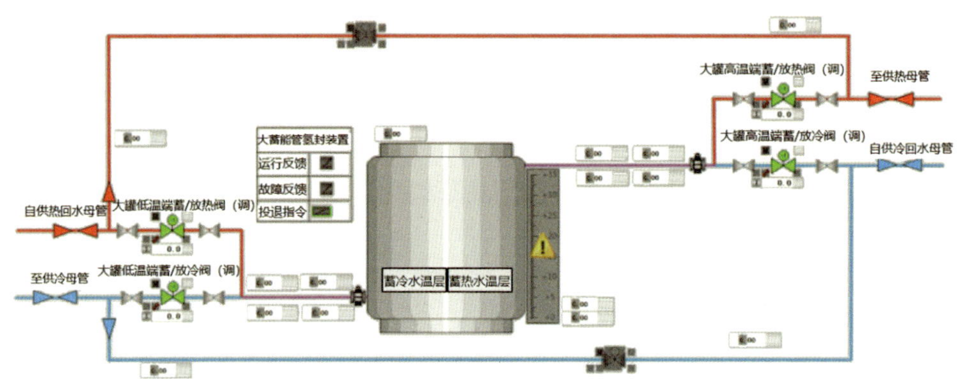

图 4.9　华东某蓄能水槽管理系统

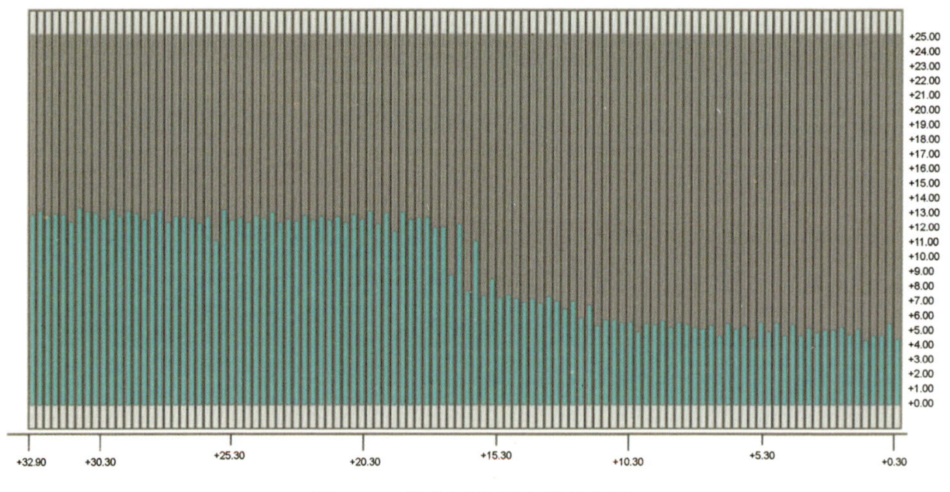

图 4.10　华东某蓄能水槽斜温层

4.1.5.4　西北某太阳能集中供暖项目

西北某太阳能集中供暖项目总集热面积 22275m^2，采暖面积 8.26 万 m^2，采用暖气片供暖，项目全景如图 4.11 所示。

图 4.11　项目全景

项目采用大型太阳能短期储热采暖技术路线，优先使用可再生能源，保护高原环境。主要设备采用高效平板集热器，规格型号为 P-G/1.0-L/CJ-13.9，数量 1620 组，辅助热源为 3MW 电锅炉。整个系统分为高效平板集热器阵列组成的集热部分（图 4.12）、地下水池等组成的储热部分（图 4.13）、末端为暖气片组成的供热部分、智能远程监测控制系统组成的控制部分、电量采集柜等组成的数据部分。

图 4.12　太阳能集热场

（1）工程设计参数。项目所在地基础水温 5℃～10℃，地区年日均总辐照量为 23.7MJ/m^2；供暖期室外采暖计算温度 –14.4℃，采暖期平均温度 –3.7℃；年均日照 2933.8h，平均每日日照小时数 8.03h；供暖期时间为 9 月 23 日至次年 5 月 31 日；平均室温为 20℃；总采暖面积 8.26 万 m^2；供暖结构型式为建筑混凝土结构，二类公共建筑，该建筑为公建建筑，节能保温良好；室内末端用热形式为暖气片；设计寿命 25 年。

图 4.13　水池内部结构

（2）运行说明。

1）常态：没有太阳能产出，没有用热需求，系统不运行。

2）预热：集热器在正常运行换热前，会经过一段时间预热，使集热器平均温度达到换热条件。

3）无采暖需求：太阳能系统正常运行，把热量存储在蓄热池，供季节性使用。

4）有采暖需求：太阳能系统直接提供热量给用户管网；在太阳能无法满足用热需求时，使用热泵作为辅助能源，提供热量给用户管网；在热泵无法正常工作时，使用蓄热池提供热量给用户管网。

5）防冻：使用一定浓度的丙二醇和水混合物，降低系统冰点；采用强制集热器系统循环；由蓄热池或热泵提供热量，对集热器系统进行防冻循环。

（3）运行效果。项目建成后采暖系统一直运行正常，室内温度基本上都在 18℃～20℃左右。供暖期太阳能输出功率约为 16706.25MWh，单位供热面积建设费用 1460 元 /m^2，单位供热面积运行费用 2 元 /m^2。年节省标准煤约 2931649kg，年减排二氧化碳约 7241174kg，年减排粉尘约 29316kg，年减排二氧化硫约 58633kg。

4.2 固体储热

4.2.1 原理

固体储热是指利用固体储热材料的显热进行储热的技术。镁砖、高温混凝土以及浇注陶瓷材料来源广泛，是常用的固态储热材料，其材料强度高，易于加工成型，但也存在导热系数低，放热过程无法实现恒温，以及设备体积庞大等缺点。相对而言，镁砖的热容量和导热性都高，是目前最常用的固体蓄热材料。

目前，以镁砖为储热材料的固体储热技术已广泛用于储热供暖及热电联产发电机组深度调峰领域。固体蓄热技术一般是通过固体储热装置来实现，其构成主要包括高压电发热体、高温蓄热体、高温气水热交换器、热输出控制器、耐高温保温外壳、自动控制系统。其设备工作原理及基本工作原理如图 4.14 和图 4.15 所示。

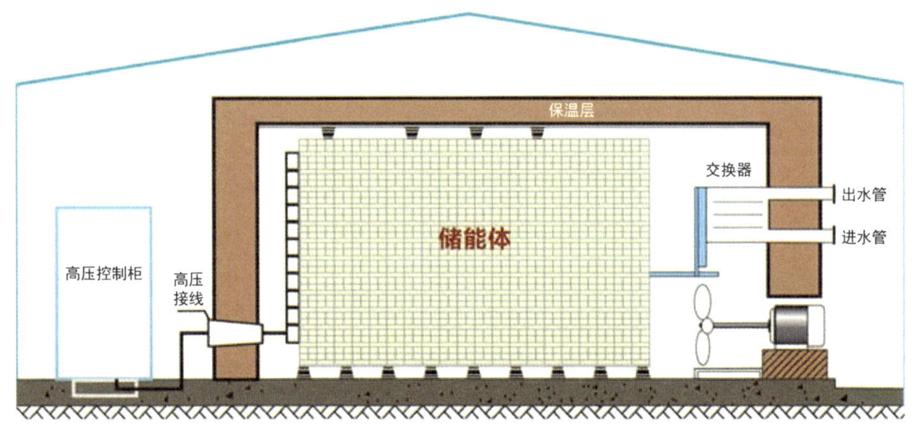

图 4.14　固体储热技术原理示意图

固体储热系统的工作原理为：高压电网为发热体供电，发热体将电能转换为热能，蓄热体不断吸收、存储热能，蓄热体的温度达到设定的上限温度或电网低谷时段结束时，自动控制系统切断高压开关，电网停止供电、发热体停止工作，蓄热体与热交换器之间通过风机驱动的空气对流换热，将蓄热体储存的高温热能转换为热水或者蒸汽输出。

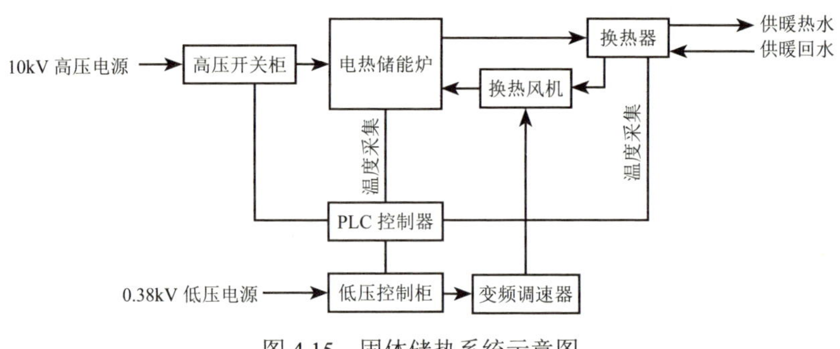

图 4.15　固体储热系统示意图

4.2.2　技术特点

固体储热的主要特点是模块化、设备结构紧凑（加、储、放热系统一体化）、可直接采用高压电（10kV 或更高）进行加热，从而减少变压器等电气设备的购置费用、建设周期短，在中小规模（20MW 以下）分布式电储热供暖项目中有一定优势，但该技术单位造价较高，占地、投资没有规模效应，不适合大规模储热项目。目前，固体储热主要应用于分布式较小规模的清洁供暖项目。

固体储热技术的主要技术特点包括：

（1）固体储热介质具有比热大、密度大、耐高温等特点。

（2）固体储热材料来源广泛，其成本相对较低，强度高，易于加工成型。

（3）固体储热材料储热温度最高可达 800℃～1000℃，其储热能力比同体积水的储热能力大 5 倍左右。

（4）固体储热装置不承受压力，对其形状也没有特殊要求，对于小规模的项目装置的占地面积和设备投资相对较低。

（5）固体储热技术放热过程为空气与储热体换热，然后高温的空气再与水换热，空气传热系数低，很难实现恒温换热。

（6）固体储热技术的加热元件长时间在高温下工作，损耗率较大，需要定期更换损坏元件，增加了运维成本。

4.2.3　经济性

（1）投资成本。固体储热技术应用在清洁供暖领域中，供热项目投资约为 100～130 元 /m^2，固体储热设备初投资约每兆瓦为 60 万～80 万元。

（2）运维成本。根据北方清洁供暖谷电电价计算（不包含补贴），固体储热技术应用在供暖中每年的燃料费约为 20 ～ 35 元 /m^2，固体储热设备的加热元件损耗率较高，每年系统维护费约为 1 ～ 2 元 /m^2，设备运行年限越长，系统维护费用越大。

（3）环保和社会效益。固体储热是一种物理储能方式，主要依靠材料的物理温度变化进行储热，在其使用过程中不会对环境产生影响，材料达到使用寿命之后，可以对原料进行回收再加工，不存在大规模污染环境的风险。固体储热技术主要应用在热电联产机组调峰、清洁供暖（煤改电 / 谷电）等领域，对于热电联产机组，当电力过剩或需要为可再生能源让路时，降低火电厂发电量，可通过固体储热技术将多余的热量储存起来备用，实现深度调峰，对于清洁供暖的用户侧可以降低运营成本，具有积极的社会效益。

4.2.4　主要厂家

目前国内进行蓄热装置产品的开发和生产，并具备一定研发能力的企业约有 50 余家，部分主要供应商如下：国家电投集团科学技术研究院有限公司、沈阳世杰电器有限公司、大连传森科技有限公司、烟台卓越新能源科技股份有限公司、沈阳恒久安泰科技发展有限公司、江苏金合能源科技有限公司、江苏启能新能源材料有限公司等。

4.2.5　应用案例

4.2.5.1　北方某 400MW 风电供暖项目

北方某 400MW 风电清洁供暖项目，满足近期 20 万 m^2、远期 80 万 m^2 的供热需求，项目实景如图 4.16 所示。

图 4.16（一）　北方某风电供暖示范项目实景图

图 4.16（二） 北方某风电供暖示范项目实景图

该项目供热站安装一台 35kV 降压变（额定容量 25MVA），安装三台 7.83MW 的固体储热电锅炉，采用氧化镁砖新型的固体储能材料，耐热温度达 1200℃，储热温度达 700℃。固体储热设备将谷电时段多余风电转成热能，在非谷电时段，利用固体储热设备储热体内的热量，通过循环风和换热器加热热网回水，维持全天供暖。固体蓄热锅炉示意图如图 4.17 所示。

图 4.17 固体蓄热锅炉示意图

4.2.5.2 北方某 200MW 风电供暖项目

北方某 200MW 风电供暖项目分两期建设，配套建设 40 万 m^2 电采暖供热站。供热站占地面积 6400m^2，主要利用电网低谷时段电量进行蓄热，向区域建筑物进行供热，最大供热能力 40 万 m^2。目前已供面积约 15 万 m^2，包括居民用户、养老院、中小学、综合市场、政府办公楼及宿舍、派出所和交警队，其中居民用户 1000 余户。厂房布置如图 4.18 所示，项目实景如图 4.19 所示。

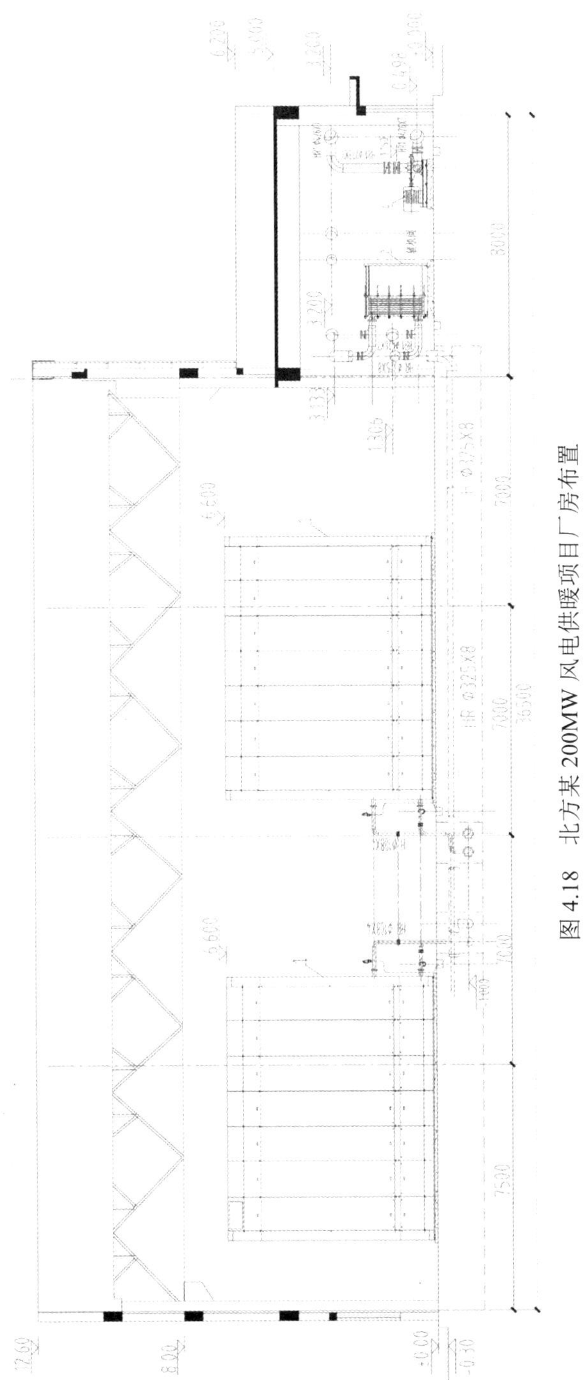

图 4.18　北方某 200MW 风电供暖项目厂房布置

图 4.19　北方某 200MW 风电供暖项目实景

该项目供热站主要包括电蓄热锅炉、换热系统、变配电系统，现已建成 2 台单机 9MW 的固体氧化镁砖高温蓄热电锅炉，每台锅炉自带 6 台额定功率为 12.5kW 循环风机，以及 2 台换热器，设置 2 台热网循环水升压泵，最大供热能力为 40 万 m^2。

供热站建成后，主要利用夜间电网低谷电力，进行制热、蓄热和供热，满足全天持续供暖的要求。采暖季消耗电量约 5000 万 kWh，其中可以利用电网谷段电量约 4500 万 kWh，占整个采暖期用电量的 90%。供热站首先重点利用低谷时期的富余风电，有效实现了电网削峰填谷，缓解高峰供电压力，促进风电和光伏发电等可再生能源电力消纳空间，为电网安全稳定运行提供了新的途径。

风电清洁供暖对于提高北方风能资源丰富地区消纳风电能力，缓解北方地区冬季供暖期电力负荷低谷时段风电并网运行困难，替代现有燃煤小锅炉，解决分散建筑区域及热力管网或天然气管网难以到达区域的供热需求，促进能源利用清洁化，减少化石能源低效燃烧带来的环境污染，改善北方地区冬季大气环境质量意义重大。

4.2.5.3　东北某固体储热供暖项目

该项目为东北某学校固体储热供暖项目，为学校提供 24h 供暖，配备固体储热锅炉 30.33MW，供热面积约 33.63 万 m^2，固体储热设备实景如图 4.20 所示。该项目在谷电时段利用电储热设备进行低温供暖，同时利用储热体进行储热，峰、平电时段利用储热体中的热量进行正常供暖。谷电时段为 10h，该时段供暖方式为直热供暖；峰平电时段共 14h，该时段供暖方式为储热供暖；在周末节假日中全天室内温度需求为 8℃。该项目控制系统框架如图 4.21 所示。

图 4.20　东北某学校固体储热设备实景图

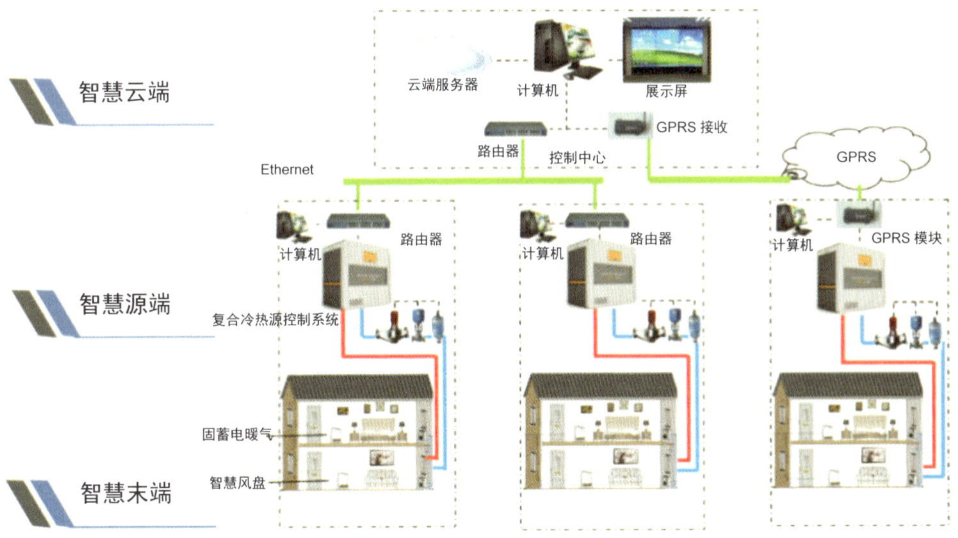

图 4.21　项目控制系统框架

4.3 熔盐储热

4.3.1 原理

熔盐储热通过载热介质传热或电加热器将热能或电能转化为熔盐热能，将热能或电能以高温熔融态无机盐类显热的形式存储，使熔盐温度升高，存储在高温熔盐罐中。熔盐储热技术通常采用双罐储热方式。

双罐熔盐储热供热系统的储、放热过程如下：在储热阶段，清洁经济的电能（低谷电或风电光电等弃电）通过电加热器将低温熔盐罐中的低温熔盐加热至高温熔盐，并将高温熔盐储存在高温熔盐罐中，实现电能向热能的转化。在放热阶段，通过高温熔盐泵将高温熔盐输送到蒸汽发生系统，在蒸汽发生系统中熔盐与给水换热产生蒸汽，产生的蒸汽可用于发电或供热，同时，高温熔盐在蒸汽发生系统内放热后，温度降低成为低温熔盐，并存入低温熔盐罐，原理如图 4.22 所示。

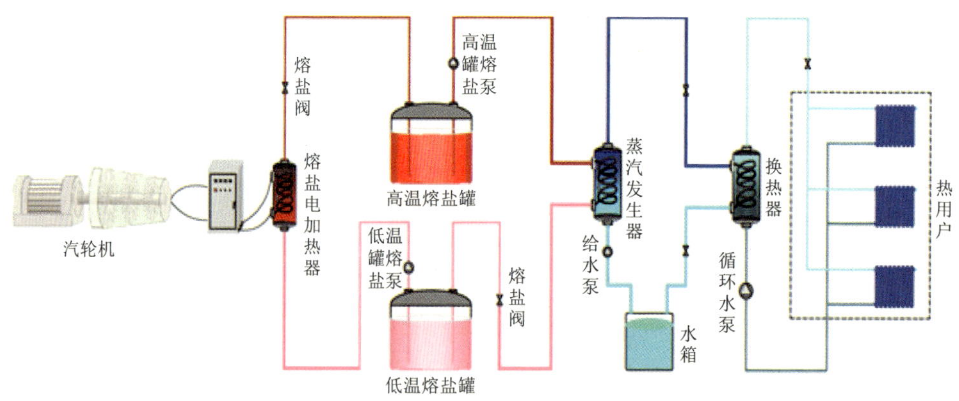

图 4.22　熔盐储能技术原理示意图

整个系统都是通过智能控制实现的。该智能控制系统通过管路上安装的温度传感器、流量传感器等反馈的信号来智能调节熔盐电加热器的启停及加热功率，调节冷、热盐罐中熔盐泵的频率来控制熔盐的流量以满足用户端的不同需求。

熔盐储热技术主要适用于太阳能光热发电、火电厂灵活性改造、工业用热、工业园区热能综合利用、大规模民用集中供暖等场景，对于提高发电、产热效率、能源系统稳定性和可靠性有着重要意义。

4.3.2　技术特点

（1）可作为储热介质的熔盐种类较多，其中商业化程度较高的是硝酸盐混合物，如太阳光热发电中常用的二元盐（Solar Salt，太阳盐，60%$NaNO_3$+40%KNO_3）、三元盐（Hitec，7%$NaNO_3$+53%KNO_3+40%$NaNO_2$）等。

（2）在物理性能方面，熔融硝酸盐具有使用储热上限温度高（三元盐 500℃，二元盐 570℃）、熔点较低（三元盐 142℃，二元盐 221℃）、温度范围较宽、储热密度大、对流传热系数高、兼具传热储热能力等特点。

（3）在化学性能方面，熔融硝酸盐的热稳定性较好、腐蚀性小、本身无毒和不易燃爆。

（4）熔盐储热技术较为成熟，供热稳定性相对较高，系统和设备的安全性相对较高，在大规模高温储热领域的综合成本相对较低，但由于运营维护需要考虑防凝、防腐、应力作用，运维成本较高，故在低温供热领域不具备优势。

（5）熔盐凝固点较高，故需要采用高效的防凝系统防止冻堵、设备损坏。

（6）配备了熔盐储热的太阳能光热发电系统可在容量允许的范围内对太阳能进行时间平移，使其成为一种可调度资源。熔盐电加热器可在电网产生弃风时从电网购电，并将所产生的热量存储于光热电站的储热系统中，能够有效降低系统弃风、弃光电量。通过熔盐电加热器与光热电站联合运行的方式，系统旋转备用成本比只通过火电机组提供旋转备用的运行方式降低了约 92.66%。

4.3.3　经济性

（1）投资成本。熔盐储热用于清洁供热项目，投资约 200 ～ 350 元 /m^2。

（2）运维成本。根据北方某市清洁供暖谷电电价测算（不包含补贴），熔盐储热用于供暖时，每年的燃料动力费约 20 ～ 35 元 /m^2，另外，由于熔盐系统需要使用电伴热来进行防凝，故每年系统维护费还需约 10 ～ 15 元 /m^2。

（3）环保和社会效益。熔盐储热是一种物理储能方式，主要依靠材料的物理温度变化进行储热，这个过程属于物理过程，没有物质的变化，故在其使用过程中几乎不会对环境产生负面影响，且材料达到使用寿命之后，可以对原料进行回收再加工，所以不存在大规模污染环境的风险。

4.3.4 主要厂家

国内主要厂家有国家电投集团科学技术研究院有限公司、浙江可胜技术股份有限公司、首航高科能源技术股份有限公司、深圳爱能森新能源有限公司、西子清洁能源装备制造股份有限公司、东方电气集团东方锅炉股份有限公司、百吉瑞（天津）新能源有限公司等。

4.3.5 应用案例

4.3.5.1 西北某 10MW 熔盐塔式电站项目

该项目配置 15h 储热系统，总熔盐用量 5800t，具备 24h 连续供电能力。

4.3.5.2 西北某 50MW 熔盐塔式光热发电项目

该项目位于中国日照时间最充裕的地区之一，全年光照时间可达到 3500h，项目实景如图 4.23 所示。项目采用熔盐储热，可以全天 24h 不间断供电，每年可提供约 1.98 亿 kWh 的清洁电力，与当地风力发电、光伏发电等项目组合成综合清洁能源基地。

图 4.23　西北某 50MW 熔盐塔式光热发电项目实景图

4.3.5.3 华北某电加热熔盐储热供热项目

该项目采用熔盐储热供暖系统，总投资 1700 余万元，供暖建筑面积约 9 万 m^2，总熔盐用量约 450t，储热容量约 37MWh，熔盐电加热器功率约 6300kW，熔盐蒸汽换热器功率约 2600kW，熔盐储热罐直径 8m、高 4.5m。居民用户室内温度能够稳定维持在 19℃～ 24℃左右，项目运行安全稳定。

4.4　相变储热

4.4.1　原理

相变储热是利用相变材料发生相变时进行吸 / 放热能量的转换方式来储存 / 释放热能，又称为潜热储热，材料的相变潜热值大。

根据相变种类的不同，相变储热一般分为四类：固 - 固相变、固 - 液相变、液 - 气相变、固 - 气相变。由于后两种相变方式在相变过程中伴随有大量气体的存在，使材料体积变化较大，因此尽管有很大的相变热，但在实际应用中很少被选用。固 - 固相变和固 - 液相变是实际中采用较多的相变类型。根据材料性质的不同，相变储热材料一般可分为有机类、无机类及混合类。其中，石蜡类、脂肪酸类是典型的有机类材料；结晶水合盐、熔融盐和金属及合金等则是典型的无机类材料。混合类又可分为有机混合类、无机混合类及无机有机混合类。

根据使用温度范围的不同，相变储热材料又可分为低温、中温和高温等三类，不同温度的相变材料具有不同的应用领域。低温相变储热材料的相变温度低于 120℃，在建筑和日常生活中应用较为广泛，包括空调制冷、太阳能低温热利用及供暖空调系统，常用的包括水合盐、石蜡和脂肪酸等。中温相变储热材料的相变温度范围为 120℃～ 400℃，可用于太阳能热发电、移动储热等相关领域，这类材料有硝酸盐、硫酸盐和碱类。高温相变储热材料的相变温度在 400℃以上，主要应用于小功率电站、太阳能发电、工业余热回收等方面，其材料一般分为三类：盐与复合盐、金属与合金、高温复合相变材料等。

中低温相变储热的温度范围集中在 150℃以下，可直接用于民用项目，具有非常巨大的社会效益和市场潜力。目前已有案例的中低温相变储热供热系统有两种：一种是电锅炉 + 相变储热装置，如图 4.24 所示，开启电锅炉进行制热，将热量储存在相变储热设备中；另一种是将电加热、储热装置放置在一个结构中，如图 4.25 所示，储热材料封装在柱形或球形的容器中，形成能量柱（球），多根能量柱（球）置于水箱中，水箱中装有电加热器。两种储热供热系统各有优劣，第二种储热供暖系统加热器集成在储热装置内，成本低、节省空间，适合储热容量不太大的储热系统；而第一种供热系统后期维护相对灵活更易控制，更适合大容量储热系统。

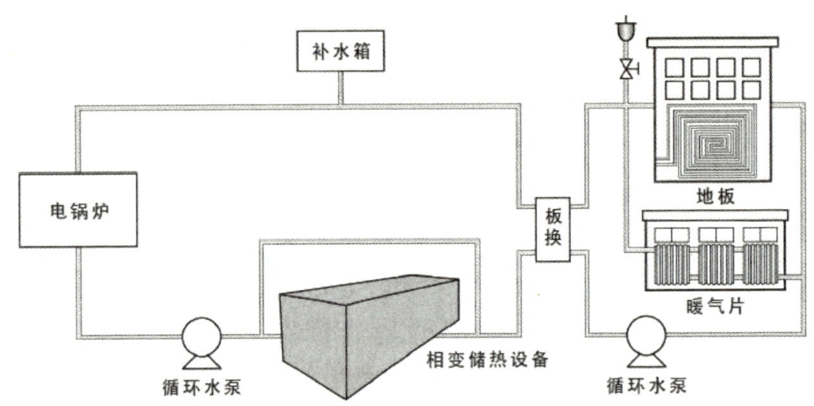

图 4.24　电锅炉 + 相变储热装置供暖系统

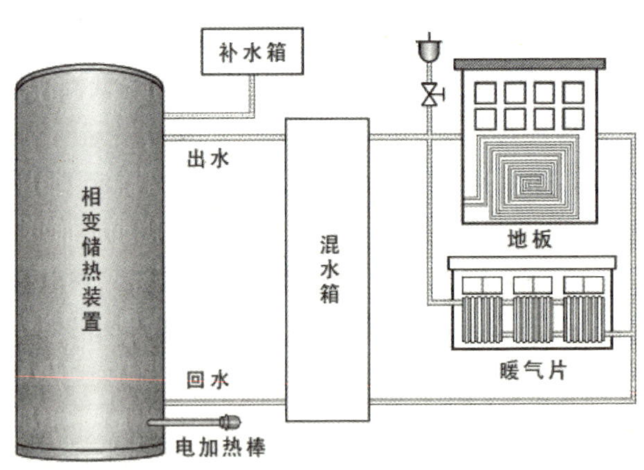

图 4.25　内置加热器相变储热供暖系统

表 4.4 给出几种较常见的相变储热材料。在各种无机类组成的相变材料中，含水盐类的价格比较低廉，来源丰富，温度范围适当，最适宜做储热材料。

表 4.4　部分相变储热材料特性

相变材料	溶解温度 /℃	溶解热 /（kJ/kg）	密度 /（kg/m^3）
冰	0	334	1000
有机盐	13 ～ 49	139 ～ 251	
石蜡	–5 ～ 40	155 ～ 262	
氯化钙（$CaCl_2 \cdot 6H_2O$）	28.9 ～ 38	175.8	1622
碳酸钠（$Na_2CO_3 \cdot 10H_2O$）	32.2 ～ 36	248.7	1449
磷酸氢二钠（$Na_2HPO_4 \cdot 12H_2O$）	36	267.1	1530
硫酸钠（$NaSO_4 \cdot 10H_2O$）	31.1 ～ 32.2	252.9	1562

4.4.2　技术特点

相变储热储冷技术储能密度较高、可以根据不同相变温区的相变材料进行供热、供冷、供蒸汽、设备结构紧凑、质量较轻、模块化、应用灵活。目前相变储热储冷主要应用在分布式商业或市政项目的谷电供热（冷）、移动热源车等项目中。相变储热技术的主要特点包括：

（1）相变储热是利用相变材料发生相变时进行的吸 / 放热能量转换的方式来储存 / 释放热能，具有储热密度高、充放热过程中温度变化小等特点。

（2）由于相变储热拥有较高的储热密度，具有质量轻、体积小、所需装置简单等特点。

（3）由于相变储热技术在储 / 放热过程近似等温，因此有利于热源与负载的配合，过程更易于控制，安全性好。

（4）在发生相变时，两相界面处的热传导效果差，换热器设计困难，成本较高。

（5）相变储热介质通常扩散系数小，且存在相分离现象，导致储 / 放热速率较低，以及储热介质老化导致储热能力降低的问题。

（6）相变储热技术成本较高，且存在介质泄露风险。

4.4.3　经济性

（1）投资成本。相变储热技术应用在清洁供暖领域中，供热项目的投资约 80 ～ 130 元 /m^2。采用常见的水和盐相变储热设备的投资约 150 ～ 200 元 /kWh。

（2）运维成本。根据北方清洁供暖谷电电价计算（不包含补贴），相变储热技术应用在供暖中每年的燃料费约 30 ～ 40 元 /m^2，每年系统维护费用随相变材料和系统设计的不同而不同。

（3）环保和社会效益。相变储热是一种物理储能方式，在其使用过程中不会对环境产生影响，材料达到使用寿命之后，可以对原料进行回收再加工，不存在大规模污染环境的风险。相变储热技术广泛应用于热电联产、集中供热（煤改电 / 谷电）、风电消纳等领域，对于电网侧可以将用电的高峰负荷转移到低谷，减少高峰用电电网的压力，对于用户侧可以降低运营成本，具有积极的社会效益。

4.4.4 主要厂家

国内主要厂家包括国家电投集团科学技术研究院有限公司、江苏金合能源科技有限公司、江苏启能新能源材料有限公司、北京今日能源科技有限公司、中益能（北京）科学技术有限公司等。

4.4.5 应用案例

4.4.5.1 华北某商业中心相变储热供暖项目

华北某商业中心实施了电锅炉 + 相变储热设备采暖系统改造，项目实景如图 4.26 所示，总采暖面积约 13 万 m^2，夜间谷电时段（23:00 时至次日 7:00 时）在维持空间防冻保温采暖的同时对相变储热设备充热，在其他时段利用相变储热设备供暖。在 122 天的采暖季中，系统运行费用约 190 万元，较原市政采暖系统节省约 331 万元，节省比例高达 64%，具有良好的节能效果。

图 4.26　华北某商业中心相变储热供暖项目实景图

4.4.5.2　华北某相变储热供暖项目

华北某相变储热供暖项目供暖面积约 4200m²，供暖时间为 8 小时（9:00 时至 17:00 时），供暖温度不低于 18℃，其余时间为 5℃防冻。该项目采用 7 台 1GJ 的相变储热设备，电功率为 400kW，采用管道加热器 + 相变储热方案，峰电、平电时段关闭管道加热器，使用相变储热装置供暖；夜晚谷电时段启动管道加热器储热同时保证室内供暖。该项目在供暖季 151 天内平均供暖成本约 38 元 /m²。

4.5　储热技术对比

目前，国内储热市场以水储热、固体储热、熔盐储热和相变储热四种储热技术为主要储热路线，不同的储热技术在储能密度、占地面积、设备投资等方面存在一定差异，因此不同的应用场景会选择不同的储热技术。主要储热技术对比见表 4.5。

表 4.5　主要储热技术对比

储热技术	储热密度 /（kWh/m³）	特点	应用方向
水储热	53 ～ 93	储热密度和热品质低、大规模成本最低，占地要求高	火电调峰、集中供暖 / 储冷
固体储热	200 ～ 300	结构紧凑、热输出不稳定、风机耗电，成本规模效应差	分布式供暖
熔盐储热	200 ～ 350	储热和传热性能优、热品质高且稳定、成本高	光热电站、供蒸汽
相变储热	200 ～ 300	结构紧凑、导热和传热系数低、成本规模效应差	分布式供暖 / 储冷

水储热技术的储热介质为水，根据需求不同，可以进行储热和储冷应用，水储热技术的储热密度和热品质较低，储热水罐建设有一定空间要求，但技术成熟可靠、大规模应用成本极低，适用于大规模集中储热供暖、火电灵活性改造等方向。固体储热技术储热密度较高，设备结构紧凑，但在放热过程中风机耗电较大，设备成本规模效益较差，大规模建设成本和占地没有优势，适用于分布式清洁供暖等方向。熔盐储热技术储热性能好，热品质高且稳定，但设备成本较高，适用于

光热电站储热和工业供热等方向。相变储热技术利用储热介质潜热进行储热，储热密度较高，设备结构紧凑，占地面积小，但相变储热设备成本较高且规模效应差，适用于分布式小规模储热供暖等，高温相变储热是该领域主要的研究和应用方向。

4.6 水储冷

4.6.1 原理

水储冷空调技术作为一种利用水的温度变化贮存显热进行冷量储存的技术，在不需要冷量或者需要冷量较少的时间段（夜间电网低谷时，同时也是空调负荷低谷）利用制冷设备制成低温水储存起来，然后在空调用冷或者工艺用冷高峰期（白天电网高峰时，通常也是空调负荷高峰）利用储存的低温水来供冷，以满足用户的冷需求。目前水储冷技术主要为斜温层储冷技术，该技术是利用一个储冷容器同时储存高低温介质，与冷热分存的双罐系统和多罐系统相比，大幅度降低了占地面积和投资。

目前，在实际使用水储冷系统的工程中，通常有以下三种技术方案：并联直接供水储冷系统原理如图 4.27 所示、并联间接供水储冷系统原理如图 4.28 所示、水储冷（热）系统原理如图 4.29 所示。由于水储冷可利用温差较小，直接供冷是损失最小的方法。

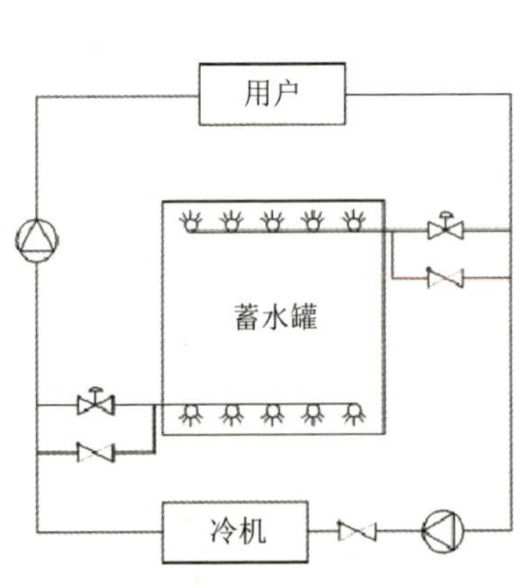

图 4.27　并联直接供水储冷系统原理

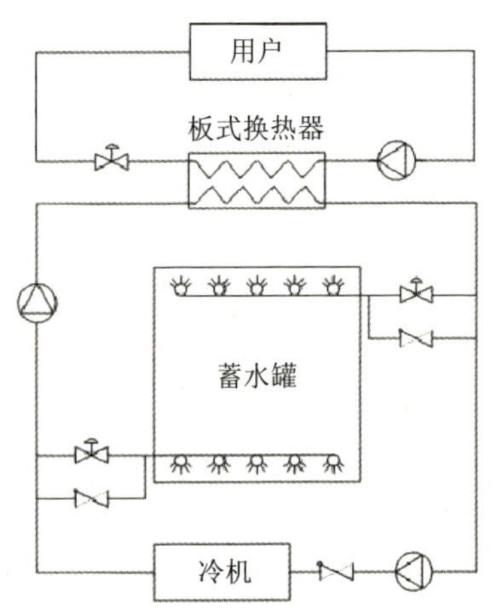

图 4.28　并联间接供水储冷系统原理

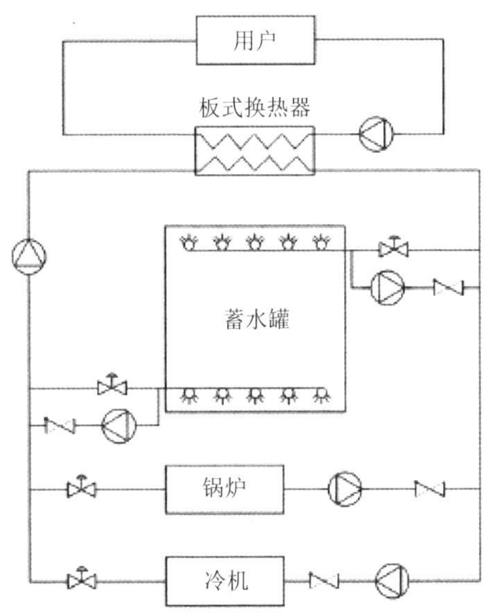

图 4.29　水储冷（热）系统原理

4.6.2　技术特点

水储冷技术优势在于储冷成本低、安全、可靠，是集中式冷热双蓄、综合能源项目等领域首选的储冷技术，但对于小规模的分布式能源系统，尤其是对储冷设备空间、高度有要求的项目，其应用会受到一定限制。水储冷技术主要具有以下特点：

（1）水储冷技术原理简单、储冷释冷便捷、设备成熟度高、热损失小。

（2）水储冷技术的储冷介质为水，具有来源广泛、成本低、无毒、无腐蚀、安全性高、储冷容量大等特点。

（3）常规冷水机组可在水储冷空调系统中使用，应用较广泛，并且可以保证机组系统在最经济的状态下运行。

（4）可利用原有蓄水设施、消防水池等作为蓄水容器，降低投资成本。

（5）根据需求不同，同一个容器可以实现储冷 / 储热双用途。

（6）采用储冷水池（水罐），技术要求低，维护方便。

（7）水储冷技术储冷密度低，水罐的体积和占地面积大，对于安装场地的面积和高度有一定要求。

4.6.3 经济性

（1）投资成本。根据我国典型地区谷电电价计算（不包含补贴），水储冷技术应用在空调系统中，储冷设备投资约 40 ～ 60 元 /m^2。水储冷关键设备为单罐斜温层水罐，单罐斜温层水罐造价约 1000 ～ 1500 元 /m^3，随着储冷罐体积的增加，单位造价会有所降低。

（2）运维成本。水储冷技术应用在空调中每年的燃料费约为 14 ～ 20 元 /m^2，此外每年需要加药等系统维护费用约为 0.3 ～ 0.5 元 /m^2。

（3）环保和社会效益。水储冷是一种物理储能方式，在其使用过程中不会对环境产生影响，储冷介质为水，在使用后不存在大规模污染环境的风险。水储冷技术的应用对于电网侧可以将用电的高峰负荷转移到低谷，减少了高峰用电时段对电网的压力，对于用户侧可以降低运营成本，同样具有积极的社会效益。

4.6.4 主要厂家

国内主要厂家有国家电投集团科学技术研究院有限公司、北京佩尔优科技有限公司、北京英沣特能源技术有限公司等。

4.6.5 应用案例

4.6.5.1 华北某园区智慧能源项目

该项目服务建筑面积约 4.2 万 m^2，集成了风、光、储、蓄等多元素的零碳供能方式，通过搭建风光储充智能微网，园区自有可再生能源发电在办公生活用电中占比达 50% 以上，电储能系统年储电量约 75 万 kWh。建设 1100m^3 斜温层冷热双蓄储能罐，如图 4.30 所示，利用峰谷电价差，谷电蓄冷（热）、峰电释冷（热），全年谷电利用率由 26.7% 提升至 51.7%。综合智慧能源供能示意图如图 4.31 所示，项目实景如图 4.32 所示。

（1）电能供应系统。在市电基础上新建设分布式光伏、分布式风电及电储能系统，优先利用可再生能源电力，通过夜间蓄电，用电高峰时段放电充分发挥峰谷电价政策，降低用电成本。电储能系统采用钠盐电池、铁铬液流电池技术，年储电量 75 万 kWh，每年节省用电费用 34 万元。分布式光伏采用自有的高效单晶 IBC 双面双玻半片光伏组件，转换效率达到 19.68%，园区自有的可再生能源发电在办公生活用电中占比达 50% 以上。

图 4.30　冷热双蓄储能罐

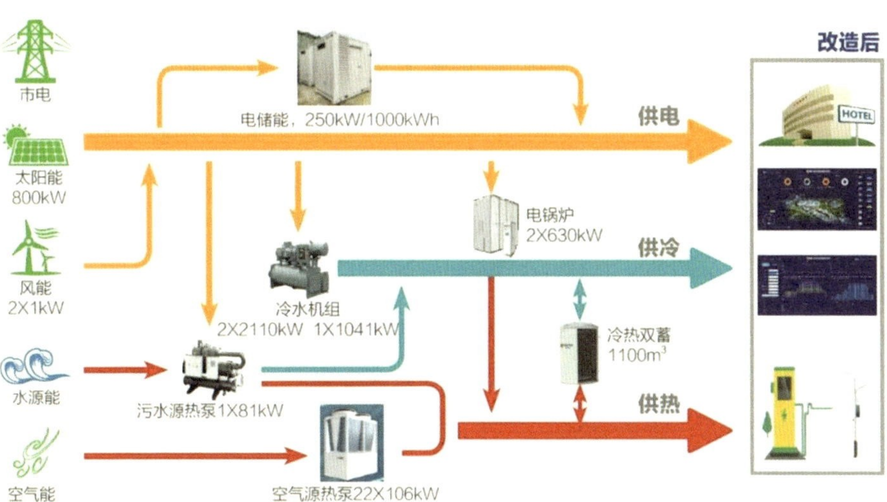

图 4.31　综合智慧能源供能示意图

图 4.32　项目实景图

（2）空调热水供应系统。采用低温空气源热泵、污水源热泵替代燃气锅炉，利用电锅炉及蓄热水罐在夜间谷电时段蓄热，智能优化热源运行方式，年供热量 1.9 万 GJ，节省运行成本 134 万元。蓄热水罐采用斜温层水储能技术，有效蓄水量 1100m^3，蓄热量 1.7 万 kWh。

（3）空调冷水供应系统。采用电制冷机组、污水源热泵，利用蓄冷水罐在夜间谷电时段蓄冷，年供冷量 1.1 万 GJ，节省运行成本 26 万元。蓄冷水罐与蓄热水罐合并使用，实现冷热双蓄供能，蓄冷量 9280kWh。

（4）生活热水供应系统。优先采用太阳能热水系统供应，不足部分由空气源热泵及电锅炉在夜间谷电时段蓄热，满足每天生活热水用量。每年供应生活热水 1.4 万 t，节省运行成本 23 万元。

（5）多能流能量管理系统。利用多能流能量管理系统，实现电、热、冷、水综合能源数据采集与集中监控，通过数据挖掘与人工智能技术实现综合能源出力与用能负荷精准预测和优化调度，实现多能协同、供需平衡、运行效益最大化等目标。

项目建成后，已产生显著的经济效益、环保效益和社会效益。年储电量 75 万 kWh，供热 1.9 万 GJ，供冷 1.1 万 GJ，供生活热水 1.4 万 t。通过“以电代气、谷电储能”实现年节能收益约 217 万元。每年减少燃烧天然气 80 万 m^3，减排二氧化碳 1520t，减排氮氧化物 400kg。

4.6.5.2　华东某能源中心项目

该项目供冷供热的服务面积约 47.37 万 m^2。建设储冷罐 2×22000m^3，如

图 4.33 所示，储冷量 2×55000RTH。在该项目的空调设计对比中，水储冷空调较常规空调的运行费用明显降低。

图 4.33　储冷罐外形图

4.7 冰 储 冷

4.7.1　原理

冰储冷就是利用冰的相变潜热进行冷量的储存，在冷量富裕时将水制成冰的方式将冷量储存起来，在需要冷量时通过融冰释冷的形式将储存的冷量释放出来，向用户供冷。在发达国家，60% 以上的建筑物都已使用冰储冷技术，目前冰储冷技术在我国发展迅速，主要应用在空调负荷集中、峰谷差大、建筑物相对聚集的地区或区域。冰储冷空调系统一般可分为制冷机组、蓄冰设备和空调末端三部分，用户的冷负荷需求，由制冷机组直接制冷与蓄冰设备融冰制冷提供，原理示意如图 4.34 所示。

与水储冷相比，储存同样多的冷量，冰储冷所需的体积比水储冷所需的体积小得多。电力制冷冰储冷空调系统作为一种电力削峰填谷的有效途径，可以起到运行经济、节能环保的效果，已经得到了广泛的应用。冰储冷空调系统的种类较多，根据不同的分类方法其分类见表 4.6。

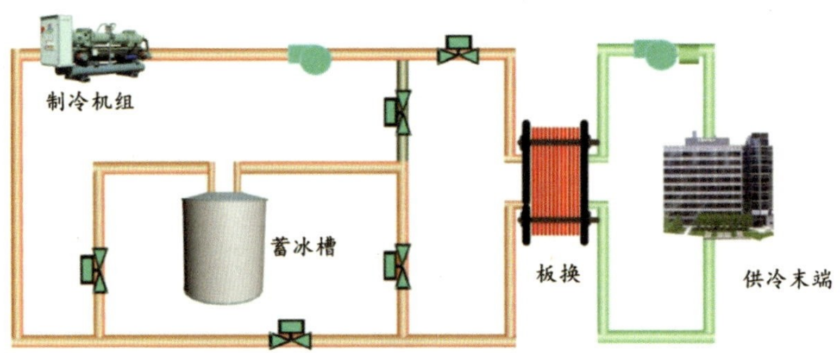

图 4.34　冰储冷空调原理示意图

表 4.6　冰储冷空调系统分类

序号	分类依据	方式
1	冷源	载冷剂（乙二醇水溶液）循环式；制冷剂直接蒸发式；冷水直接循环式
2	制冰形态	静态型：在换热器上结冰与融冰；最常用的为浸水盘管的外置、内融冰方式。 动态型：将生成的冰连续或间断地剥离；最常用的是在若干平行板内通以冷媒，在板面上喷水并使其结冰，待冰层达到适当厚度，再加热板面，使冰片剥离
3	蓄冰装置	冰盘管型（内融冰、外融冰)；蓄冰球；封装式；冰片滑落式；冰晶式
4	冷水输送装置组成	二次侧冷（冻）水输送方式；一次侧载冷剂输送方式
5	装置组成	制、储冷装配型；制、储冷整装型
6	制冰换热器	螺旋管式；蛇管式；壳管式；板式

冰盘管式蓄冰设备所用的载冷剂为乙二醇水溶液。乙二醇是无色、无味的液体，其挥发性低、腐蚀性低，易溶解于水及多种有机化合物。乙二醇水溶液的凝固点、潜热、密度、比热、导热系数、黏度随溶液浓度不同而变化。蓄冰系统乙二醇水溶液的凝固点应低于最低运行温度 3℃～4℃。此外，乙二醇腐蚀性很低，但乙二醇的水溶液呈弱酸性，因此，在使用过程中乙二醇溶液中需加入添加剂。添加剂包括防腐剂和稳定剂。防腐剂可以在金属表面形成阻蚀层；稳定剂可以使

乙二醇溶液维持弱碱性（pH>7）。溶液中添加剂的添加量为 800ppm ～ 1200ppm。

乙二醇水溶液的密度与黏度稍大于水，而比热稍小于水，所以在计算载冷剂流量和管道阻力时应予以注意。不同浓度的乙二醇溶液参数详见表 4.7。

表 4.7　乙二醇水溶液凝固点

质量 /%	10	15	20	25	30	35	40	45	50
体积 /%	8.9	13.6	18.1	22.9	27.7	32.6	37.5	42.5	47.6
凝固点 /℃	–3.2	–5.4	–7.8	–10.7	–14.7	–17.9	–22.3	–27.5	–33.8

4.7.2　技术特点

冰储冷系统主要是利用水与冰的相变潜热（335kJ/kg）进行储冷和释冷。为使储冰槽中的水结冰应提供 –3℃～ –9℃的传热工质，此类传热工质可为直接蒸发制冰的制冷剂或乙二醇水溶液。储冰贮槽的单位储冷能力取决于冰对于水的最终占有比例。不同的储冰方式将会有不同的储冷能力，一般储冰贮槽的单位体积储冷能力约为 35 ～ 50kWh/m^3。冰储冷技术主要具有以下特点：

（1）冰储冷利用冰的相变潜热进行冷量的储存，储能密度大，与水储冷相比，储存同样多的冷量，冰储冷所需的体积将比水储冷所需的体积小得多。

（2）冰储冷可以均衡电网峰谷负荷，在谷电时段开启制冷机组进行储冷，在峰电时段利用储存的冷量进行供应，制冷设备容量和装设功率小于常规空调系统，一般可减少 30% ～ 50%。

（3）蓄冰空调系统需采用制冰和制冷双工况冷水机组，制冰过程蒸发温度较低，冷机能效比 COP 降低，系统管路复杂，设备技术要求高。

（4）冰储冷系统可制取 1℃～ 3℃的低温冷冻水，可实现低温送风，降低空调末端能耗。

（5）随着储冷规模的增大，冰储冷系统初投资的增加幅度高于水储冷系统。储冷规模在 20000RTh 以下时，冰储冷系统和水储冷系统的初投资几乎持平；储冷规模在 20000RTh 以上时，水储冷系统的初投资低于盘管冰储冷系统。

4.7.3　经济性

一般冰储冷系统比常规电制冷系统初投资高，机房设备投资增加费用约 15% ～ 20%，由于峰谷分时电价政策的实行，利用夜间低平谷电价，每年可节省运行费用约 15% ～ 35%，依靠电费节省其增加投资的回收年限约 3 ～ 5 年。主机、辅机的水泵、冷却塔的台数和容量可部分减少，同时可减少制冷用电装机容量 30% 左右，移峰电量与空调负荷率有关。某一地区的电费结构及其优惠政策是影响这一地区能否采用冰储冷系统的关键因素，电力峰谷差价越大，则采用冰储冷系统就越有利。根据工程经验，峰谷电价比为 2:1 ～ 3:1 时，采用冰储冷系统的优势较为明显，但不能一概而论，需进行综合评估后确定。

（1）投资成本。冰储冷技术应用在空调系统中，储冷设备投资约 150 ～ 200 元 /kWh。

（2）运维成本。根据我国典型地区谷电电价计算（不包含补贴），冰储冷技术应用在空调中每年的燃料费约为 15 ～ 25 元 /m^2，年系统维护费用随系统设计的不同而不同。

（3）环保和社会效益。冰储冷是一种物理储能方式，在其使用过程中不会对环境产生影响，储冷材料为水，在使用后不存在大规模污染环境的风险。冰储冷技术利用水的潜热进行储冷，具有较大的储能密度，安全可靠并且成本低，主要与制冷机组构成冰储冷空调系统，对用户进行供冷。其应用对于电网侧可以将用电的高峰负荷转移到低谷，减少了高峰用电时段对电网的压力，对于用户侧可以降低运营成本，同样具有积极的社会效益。

4.7.4 主要厂家

国内外主要厂家有杭州华电华源环境工程有限公司、美国 BAC 公司、清华同方等。

4.7.5 应用案例

华南某综合智慧能源站项目共分为两期建设，一期建设四个冷站，供冷量 13.2 万 RT，采取冰储冷技术，对比传统空调系统减少配电容量约 334MW，节约电量约 4 亿 kWh/a，减少标煤约 16 万 t/a，减少 CO_2 排放约 48 万 t/a，减少 SO_2 排放约 1.2 万 t/a，减少 NO_x 排放约 6000t/a。目前供能面积约 694 万 m^2，低谷电冰储冷系统为电网调峰 57MW，电网峰谷负荷差下降 50%。

其中一个冷站的供冷量约 2.9 万 RT，选用 6 台电制冷主机，包括：900RT、2000RT 机载直供电制冷主机各 1 台，1600RT 机载直供电制冷主机 1 台、2400RT 双工况电制冷主机 2 台，2400RT 双蒸发器制冷主机 1 台。5 台溴化锂主机，包括：900RT、1600RT、2000RT 溴化锂主机各 1 台，2400RT 溴化锂主机 2 台。选用 96 组冰储冷盘管，小时储冷量 8400RT，采用冰储冷技术实现了削峰填谷的目的。为确保蒸汽管道的连续运行，设置一台 900RT 蒸汽吸收式制冷机，保障蒸汽管道最小流量运行。该冷站的冰储冷盘管效果图如图 4.35 所示。

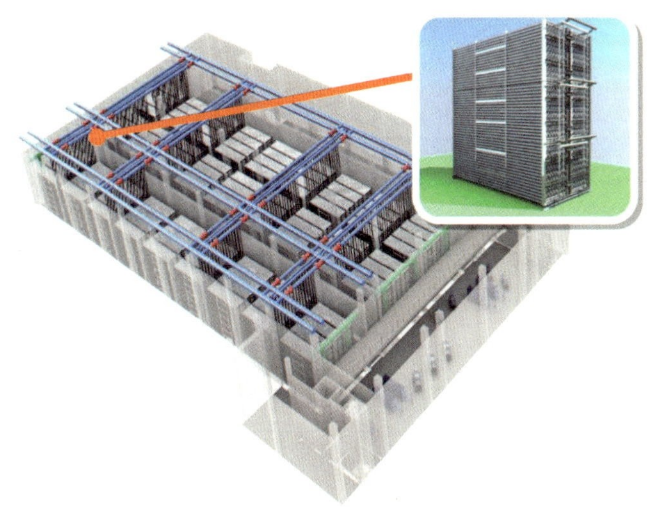

图 4.35　冰储冷盘管效果图

4.8 相变储冷

4.8.1 原理

相变储冷技术就是利用相变温度为 5℃～ 10℃的储冷介质的相变潜热进行冷量的储存。相变材料通常需将几种材料复合，形成二元或多元相变材料。相变材料按照其相变温度所对应空调系统种类的不同，可分为两类：低温供冷空调系统用相变储冷材料和常规空调系统用相变储冷材料。低温送风空调系统一般要求冷冻水温度低至 1.4℃～ 5.3℃，适合此类空调系统的较为成熟的新组分相变储冷材料见表 4.8。常规空调系统冷冻水供水温度一般为 7℃，适合此类空调系统的较为成熟的新组分相变储冷材料见表 4.9。

表 4.8　适于低温供冷空调系统的相变储冷材料

相变材料组成	类型	相变温度（凝固 / 熔化）/ ℃	相变潜热（凝固 / 熔化）/（kJ/kg）
十二醇 / 辛酸	有机	1.6 ～ 4.5	168.4
十六烷 - 正十四碳烷	有机	1.7 ～ 5.3	48.1 ～ 211.5
正辛酸 - 月桂酸	有机	3.77	151.5

表 4.9　适于常规空调系统储冷的复合相变材料

相变材料组成	类型	相变温度（凝固 / 熔化）/ ℃	相变潜热（凝固 / 熔化）/（kJ/kg）
辛酸 - 软脂酸	有机	4.31/6.54	116.2/116.5
40% 四丁基溴化铵	无机	8.99	141.1
76%$Na_2SO_4 \cdot H_2O$	无机	8.25/9.30	114.4
十六烷 - 正十四碳烷	有机	5.3 ～ 10	147.7 ～ 148.1
月桂醇 - 辛酸	有机	6.2	173.2
十二醇 - 癸酸	有机	9.5	163.8
四丁基溴化铵 - 四氢呋喃	无机 - 有机	6.3 ～ 8.0	—

目前相变储冷技术较普遍的应用方式是将储冷材料填充至储冷设备中，置于空调系统冷冻水侧，与空调末端并联，如图 4.36 所示。低谷电价时段，制冷机向储冷器供冷，储冷器储冷；用户供冷时段，储冷设备释放冷量，将冷量供给末端；储冷量不足时，制冷机直接向末端供冷。

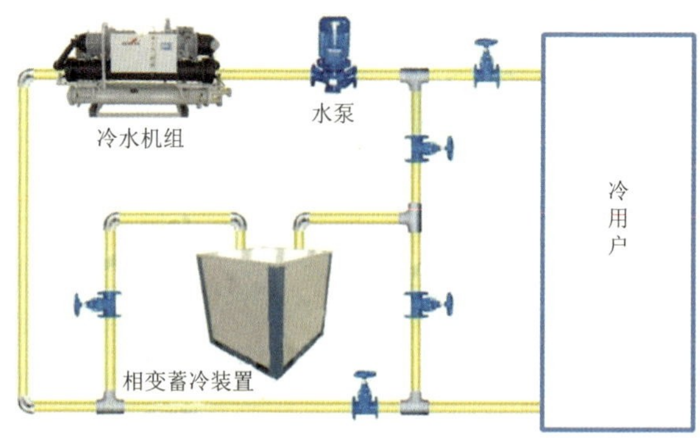

图 4.36　相变储冷空调系统结构示意图

4.8.2　技术特点

相变储冷技术储能密度较高、可以根据不同相变材料进行不同温区的供冷、设备结构紧凑、质量较轻、模块化、应用灵活。目前相变储冷主要应用在分布式商业或市政项目的谷电供冷、移动冷链等项目中。相变储冷技术具有以下特点：

（1）相变储冷材料的储能密度高，其储能密度是同体积显热储能物质的 5 ～ 14 倍。

（2）可根据空调系统特性选取适宜的相变温度，直接采用常规单工况制冷机储冷。

（3）相变储冷导热性能良好、相变速率较快、体积膨胀率小、密度较大。

（4）相变材料热物性稳定，尤其是相变温度能够保持恒定，凝结过程中不产生过冷与相分离；化学性能稳定，不易燃易爆、无毒、无腐蚀。

（5）在发生相变时，两相界面处的热传导效果差，换热器设计困难，成本较高。

（6）相变材料介质通常扩散系数小，且存在相分离现象，导致储 / 放热速率较低，以及介质老化导致储冷能力降低等问题。

（7）相变储冷技术成本较高，且存在介质泄露风险。

4.8.3　经济性

（1）投资成本。相变储冷技术应用在空调系统中，储冷设备投资约为 150 ～ 200 元 /kWh。

（2）运维成本。根据我国典型地区谷电电价计算（不包含补贴），相变储冷技术应用在空调系统中每年的燃料费约为 20 ～ 30 元 /m^2，年系统维护费用随相变材料和系统设计的不同而不同。

（3）环保和社会效益。相变储冷是一种物理储能方式，在其使用过程中不会对环境产生影响，材料达到使用寿命之后，没有大的物质变化，可以对原料进行回收再加工，不存在大规模污染环境的风险。相变储冷技术的应用对于电网侧可以将用电的高峰负荷转移到低谷，减少了高峰用电时段对电网的压力，对于用户侧可以降低运营成本，同样具有积极的社会效益。

4.8.4　主要厂家

国内主要厂家有江苏金合能源科技有限公司、贺迈新能源科技（上海）有限公司、北京华厚能源科技有限公司等。

4.8.5 应用案例

山东某大型高温（7℃）相变储冷工程供冷总建筑面积约 46374m^2，制冷主机选用了 9 台 RSA-100H 型风冷热泵型机组设置在裙房顶部，该主机夏季共可提供 3135kW 的制冷量。储冷系统含两部分：一部分选用了高温相变储冷板共计 214.3t，每吨储冷量 146300kJ，共有 31352GJ 储冷量；另一部分储冷是利用该建筑物的一个 590m^3 的消防水池，进行水储冷。

4.9 储冷技术对比

目前，国内储冷市场以相变储冷、水储冷和冰储冷三种储冷技术为主要技术路线，不同的储冷技术储能密度、占地面积、设备投资等方面存在一定差异，因此不同的应用场景会选择不同的储冷技术。

相变储冷技术储能密度较高，设备结构紧凑，占地面积小，但相变储冷设备成本较高且规模效应差，目前应用案例较少，适用于分布式小规模储冷。水储冷技术应用较为广泛，可使用常规冷水机组，但储冷密度较低，对占地面积要求高，该技术大规模应用成本低，适用于大规模集中储冷。冰储冷技术储能密度大，储冷温度较低，但冰储冷技术投资和耗能较高，主要应用于低温送风空调系统（送风温度为 3℃～ 11℃，所需冷水温度为 2℃～ 3℃）。

水储冷与冰储冷空调系统的性能比较见表 4.10。

表 4.10 水储冷与冰储冷空调系统的性能比较

序号	项目	冰蓄冷	水蓄冷	备注
1	蓄冷槽容积	较小（为水蓄冷槽的 10% ～ 35%）	较大	
2	冷水温度	1℃～ 3℃	4℃～ 6℃	可获得最低温度
3	制冷压缩机型式	任选	任选	
4	制冷机耗电	较高	较低	

续表

序号	项目	冰蓄冷	水蓄冷	备注
5	蓄冷系统初投资	较高	较低	
6	设计与运行	技术要求高，运行费较高	技术要求低，运行费较低	
7	蓄冷槽热能损耗	小（为水蓄冷的 20% 左右）	大	
8	制冷性能系数（COP）	低（比水蓄冷降低 10% ～ 20%）	高	
9	空调水系统	冷水温度低，温差大，可用闭式系统，冷量输送能耗低	冷水温度高、温差小，冷量输送能耗高	
10	对旧建筑适应性	好	差	
11	蓄冷槽的冬季供暖	有些蓄冷槽可以，但大多数不行	差	
12	蓄冷槽制造	定型化、商品工业化生产、可采用现场混凝土槽	现场制作	

冰储冷与水储冷系统的耗能对比见表 4.11。

表 4.11　冰储冷与水储冷系统的耗能对比

项目	冰蓄冷（kW/kW）	水蓄冷（kW/kW）
制冷压缩机	0.370	0.240
一次冷冻水泵	—	0.006
二次冷冻水泵	0.068	0.068
冷凝器冷却水泵	—	0.011
冷却塔风机	—	0.024
蒸发式冷凝器风机	0.024	—
蒸发式冷凝器水泵	0.003	—
搅拌器	0.014	—
总计	0.479	0.349

注：表内的比值是耗电量（kW）/ 制冷量（kW）。

常见储冷空调系统的性能及特点对比见表4.12。

表4.12 常见储冷空调系统的性能及特点对比

内容	水蓄冷	冰片滑落式	冰盘管外融冰	冰盘管内融冰	封装冰	共晶盐
制冷（冰）方式	静态	动态	静态	静态	静态	静态
制冷机	标准单工况	分装或组装式	直接蒸发式或双工况	双工况	双工况	标准单工况
蓄冷槽容积 / （m^3/kWh）	0.089 ～ 0.169	0.024 ～ 0.027	0.03	0.019 ～ 0.023	0.019 ～ 0.023	0.048
蓄冷温度 /℃	4 ～ 6	–9 ～ –4	–9 ～ –4	–6 ～ –3	–6 ～ –3	5 ～ 7
释冷温度 /℃	4 ～ 7	1 ～ 2	1 ～ 3	2 ～ 6	2 ～ 6	7 ～ 10
释冷速率	中	快	快	中	中	慢
释冷载冷剂	水	水	水或二次冷媒	二次冷媒	二次冷媒	水
制冷机蓄冷效率（COP 值）	5.0 ～ 5.9	2.7 ～ 3.7	2.5 ～ 4.1	2.9 ～ 4.1	2.9 ～ 4.1	5.0 ～ 5.9
蓄冷槽形式	开式	开式	开式	开式	开式或闭式	开式
蓄冷系统形式	开式	开式	开式或闭式	闭式	开式或闭式	开式
特点	可用常规制冷机，水池可兼做消防	瞬时释冷速率高	瞬时释冷速率高	模块化槽体，可适用于各种规模	槽体外形设置灵活	可用常规制冷机
适用范围	空调	空调、食品加工	空调、工艺制冷	空调	空调	空调

参考文献

[1] 杨俊波，苗井泉，胡训栋，等．火电厂供热及热电解耦技术 [M]．北京：中国电力出版社，2020．

[2] 刘义达，李官鹏，祁金胜．熔盐槽式太阳能光热发电技术特点及发展方

向 [J]. 能源与节能，2023（03）：1-5，12.

[3] 中国电子工程设计院. 空气调节设计手册 [M]. 3 版. 北京：中国建筑工业出版社，2017.

[4] 陆耀庆. 实用供热空调设计手册 [M]. 2 版. 北京：中国建筑工业出版社，2007.

[5] 董云风，吕少胜. 大型热电厂热电解耦方式选择 [J]. 工程建设与设计，2018（1）：60-61.

[6] 方贵银. 蓄冷空调工程实用新技术 [M]. 北京：人民邮电出版社，2000.

[7] 崔海婷，杨锋. 蓄热技术及其应用 [M]. 北京：化学工业出版社，2004.

[8] 中华人民共和国住房和城乡建设部. 蓄能空调工程技术标准：JGJ 158—2018[S]. 北京：中国建筑工业出版社，2018.

[9] 崔杨，张家瑞，仲悟之，等. 计及电热转换的含储热光热电站与风电系统优化调度 [J]. 中国电机工程学报，2020，40（20）：6482-6494.

第5章 热泵技术

5.1 概　　述

5.1.1 基本原理

热泵，是在热力学第二定律的基础上利用高位能（一般为电能、热能）的驱动，将低位热源（通常是空气、水或土壤）的热能转移到高位热源的能量利用装置，能够将空气、水源、土壤等低温热源中不能直接利用的热能、工业废热、太阳能等转化为可以利用的热能（供暖、生活热水）。

热泵的基本特点是消耗少量的高位能源即可制取大量的高位热源。热泵制取的高位能，总是大于所消耗的电能或燃料能，而用燃烧加热、电加热等装置制热时，所获得的热能一般小于所消耗的电能或燃料的燃烧能，这是热泵与普通加热装置的根本区别，也是热泵制热最突出的优点。

以室内供暖为例说明热泵的节能效果，图 5.1 给出了 3 种供暖方案。若向室内供应 10kW 热量维持室温 20℃，采用燃煤供暖需要提供 14.286kW 的化学能（燃煤效率取 70%），并排放大量污染物；采用电阻加热器，直接加热室内空气，至少需要供给电能 10kW；而采用电能驱动热泵向室内供暖，仅消耗 2.857kW 的电能（COP 取 3.5）。可见，热泵供暖减少了大量高位能源消耗。

热泵机组的组成部件主要有压缩机、冷凝器、蒸发器、节流机构和辅助设备等，吸收式热泵用发生器和吸收器等组合实现压缩机功能。热泵供热的基本原理是逆卡诺循环压缩机排出的高温高压蒸气，进入冷凝器，制冷剂蒸气向高温热源放热后被冷凝成液态制冷剂（液化），液态工质经节流装置降压膨胀后进入蒸发器，气液混合制冷剂在蒸发器中吸收低温热源（空气、水或土壤等）的热量而蒸发形成蒸气（汽化），制冷剂蒸气重新被压缩机吸入完成一个循环，周而复始制备热能。这样，将外界低温空气、水或土壤中的热量“泵”给温度较高的用户，故称为“热泵”。

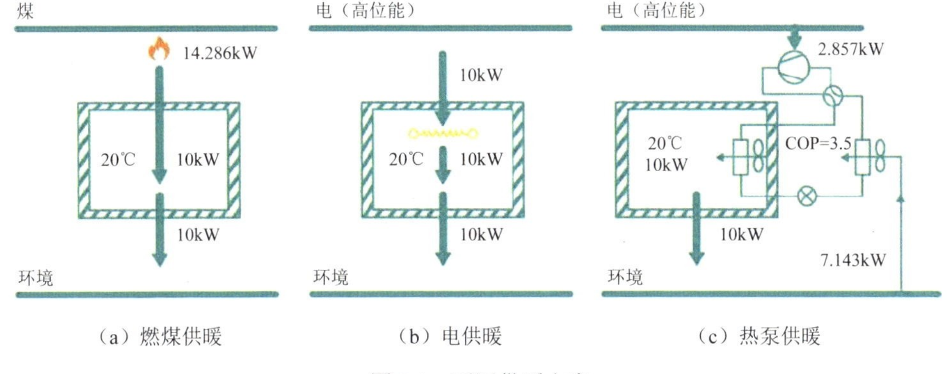

（a）燃煤供暖　　（b）电供暖　　（c）热泵供暖

图 5.1　不同供暖方案

如用户使用冷凝器的热量则为制热工况，使用蒸发器的冷量则为制冷工况，特殊情况下，冷凝器的热量和蒸发器的热量可同时使用。小型热泵通常采用四通换向阀来实现制冷与制热工况的转换，中大型热泵通常采用水路切换实现工况的转换。热泵根据使用的制冷剂和系统设计的不同，其温度跨度通常在 50K ～ 70K 左右。工业热泵通常为满足特定需求而设计的定制系统，其工作温度范围差别很大。

图 5.2 为热泵系统框图，热泵系统由热泵机组、高位能输配系统、低位热源采集系统和热分配系统四部分组成。通过热泵系统能将热源中不可直接利用的热能变为热用户可直接利用的再生热能。当热泵循环的驱动能源是可再生能源（水能、风能、太阳能等）时，热泵就是一个 100% 可再生、100% 无排放的解决方案。典型的热泵只需要一个单位的最终能量（电）就能提供 3 ～ 5 个单位的热量或 2 ～ 4 个单位的冷量。这种能量的使用方式极大地提高了用能效率，降低了总体能源需求。

热泵与制冷机的不同之处是：

（1）应用目的不同。热泵用于制热，是从低温热源吸热，通过热力循环放热至高温热源；制冷机用于制冷，也是从低温热源吸热，获得制冷效果。

（2）工作温度区段不同。热泵是将环境（水、空气等）作为低温热源，制冷机是将环境作为高温热源，通常热泵的工作温度明显高于制冷机。在工程实践中热泵与制冷机具有许多共同性和使用的特殊性，且常常可将“同一装置”在不同的季节甚至同时实现制热和制冷的功能，即该装置的冷凝器用于制热，而蒸发器用于制冷，该装置可称热泵，也可称制冷机。

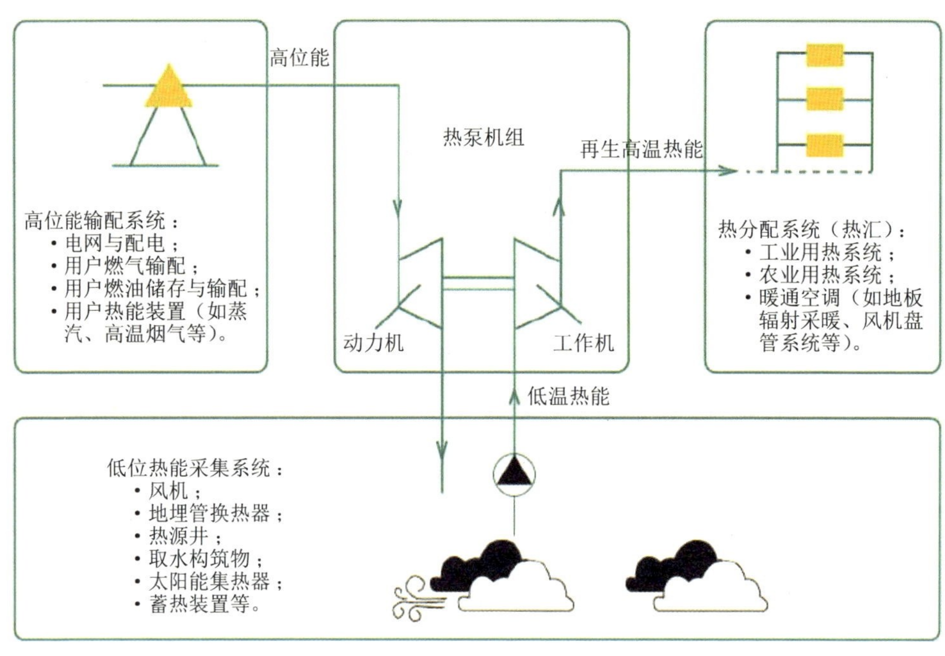

图 5.2　热泵系统框图

5.1.2　低温热源

热泵常用的低温热源有：环境空气、地下水、地表水（河水、湖泊水、城市公共用水等）、海水、土壤、工业废热、太阳能或地热能等。常用热泵热源的综合比较和低温热源的基本特性见表 5.1 和表 5.2。

表 5.1　常用热泵热源的综合比较

项目	自然热源						排热热源		
	空气	井水	河川水	海水	土壤	太阳能	建筑热量	排水	生产废热
热源适用性	良好	良好	良好	良好	一般	良好	良好	一般	良好
适用规模	小～大	小～大	小～大	大	小～大	小～中	中～大	中	小～大
用途	主要热源	主要热源	主要热源	主要热源	辅助热源	主要或辅助热源	辅助热源	主要或辅助热源	主要或辅助热源

续表

项目	自然热源						排热热源		
	空气	井水	河川水	海水	土壤	太阳能	建筑热量	排水	生产废热
问题	供热时，热泵能力与房间所需热量不易匹配；当室外温度较低时要解决蒸发器的除霜问题；可考虑蓄热设备，小容量热泵可用变频器改善	注意水垢和腐蚀可能之外，要防止生长藻类；有地面沉降之虞，受当地市政管理部门制约	除有水垢和腐蚀可能之外，要防止生长藻类；冬季水温下降，应考虑增加水量或利用加热塔	因腐蚀问题较大，可采用取水换热器；冬夏季在不同深度取水	设备费用估算困难，投资较大；要注意腐蚀问题；故障检修困难	可与太阳能供暖联合应用；因太阳能的间断性，必须设置蓄热设备	从建筑物内区利用热泵升温提供外区，应用时应注意匹配问题	要注意水处理（除污等）；温度和流量不稳定	根据不同工艺过程中产生的废热进行处理和应用

表 5.2 低温热源的基本特性

低温热源	空气	地下水	地表水	海水	土壤	太阳能	地热能
热源温度/℃	-15 ～ 38	5 ～ 20	0 ～ 30	-1 ～ 20	0 ～ 20	10 ～ 50	30 ～ 90
受气候的影响	大	小	较大	较小	较小	较大	小
是否随处可得	是	否	否	否	是	是	否
是否随时可得	是	是	否	否	是	否	是
说明	需考虑除霜问题	一般需审批，需回灌	冬季有结冰问题	需考虑取水方式及腐蚀问题	通常用深层土壤，需打井及回填	需有场地，通常作辅助热源	通常直接利用后再用于热泵

低温热源对热泵的性能有直接影响，对低温热源的要求主要包括以下方面：

（1）热容量。低温热源的热容量是否足够，能否允许热泵连续工作。

（2）温度水平。低温热源的温度越高，热泵的制热温度也越高；制热温度一定时，低温热源温度越高，热泵的制热系数越高；低温热源任何时候在可能的最高供热温度下，都能满足供热的要求。

（3）温度的稳定性。低温热源的温度波动较小时，热泵的设计和调控可相对简捷。

（4）低温热源介质的热物理性质。低温热源介质的比热容、密度和热导率越大，则热泵低温侧换热器越紧凑。

（5）低温热源介质的腐蚀性和清洁性。低温热源介质越清洁、腐蚀性越小，则热泵的低温侧换热器材料要求越低。

（6）低温热源的易得性。是否随时随地可得。

（7）低温热源时间一致性。热源温度的时间特性与供热的时间特性应尽量一致。

（8）热源多元化。将不同种类低温热源集成，充分发挥各自特点，组成热泵的组合热源，有利于改善热泵的运行特性和提高其经济性。

（9）输送能耗。输送热量的载热（冷）介质的动力能耗要尽可能小，以减少输送费用和提高系统的总制热性能系数。

（10）低温热源的政策影响。低温热源的使用是否需经相关部门审批。

（11）其他。包括低温热源使用过程中对环境是否有影响等。

5.2 空气源热泵

5.2.1 原理

空气源热泵机组是空气 / 空气热泵、空气 / 水热泵的统称，由蒸发器、压缩机、膨胀阀、冷凝器等部件组成，空气源热泵系统示意如图 5.3 所示。空气 / 水型热泵技术适用于集中式供热，与空气 / 空气型热泵相比，主要区别在于室内换热器，不是风冷式而是循环水式。循环水式以水为传热介质，冷凝器可在 40℃的冷凝温度下，产生 35℃的热水，提供给地板采暖，如图 5.4 所示。空气源热泵多适用于我国夏热冬冷地区，具有冷热兼供、节能、无冷却水等优点，且随着技术的进步，空气源热泵逐渐向寒冷地区推广。

按照空气源热泵在室外的工作温度，可以将空气源热泵分为常温空气源热泵（室外工作温度 0℃左右）、低温空气源热泵（室外工作温度 –15℃以上）、超低温空气源热泵（室外工作温度 –25℃以上）；按照空气源热泵的用途可以分为空气源热泵供热空调型机组、空气源热泵热水型机组，前者主要用于建筑供暖，后者主要提供生活热水。

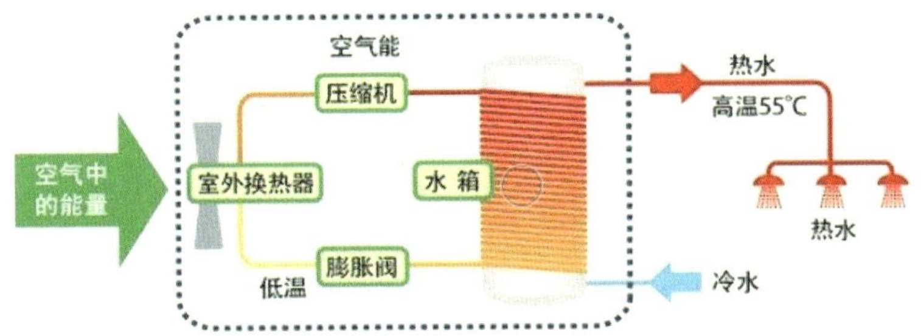

图 5.3　空气源热泵系统示意

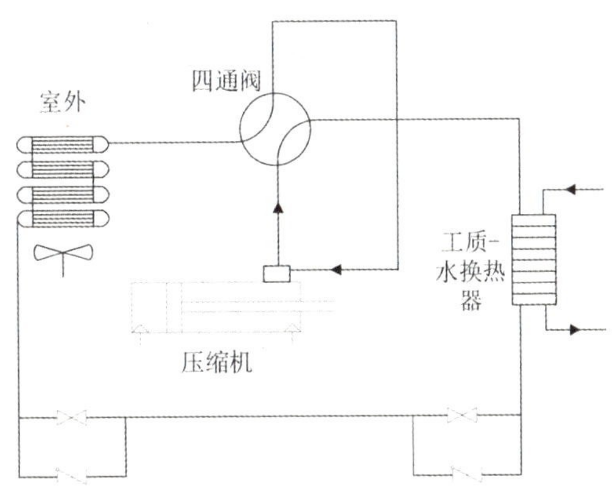

图 5.4　空气 / 水型空气源热泵

5.2.2　技术特点

5.2.2.1　适用性

空气源热泵机组装机容量较小，不需要冷却水系统，安装方便，可直接放置在建筑物顶层，广泛应用于中小型建筑中，一机多用。空气源热泵对于外界气温敏感，热泵发生结霜现象的室外空气温度范围为 –12.8℃～ 5.8℃，空气相对湿度大于 67%，结霜使得效率降低，蒸发温度降低，压缩机吸气温度也会降低，系统工质流量下降，继而导致制热量减少。

根据《民用建筑热工设计规范》（GB 50176）的相关规定，全国分为 7 个一级区和 20 个二级区。空气源热泵主要适用一级区中的Ⅲ区和Ⅱ区、Ⅴ区中的部分地区：Ⅲ区属于我国夏热冬冷地区的范围，范围大致为陇海线以南，南岭以北，四川盆地以东，主要为长江中下游地区，此地区经济、文化发达，人口密集，年日平均气温大于25℃的日数为40～100天，年日平均气温小于5℃的日数为0～90天，气温的日较差小，日照偏小，这类地区的气候特点非常适宜中、小型建筑采用空气源热泵夏季供冷、冬季供暖；V区地区主要包括贵州、四川西南部，西藏南部小部分地区，云南大部；热泵技术的快速发展，以及多年运行实践表明，空气源热泵机组同样可以在Ⅱ区部分地区可靠地运行，如济南、郑州、京津地区、西安、徐州等地。

5.2.2.2 冬季除霜

针对空气源热泵机组结霜问题，大都采用热气冲霜，即让压缩机排出的热蒸气直接进入翅片管换热器除去表面的霜层。在实际效果中，容易导致室内温度波动过大，以及恢复供热时，可能存在启动困难等问题，但热气冲霜总体上是一种比较经济合理的除霜运行方案。空气源热泵的除霜采用时间 - 温度法、霜层厚度控制法、模糊智能控制法等方法。

5.2.2.3 平衡计算

（1）建筑物耗热量。当建筑物的围护结构一定时，耗热量取决于室内外温度差，室外温度越低，热负荷越大，当室内温度恒定时，建筑物向室外散失的热量是室外温度的线性函数，即有以下等式成立：

$$Q=KF(t_i-t_{ii})$$

式中，Q 为建筑物围护结构的散热量，W；K 为建筑物围护结构的传热系数，W/（m^2·K）；F 为建筑物围护结构的外墙面积，m^2；t_i 为建筑物室内温度，℃；t_{ii} 为室外温度，℃。

室外温度 t_{ii} 和湿度因地区、季节和时间的不同而变化，对热泵制热量和制热系数影响很大，部分地区冬季空气源热泵蒸发器容易出现结霜等现象，在空气源热泵系统设计中应考虑进去。且随着各种节能标准的贯彻执行，建筑外围护结构的热工性能正在逐步改善，以及建筑负荷软件的成熟应用，多数类别建筑的逐时负荷很容易模拟出来，极大地简化负荷计算的工作量。

（2）热泵机组容量。在进行空气 - 水热泵机组容量设计时，一般取决于建筑冷、热负荷中较大者。热泵厂商提供的机组变工况性能或特性曲线中的制热量，一般为标准工况下的名义制热量。在实际设计中，需要考虑融霜等引起的损失，可用下式进行修正：

$$Q_h=qK_1K_2$$

式中，q 为机组的名义制热量，kW；K_1 为室外地区空调计算干球温度的修正系数，按产品样本选取；K_2 为机组融霜修正系数，每小时融霜一次取 0.9，融霜两次取 0.8。

机组的融霜次数，可由厂家提供，也可按融霜控制方式、冬季室外温度、湿度选取。

5.2.2.4　系统辅助加热

热泵机组供热量与建筑物耗热量存在供需矛盾：当室外空气的温度降低时，空气源热泵的供热量减少，而建筑耗热量在增大；当室外空气温度上升时，空气源热泵制热量增加，而建筑物耗热量在减少。图 5.5 为空气源热泵机组的制热量和建筑物热负荷与室外温度的关系，*AB* 线为空气源热泵机组的制热特性曲线，*CD* 线为建筑物耗热量特性曲线，*O* 点为平衡温度点，高于此温度点，热泵制热量大于建筑物耗热量，可通过热泵能量调节来解决供热量过剩问题，反之，则热泵供热量不足，不足部分需要辅助加热设备补充。

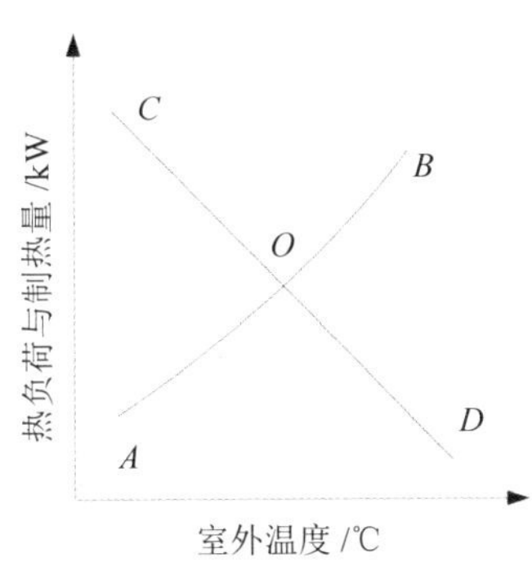

图 5.5　空气源热泵机组的制热量和建筑物耗热量与室外温度的关系

常见的辅助加热热源有电加热、蒸汽加热、热水加热等，加热方式的选择应从实际出发，权衡当地峰谷电价、蒸汽价格以及热源获得的困难程度，经济性对比分析后选择。目前最常用的为电加热，能够较好地调节工况，灵活性好，适用于不同的气候环境，体积小、无污染、加热速度快，安装方便，一般设置在供水侧，电加热器安装示意图如图 5.6 所示。

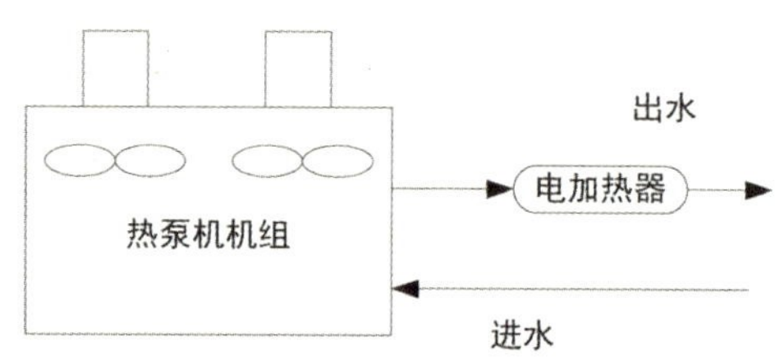

图 5.6　电加热器安装示意图

5.2.3　应用案例

（1）项目概况。项目位于南方某商务运营中心，供能对象包括办公楼、会议中心、酒店公寓等，并辐射至其周边建筑群，总供冷建筑面积约为 100 万 m^2，属于适合采用区域供冷的范围。

（2）负荷分析。商务营运中心末端用户冷负荷统计见表 5.3。

表 5.3　商务营运中心末端用户冷负荷统计

楼号	总层数	总高度 /m	建筑面积 /m^2	冷指标 /（W/m^2）	热指标 /（W/m^2）
1	30	119	57111	105.49	46.01
2	25	100	51492	103.90	43.34
3	32	128	62477	104.83	45.59
4	32	127	62065	93.75	41.76
5	25	100	51686	105.08	46.13
6	30	119	57111	107.12	49.07
7	17	68	92813	108.16	50.02
8	32	133	66693	96.32	42.51

商务营运中心 1 ～ 8 号楼设计冷负荷为 37538kW，设计热负荷为 17686kW。

商务营运中心周边楼宇设计冷负荷为 40000kW，设计热负荷为 19000kW。

综上所述，本项目区域内设计供冷负荷为 77538kW，设计热负荷为 36686kW。

能源站供能主要热力参数：管网供回水温度 5℃ /12℃，采暖供回水温度 55℃ /50℃，冷却水供回水温度 32℃ /37℃，生活热水供回水温度 70℃ /55℃。

（3）空气源热泵选择。

1）空气源热泵配置。根据对项目全年的冷热负荷的分析，并结合空气源热泵运行特点确定机组配置，选用风冷螺杆热泵机组，临时站配置台数 3 台，制冷量 1471kW，制冷水量 253m^3/h，制冷进出水温度为 12℃和 5℃，制热量 1330kW，制热水量 229m^3/h，制热进出水温度是 50℃和 55℃。本项目除从临时站搬迁的 3 台空气源热泵外，另需配置 19 台空气源热泵，制冷量 1480kW，制热量 1420kW。

2）项目机组相关设计参数见表 5.4 和表 5.5。

表 5.4　空气源热泵参数表 1

设备	风冷螺杆热泵机组
制冷工质	R134A/R410A
制冷量	1471kW
制热量	1330kW
介质	H_2O
制冷进水 / 出水温度	12℃ /5℃
制冷工作压力	1.0MPa
制热进水 / 出水温度	50℃ /55℃
制热工作压力	1.0MPa
运行重量	15116kg
COP	3.4
减震方式	机组自带弹簧减震器

表 5.5　空气源热泵参数表 2

设备	风冷螺杆热泵机组
制冷工质	R134A
制冷量	1480kW
制热量	1420kW
介质	H_2O
制冷进水 / 出水温度	12℃ /5℃
制冷工作压力	1.0MPa

续表

设备	风冷螺杆热泵机组
制热进水 / 出水温度	50℃ /55℃
制热工作压力	1.0MPa
运行重量	15688kg
COP	3.4
减震方式	机组自带弹簧减震器

（4）节能分析。经测算，通过采用区域供冷 / 供热系统，每年可为该供能区域减少用于冷源电制冷的耗电量约 172 万 kWh，相当于每年减少使用标准煤约 696t，减少二氧化碳排放 1718t 及二氧化硫排放 52t，节能减排的效果非常显著，且降低热岛强度约 1.5℃～ 2.5℃，满足《绿色建筑评价标准》（GB/T 50378—2019）对热岛强度的要求。

（5）运行成本测算。本项目年供空调冷量 8560.17 万 kWh，年供热量 2987.3 万 kWh，年供热水量为 742.04 万 kWh，年用电量 5100.47 万 kWh，见表 5.6。经测算，本项目全部投资内部收益率 6.65%，资本金内部收益率 10.80%，投资回收期 10.57 年（含建设期）。

表 5.6　主要经济效益指标汇总表

项目	单位	数值
机组年利用小时（热）	h	792
机组年利用小时（冷）	h	1104
机组年利用小时（热水）	h	1460
年供热量	万 kWh	2987.3
年供冷量	万 kWh	8560.17
年供热水量	万 kWh	742.04
供热价格（含税）	元 /kWh	0.98
供冷价格（含税）	元 /kWh	0.68
接入费	元 /m^2	147
加权电价	元 /kWh	0.595
年用电量	万 kWh	5100.47

续表

项目	单位	数值
水费	元 /t	5
年用水量	万 t	13.658
材料费	元 /MWh	12
年运行成本费用	万元	4283.8

5.3　水源热泵

5.3.1　原理

采用地下水作为低位热源，利用热泵技术，通过输入少量高位电能，实现热能从低位能向高位能的转移，从而达到为使用对象供热或供冷的目的。整个系统主要由地下水换热系统、水源热泵机组、热媒管道和用热系统组成。

按照末端换热介质的不同，地下水水源热泵系统可分为水 - 水热泵机组系统，水 - 空气热泵机组系统。按照机组换热器与地下水的换热方式，可分为开式环路地下水热泵系统和闭式环路地下水热泵系统。前者地下水可以直接供给热泵机组，后者须通过换热器将机组换热器循环水与地下水分隔开来。一般情况下，换热后的地下水可以直接排到地表水系统，但对于较大的项目，必须通过回灌井将地下水回灌到地下水层。

5.3.2　技术特点

5.3.2.1　地下水水源热泵技术

地下水水源热泵系统受限制太多，需要稳定且丰富的地下水资源，回灌技术不是很成熟，容易导致回灌速度远低于抽水速度，造成水资源浪费，除此之外，还要面临部分年份地下水位下降的极端状况。目前国家对环境保护、水资源保护越来越严格，且华北地区地下水位下降严重，在多种因素作用下，地下水水源热泵系统的发展远不如地表水水源热泵系统。

进行地下水水源热泵系统设计前，需要对地下水进行详细的水文地质调查，主要收集地下水温度、水深度、水质、水量等数据，通过计算总需水量、需水井等数据，确定地下水水源热泵系统有无可实施性。

5.3.2.2 地表水水源热泵技术

地表水水源热泵是利用地球表面浅层的水源，如江河、湖泊、海水及污水中吸收的太阳能和地热能而形成的低品位热能资源，采用热泵原理，通过少量的高位电能输入，实现低位热能向高位热能转移的一种技术，地表水水源热泵系统示意图如图 5.7 所示。

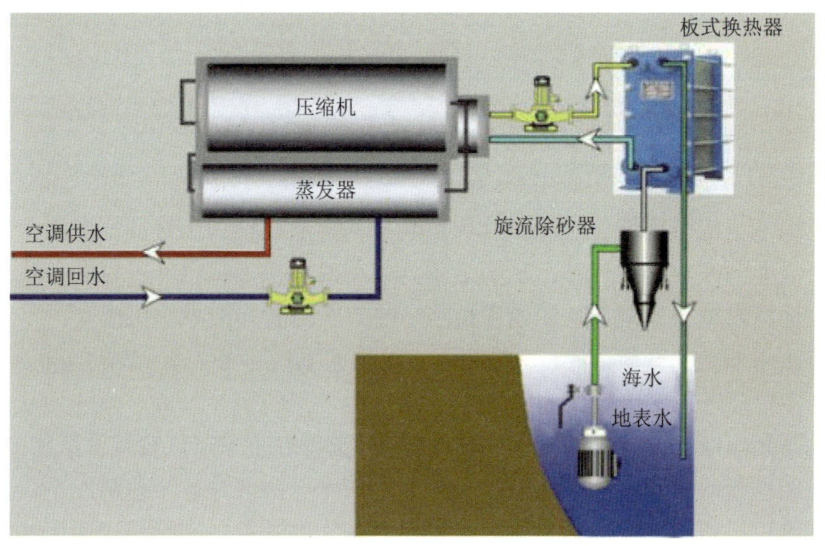

图 5.7 地表水水源热泵系统示意图

根据水源热泵机组与地表水的不同连接方式，可将地表水源热泵分为开式和闭式两种类型，其中开式系统又可分为直接式系统和间接式系统，地表水源热泵闭式系统如图 5.8 所示，地表水源热泵开式系统如图 5.9 所示。

闭式系统是将换热盘管放在水体的底部，通过盘管内的循环介质与水体进行换热，从而达到制冷和制热的效果，这种系统容量一般比较小，通常与水 - 空气热泵机组相连接。在开式系统中，则是从河流或者是湖泊的底部抽水，然后送入板式换热器与循环介质进行换热（在有的情况下则是将水处理后直接送入热泵机组进行换热），换热后在离取水点一定距离的地点排放，地表水源热泵闭式系统与开式系统优缺点对比见表 5.7。

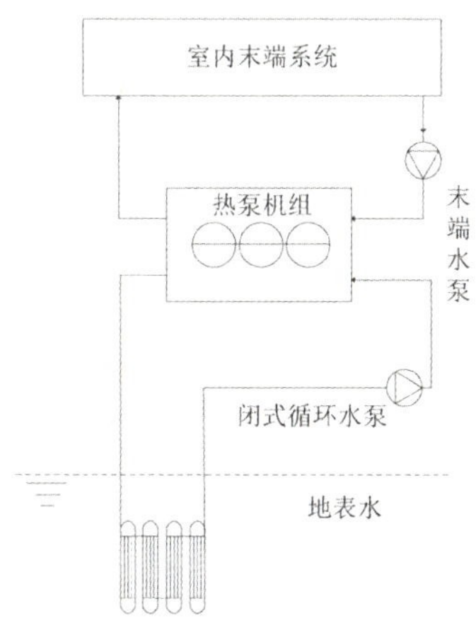

图 5.8　地表水源热泵闭式系统

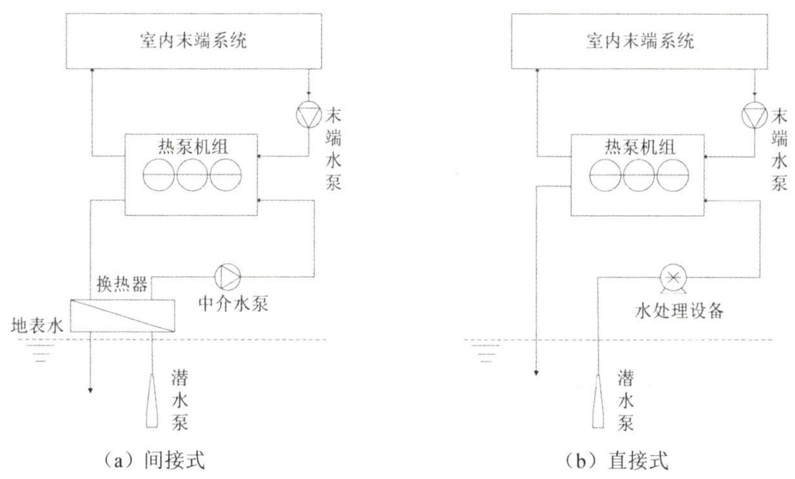

图 5.9　地表水源热泵开式系统

表 5.7　地表水源热泵闭式系统与开式系统优缺点对比

类型	优点	缺点
闭式系统	应用广泛、机组不易结垢、耗电量低、极端温度适应性强（同开式相比）	水质浑浊时，位于水底的换热器易结垢、易遭到破坏，水浅时，水的温度易受大气温度影响
开式系统	对环境影响小、同等条件下制冷量制热量大	易结垢、容易出现冻结机组换热器的危险

水源热泵系统中，水量、水温、水质及供水稳定性是影响水源热泵系统运行效果的重要因素，设计时需考虑各因素的影响。

（1）江水源热泵系统。江水源热泵系统是水源热泵装置的配置形式之一，主要利用江河水与气温变化不同步以及冬夏变化幅度低于气温变化等特点，进行冬季供暖，夏季供冷，一机多用。相比于空气源热泵系统，具有能效比高、系统运行稳定、机组装机容量大等特点，应用很广泛。目前，国内外江水源热泵系统多采用开式系统，能效比较高。

进行江水源热泵系统设计时，水源可使用程度总体上用两大指标来衡量，即水质指标和水温指标。

水质指标：pH 值、悬浮物、含砂量、总硬度、藻类和微生物含量、溶解固形物含量等，水质的情况决定了水源热泵系统的形式以及采用换热器的形式。

水温指标：水源在冬、夏季的温度状况。

除以上指标在设计时需要考虑外，江河水在枯水期、丰水期的影响同样较大。

进行江水水源热泵系统设计前，可以准备以下工作：了解待取水江河段相关管理政策及法律法规；实地勘测，确定水体不同深度在一年四季中的温度变化规律；进行水量、水质评价。

目前，我国长江以北地区冬季河流水温度普遍较低，利用江河水供暖并不经济，长江以南地区较适宜。

（2）湖水源热泵系统。湖水在一年四季变化中，存在湖水深度越深，湖水温度与气温的变化不同步越明显现象，基于此，冬季供暖时，湖水作为低位热源通过换热设备提供热量，经热泵提取后用于供暖，夏季供冷时，湖水作为热汇，消纳建筑物及热泵机组产生的热量。

进行湖水源热泵系统设计时，主要关注以下因素：建筑物冷热负荷与湖面的散热功率是否平衡、降雨量及补水量与湖水蒸发量是否平衡等先决条件。具体项目工程设计时，应严格测算热泵系统对湖水系统的影响，杜绝出现湖水温度夏季受影响过高、冬季过低的状况，一般情况下，水体体积和表面积是设计时重要的参数。

湖水基本上流动性差，受人类活动的影响，湖水水质一般较差，在进行项目设计时，注意藻类和微生物的防治。

湖水源热泵系统示意图如图 5.10 所示。

（3）污水源热泵系统。污水源热泵系统以污水（工业废水、生活污水）作为低位热源及高温热汇，冬季回收污水的热能，借助热泵系统向室内供暖或供热水，夏季把室内的热量取出，释放到污水中，达到制冷的目的。

图 5.10　湖水源热泵系统示意图

污水源热泵技术的发展关键要解决堵塞、腐蚀、结垢等问题，目前污水源热泵系统多采用二级或三级处理后的污水、安装自动过滤除垢装置、污水防阻机、投放杀虫剂、阻垢剂等技术措施解决以上问题。

城市污水处理厂通常远离市区，导致热用户与污水处理厂存在距离上的困难，因此，在进行污水源热泵系统设计时，要充分考虑外网布置，因地制宜。直接式污水源热泵系统和间接式污水源热泵系统如图 5.11 所示。

（4）海水源热泵系统。海水源热泵技术，是利用地球表面浅层水源（特指海水）吸收的太阳能和地热能而形成的低位热能资源，采用热泵原理，通过少量的高位电能输入，实现低位热能向高位热能转移的一种技术，夏季海水作为热汇，冬季作为热源。

系统组成主要包括：海水取、放系统，海水换热器（闭式系统），热泵机组，末端供暖（冷冻）管网系统。海水源热泵系统同样根据能量传递的过程顺序，分为直接海水源热泵系统与间接海水源热泵系统（海水不直接进入热泵机组换热）。

海水水量大，蕴含的能量大，海水源热泵系统基本上规模较大，且海水腐蚀性、海洋生物的附着、取水距离远也是海水源热泵技术难点问题，无形中增加了成本。海水源热泵系统示意图如图 5.12 所示。

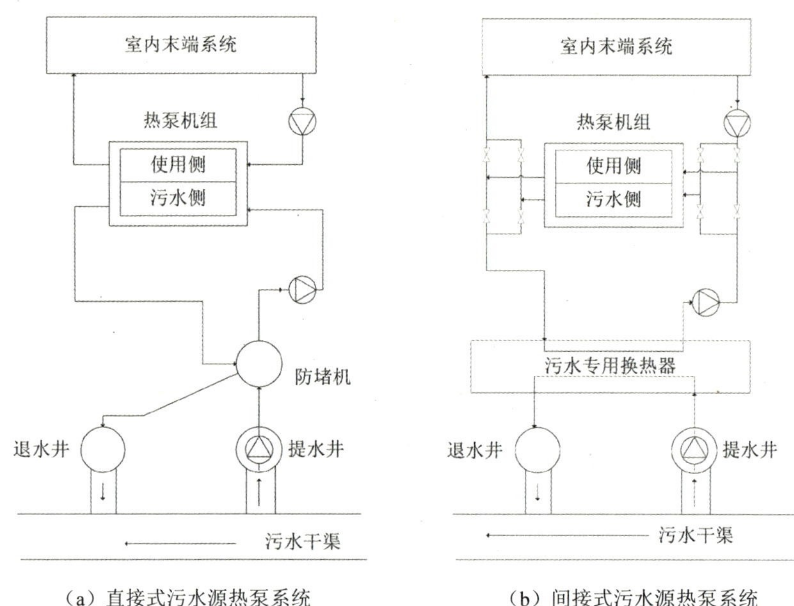

（a）直接式污水源热泵系统　　（b）间接式污水源热泵系统

图 5.11　直接式污水源热泵系统和间接式污水源热泵系统

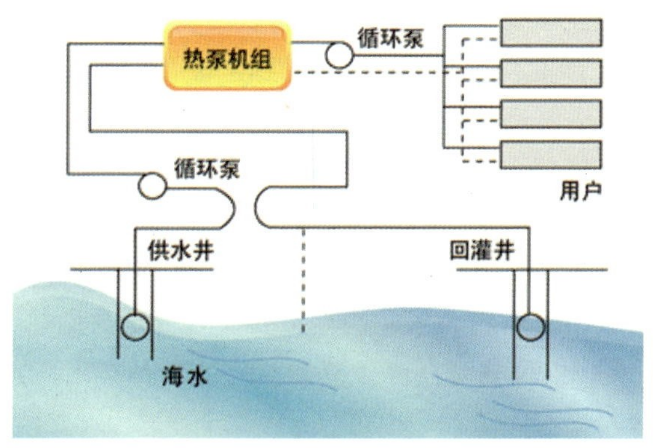

图 5.12　海水源热泵系统示意图

5.3.3　取排水系统

5.3.3.1　取水系统

地表水源热泵输水是指从水源地（河流、湖泊）把水输送到水源热泵机组的过程。输水过程所消耗的能量主要的影响因素有水量、距离、管线起止点的地形高差、沿线地形和输水方式等，这些因素决定着输水系统的形式和构型。输水系统的基本要求是：保证输送所需水量、输水过程中保持水质不变、损耗的水量最少，保证输水系统工作的可靠性和经济性。

对于系统容量较大的建筑，通常需要设置取水构筑物。按取水构筑物的不同可将取水方式分为以下几种：

（1）岸边式取水构筑物。直接从江河岸边取水，按照进水间和泵房的合建与分建，分为合建式岸边取水构筑物与分建式岸边取水构筑物。岸边式取水构筑物适用于江河岸边较陡，主流近岸，岸边有足够水深，水质和地质条件较好，水位变幅不大的情况。

（2）河床式取水构筑物。利用伸入江河中心的进水管和固定在河床上的取水头部取水的构筑物，称为河床式取水构筑物。河床式取水构筑物由取水头部、进水管、集水间和泵房等部分组成。河床式取水构筑物根据集水井与泵房间的联系，可分为合建式与分建式。河床式取水构筑物按照进水管形式的不同，可以分为自流管取水式、虹吸管取水式、水泵直接取水式和江心桥墩取水式等四种基本形式。

（3）浮船式取水构筑物。浮船式取水构筑物是江河移动式取水构筑物，具有投资少、建设快、易于施工（无复杂的水下工程）、有较大的适应性和灵活性、能经常取得含沙量少的表层水等优点。但也存在缺点，例如，河流水位涨落时，需要移动船位，阶梯式连接时尚需拆换接头以致短时停止供水，操作管理麻烦；浮船还要受到水流、风浪、航运等的影响，安全可靠性较差。

（4）低坝式取水构筑物。当山区河流取水深度不足，或者取水量占河流枯水量的百分比较大时，可在河流上修筑低坝来抬高水位和拦截足够的水量。

（5）渗滤取水。渗滤取水是通过在集水竖井中抽水与河水产生水位降，由于压力传导作用，河水水位与竖井水位之间产生压力差，河床底部砂卵石层内形成低压区，诱使河水下渗，穿过滤床表层滤膜、砂卵石层和特制过滤器后进入汇水室。该方法的特点是水量保证率高，取水水质较好。

5.3.3.2　排水系统

水源热泵系统在高负荷运行时，系统排水对水体周围区域的环境和水生生物存在较大影响，主要是因为排水与受纳水体之间存在较大的温度差值，会导致水体温度上升或下降，而水生生物的新陈代谢等活动均与水体的温度有关。排水系统的适宜性主要可从两方面分析：一是排水热污染，也即对环境的影响；二是排水对取水可能产生的影响，也即排水对系统的影响。

在一些情况下，除对环境的影响外，排水还对系统具有一定的影响，例如：

（1）对于湖水源热泵系统，当系统负荷超过水体的承载能力或系统长期高负荷运行时，系统排放给湖水的热来不及向周围环境扩散，最终积累下来，体现为湖水温度逐年上升，系统的取水水温升高后，系统的整体能效下降。

（2）系统取水口处于排水口下游或两者之间过于接近，排水口对取水口处的水温产生了影响。

鉴于上述原因，在设计排水系统时应注意：

（1）地表水水源热泵系统中产生的排放水排放到水体时，应符合《污水综合排放标准》（GB 8978）及《地表水环境质量标准》（GB 3838）的相关要求。

（2）地表水在热泵机组换热后温度会提高，应与取水管路隔离或设隔温措施，以避免对取水管路的水温造成不利影响。此外，排水点应设在取水点的下游，以避免对取水水质、水温等造成影响。

（3）地表水水源热泵系统排放水单独直接排放时应设置一定的消能措施，当工程规模较大时，宜设置多点排水。

（4）应对地表水水源热泵系统排放水进行生态环境影响评估。

5.3.4 应用案例

5.3.4.1 南方某综合智慧能源项目

（1）项目概况。项目主要需求为空调冷 / 热和生活热水，用户性质为宾馆和培训中心，该项目充分利用某山庄内水库湖水，建设以 4 台水源热泵机组为主的能源站，为周边三个用户约 6.7 万 m^2 区域提供制冷、采暖和生活热水等能源供应，配置综合能源管控系统，因地制宜构建智慧化供能系统。能源站供冷季冷负荷最大值出现在 16:00 时，冷负荷值为 3354kW。供暖季热负荷最大值出现在 8:00 时，热负荷值为 2241.3kW。本项目生活热水负荷最大值出现在 21:00 时，热负荷值为 469kW。

（2）技术路线。项目利用水库湖水作为冷热源，建设以水源热泵为主的能源站，通过输入电能，实现低品位热能向高品位热能转移的空调系统。系统主要设备包括水源侧循环泵、中介水换热器、中介水循环泵、水源热泵机组、用户侧循环泵等，水源热泵系统如图 5.13 所示。

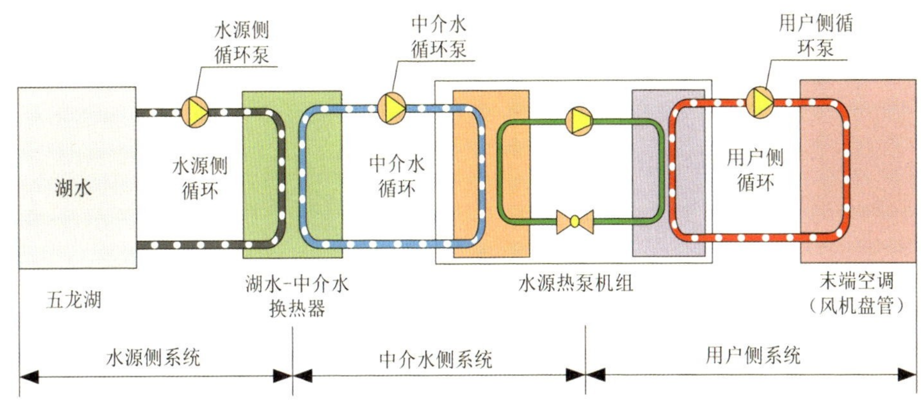

图 5.13　水源热泵系统

空调系统用水源热泵供冷季运行制冷模式，直接供冷工况冷水供 / 回水温度为 6℃ /11℃，蓄冷工况冷水供 / 回水温度为 5℃ /13℃；供暖季运行制热模式，供 / 回水温度为 50℃ /40℃（正常工况与蓄热工况运行模式相同）。

（3）工艺系统主要装机方案。本项目水源热泵空调系统组成主要包括水源热泵机组、冷热双蓄储能罐，通过输入电能，供冷季制取冷水，供暖季制取热水，满足用户冷热负荷需求。同时，冷热双蓄储能罐系统利用谷电蓄冷、峰电放冷，降低运行成本，系统能量流如图 5.14 所示。

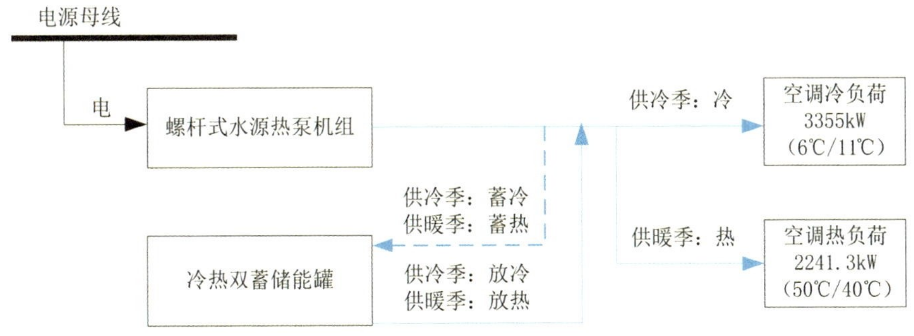

图 5.14　水源热泵空调系统技术方案

水源热泵空调系统通过冬夏季运行模式的切换，仅需一套系统即可满足夏季制冷和冬季制热的需求。根据对本项目各用能建筑物冷热负荷特性分析结果，能源站空调系统供冷总装机容量为2460kW，供暖总装机容量为2445kW。同时，为了降低空调系统运行费用，设置冷热双蓄储能罐，储罐有效容积690m^3，蓄热量为12080kWh，蓄冷量为6440kWh。

（4）预制式撬块能源站建设方案。项目通过结构优化设计和BIM建模三维仿真设计，实现机房的整体最优布局，将能源站内各系统分为12个撬块，各设备撬块在工厂进行预制生产，出厂前进行调试，然后运输至施工现场进行装配安装。施工现场操作简单，主要进行撬块组装、水电连接和系统调试等工作。本项目共有12个撬块，各撬块根据工艺系统功能不同，分别包含热泵机组、水泵、定压补水、水箱、管路和电控设备等。所有撬块在出厂前进行调试后，运输至施工现场直接进行装配安装。能源站撬块规划布置如图5.15所示。

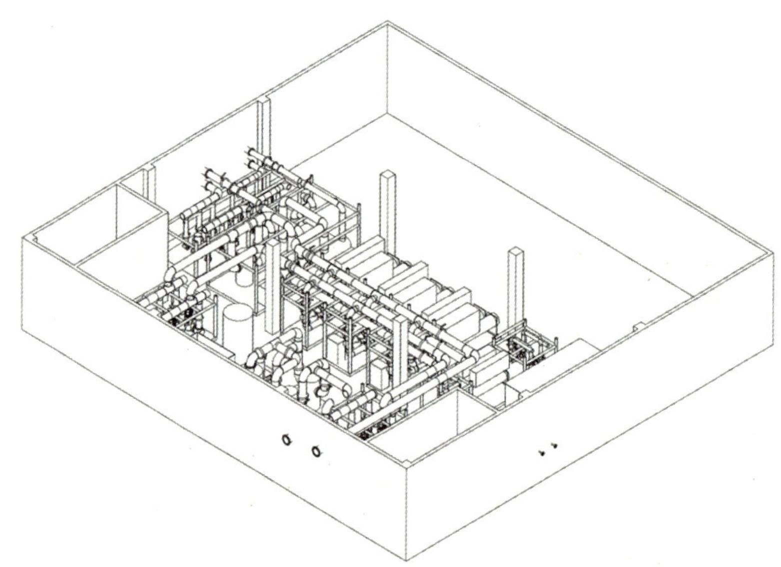

图5.15　能源站撬块规划布置图

5.3.4.2　南方某水源热泵区域供能项目

（1）项目概况。南方某经济开发区水源热泵区域供能项目，供应范围为行政中心及围绕行政中心的商务商贸，总供能建筑面积约为39万m^2。项目利用湖水作为冷热源，采用成熟的水源热泵技术，满足该区域供冷、供暖的需求。水源水管网平面示意图如图5.16所示。

（2）负荷分析。各供能单体供能负荷估算统计见表5.8。

图 5.16　水源水管网平面示意图

表 5.8　各供能单体供能负荷估算统计

服务单体	建筑性质	建筑面积 / m^2	负荷指标 / （W/m^2）		同时使用系数 η	合计 /kW	
			冷指标	热指标		冷负荷	热负荷
城投大厦	公建	50669	110	55	0.7	3902	1951
档案馆	公建	18861	90	55	0.7	1188	726
市民中心	公建	19692	90	55	0.7	1241	758
大剧院	公建	21856	105	55	0.7	1606	841
迎宾馆	公建	19000	100	55	0.7	1330	731.5
市医院北院（三期）	公建	120000	90	55	0.7	7560	4620
城市大厦	公建	120000	95	55	0.7	7980	4620
综合展示馆	公建	20000	90	55	0.7	1260	770
合计		390078				26067	15018

根据该项目各供能单体的负荷模拟结果以及负荷估算结果，工程的冷、热负荷汇总见表 5.9。

表 5.9　冷、热负荷汇总

建筑面积 / 万 m^2	冷负荷 /MW	热负荷 /MW
39	26	15

根据表 5.9 统计可知，热泵综合利用系统供应区域内建筑面积约为 39 万 m^2，供能总冷负荷约为 26MW，总热负荷约为 15MW。

（3）工程技术方案。结合周边供能现状及规划，对比不同供冷供热技术方案的优缺点，最终采用湖水源水源热泵 + 水蓄冷（热）系统实现供暖供冷，并按夏季冷负荷配置 5 台离心式水源热泵机组。湖水取 / 回水夏季设计温度为 32℃ /37℃，负荷侧空调供 / 回水温度为 5℃ /11℃。湖水取 / 回水冬季设计温度为 10℃ /5℃，负荷侧空调供 / 回水温度为 47℃ /41℃。

本项目空调冷负荷为 26000kW，热负荷为 15000kW，夏季按供冷 163 天，每天满负荷运行 10h 考虑；冬季按供热 115 天，每天满负荷运行 10h 考虑，年供能量 59630MWh。

离心式水源热泵机组设备汇总见表 5.10。

表 5.10　离心式水源热泵机组设备汇总

序号	设备名称	型号及规格	单位	数量	备注
1	离心式水源热泵机组	制冷量 4600kW；制热量 5240kW	台	2	上游机
2	离心式水源热泵机组	制冷量 4600kW；制热量 6000kW	台	2	下游机
3	离心式水源热泵机组	制冷量 4600kW；制热量 3800kW	台	1	

（4）取排水方式。项目取水采用虹吸取水方式，取水口设置在湖水上游，在取水头部附近取水管道上设置真空引流罐，通过机房真空泵将真空引流罐中气体排出，开启机房取水泵利用虹吸作用将湖水引入机房水源热泵主机。项目的回水口设置在离取水口较远的下游，确保取水口附近的水温不受回水温度的影响，保障水源热泵机组的工作效率。为避免排水对堤岸的冲刷，在排水口设置了 10 条管道用于多点排水。

（5）效益分析。建设项目购电价格（含税）0.8 元 /kWh，自来水费 2.9 元 /t，供冷供热采用计量收费模式，收费标准为 0.55 元 /kWh。本项目水源热泵空调年折合耗标煤 3744t，年减少粉尘排放 2546t、CO_2 排放 9360t、SO_2 排放 280.8t、NO_x 排放 140.4t。

5.3.4.3　南方某能源站项目

（1）项目概况。项目供能范围包括 A 新城和 B 区，供能面积较大，因此对整个范围划分供能分区，全部为民用建筑冷、热负荷的 A 新城分为 8 个供能分区，规划 8 座能源站；以工业冷、热负荷为主的 B 区分为 2 个供能分区，规划 2 座能源站。

根据气象参数资料，同时考虑到该项目地区冬季采暖习惯，本项目冬季供暖时长为 3 个月，夏季供冷时长为 4.5 个月，能源站规划示意图如图 5.17 所示。

图 5.17　能源站规划示意图

（2）负荷分析。项目供能总建筑面积 2233.53 万 m^2，供能范围内业态包括商业、办公、居民、医院、学校等，其中 A 新城 1 ～ 8 号能源站设计冷热负荷，冷负荷 395.86MW，热负荷 223.12MW，B 区 9 ～ 10 号能源站设计冷热负荷，冷负荷 133.48MW，热负荷 55.58MW。项目投产后，年总供冷量为 292.89 万 GJ，年总供热量为 75.52 万 GJ，供能总量为 368.42 万 GJ。

不同于传统的地下水或地表水水源热泵技术，本项目将能源站附近的电厂循环水作为区域能源站冬季供热的低温热源，利用水源热泵机组制备 55℃ /45℃空调热水，满足供能区域内的冬季热负荷需求；夏季则以能源站配置的冷却塔作为机组的冷却水源，利用冷水机组与冷水热泵机组制备 5℃ /12℃空调冷水，满足供能区域内的夏季冷负荷需求；同时采用水蓄能系统，利用分时峰谷电价来降低系统运行费用。

（3）制冷制热工艺流程。能源站制冷和制热的工艺流程分别如图 5.18、图 5.19 所示，冬季工况下，从凝汽器出来的电厂循环水经过水泵加压后，通过循环水管网从电厂送至区域能源站机房，经水源热泵蒸发器换热后，通过回水管网返回电厂，再进入到凝汽器吸热，而供暖回水经循环水泵增压后进入热泵机组冷凝器侧实现升温，并经供能管网输送至各用户；夏季工况下，能源站采用冷水机组和水源热泵机组制冷，利用能源站冷却塔冷却，空调冷冻水回水经循环水泵增压后进入机组蒸发器侧实现降温，并经供能管网输送至各用户。由于水源热泵的冷、热源温度全年较为稳定，使得系统制冷、制热系数可达 3.5 ~ 5.0，且没有传统水源热泵的取排水问题。

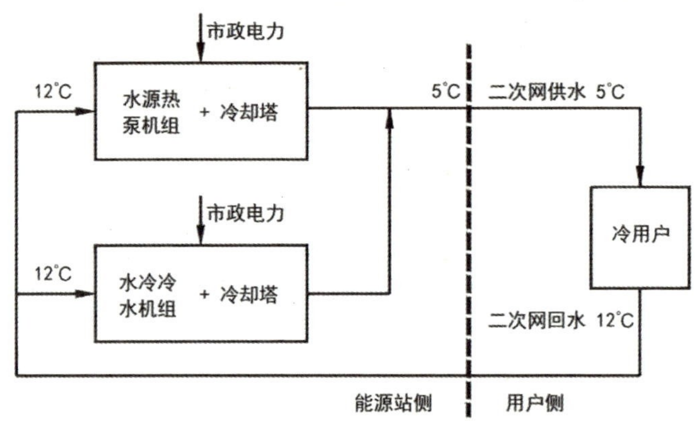

图 5.18　能源站夏季制冷流程示意图

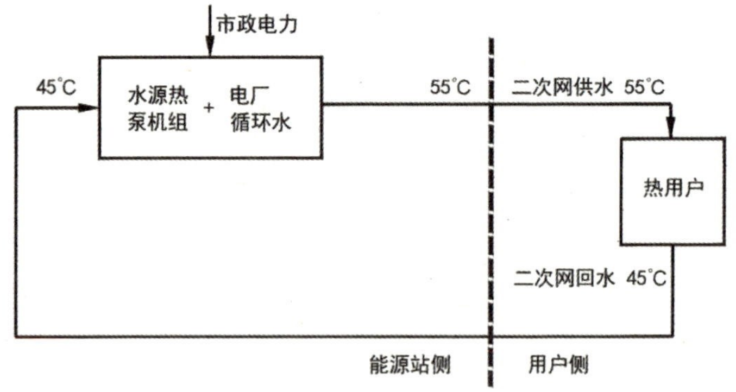

图 5.19　能源站冬季制热流程示意图

（4）工程工况参数。本工程工况参数统计如下所示。

1）夏季直接供冷工况：冷却水供回水温度设定为 32℃ /37℃，冷冻水供回水温度设定为 5℃ /12℃。

2）夏季水蓄冷工况：冷却水供回水温度设定为 32℃ /37℃，机组冷冻水供回水温度设定为 3℃ /10℃，蓄冷水箱进出水温度设定为 4℃ /11℃。

3）夏季蓄冷水箱供冷工况：蓄冷水箱进出水温度设定为 11℃ /4℃，冷冻水供 / 回水温度设定为 5℃ /12℃。

4）冬季直接供热工况：电厂循环水温度设定为 25℃ /10℃，热水供回水温度设定为 55℃ /45℃。

5）冬季蓄热工况：电厂循环水温度设定为 25℃ /10℃，机组热水供回水温度设定为 57℃ /47℃，蓄热水箱进出水温度设定为 56℃ /46℃。

6）冬季蓄热水箱供热工况：蓄热水箱进出水温度设定为 46℃ /56℃，热水供回水温度设定为 55℃ /45℃。

（5）项目能源站装机方案。按照能源站分阶段建设原则，以 3 号能源站为例，设计日峰值冷负荷 39.61MW，设计日峰值热负荷 23.10MW。通过对供冷供热设计日运行策略进行分析，热泵机组按如下配置：1 台双工况热泵机组、2 台热泵机组 A、2 台热泵机组 B、1 台冷水机组，总装机冷负荷 32MW，装机热负荷 28MW。3 号能源站的热泵机组配置及主机配置分别见表 5.11、表 5.12。

表 5.11 3 号能源站热泵机组配置汇总表

<table>
<tr><th rowspan="2">主机类型</th><th colspan="2">蓄热工况</th><th rowspan="2">最大主机供热需求量 / MW</th><th rowspan="2">单台供热量 / MW</th><th rowspan="2">单台蓄热量 / MW</th><th rowspan="2">台数 / 台</th><th rowspan="2">主机供热能力 / MW</th><th rowspan="2">主机蓄热能力 / MW</th></tr>
<tr><th>供热需求量 / MW</th><th>蓄热需求量 / MW</th></tr>
<tr><td>双工况热泵机组</td><td rowspan="4">16.31</td><td rowspan="4">7</td><td rowspan="4">23.1</td><td>7</td><td>7</td><td>1</td><td rowspan="4">28</td><td rowspan="4">7</td></tr>
<tr><td>热泵机组 A</td><td>7</td><td>—</td><td>2</td></tr>
<tr><td>热泵机组 B</td><td>3.5</td><td>—</td><td>2</td></tr>
<tr><td>冷水机组</td><td>—</td><td>—</td><td>1</td></tr>
</table>

表 5.12 3 号能源站主机配置汇总表

<table>
<tr><th rowspan="2">主机类型</th><th colspan="2">蓄冷工况</th><th rowspan="2">最大主机供冷需求量 / MW</th><th rowspan="2">单台供冷量 / MW</th><th rowspan="2">单台蓄冷量 / MW</th><th rowspan="2">台数 / 台</th><th rowspan="2">主机供冷能力 / MW</th><th rowspan="2">蓄冷能力 / MW</th></tr>
<tr><th>供冷需求量 / MW</th><th>蓄冷需求量 / MW</th></tr>
<tr><td>双工况热泵机组</td><td>18.4</td><td>6.5</td><td>32</td><td>6.5</td><td>6.5</td><td>1</td><td>32</td><td>6.5</td></tr>
</table>

续表

主机类型	蓄冷工况		最大主机供冷需求量 / MW	单台供冷量 / MW	单台蓄冷量 / MW	台数 / 台	主机供冷能力 / MW	蓄冷能力 / MW
	供冷需求量 / MW	蓄冷需求量 / MW						
热泵机组 A	18.4	6.5	6.5	6.5	—	2	32	6.5
热泵机组 B				3	—	2		
冷水机组				6.5	—	1		

5.4 地源热泵

5.4.1 原理

地源热泵系统与地下水源热泵系统类似，只是其能量采集系统形式为地埋管换热系统，从浅层岩土中取热或向其排热，运行效率高，运行稳定，适合集中式及分散式供热，也能满足夏季制冷。冬季，热泵机组通过地下埋管吸收土壤中（热源）的热量，热量最终通过冷凝器转化为热水，通过循环水泵输送至空调末端对用能建筑进行供暖；夏季，来自热泵机组排放的热量在冷凝器中被传热介质带走，排放到土壤中（热汇）。土壤源热泵系统一般由土壤换热器、水源热泵机组（水 - 空气热泵机组、水 - 水热泵机组）以及空调末端系统组成。地源热泵系统示意图如图 5.20 所示。

图 5.20　地源热泵系统示意图（垂直埋管）

5.4.2　技术特点

地源热泵系统降低了对水文地质的要求，原则上任何地质条件都可以应用，但有安装场地要求及钻井许可，较适宜于土壤比较松软的地区，不适合于岩石比较多的地区。但是在不同的地质条件下埋设换热管的成本差异很大，在岩石层或者颗粒较大的卵石层埋设换热管的造价很高，在黏土层或细砂层埋设换热管的造价就较低。根据表 5.13 可以初步判断一个地区是否适合应用地源热泵。

表 5.13　地源热泵适宜性区域判断

分区	分区指标（地表以下 200m 范围内）			综合评价标准
	第四系厚度 / m	卵石层总厚度 / m	含水层总厚度 / m	
适宜区	>100	<5	>30	三项指标均应满足
较适宜区	<30 或 50 ～ 100	5 ～ 10	10 ～ 30	适宜区和不适宜区之外的区域
不适宜区	30 ～ 50	>10	<10	至少两项指标应符合

5.4.2.1　地源热泵系统埋管方式

地源热泵系统的地埋管换热器根据地下盘管的敷设方式可以分为水平埋管和垂直埋管两大类，如图 5.21 所示。目前，地埋管换热器一般多采用垂直埋管方式。

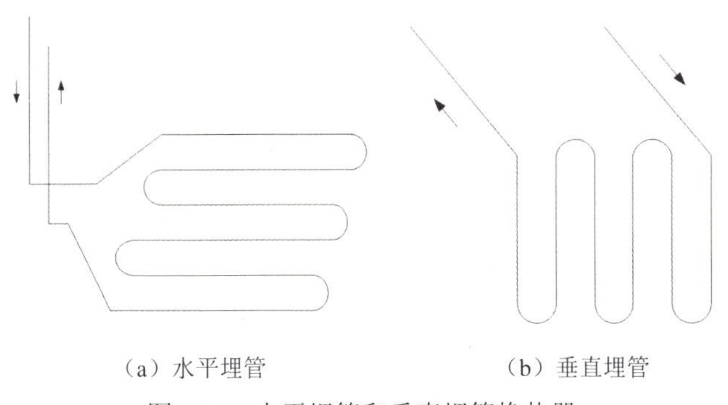

（a）水平埋管　　（b）垂直埋管

图 5.21　水平埋管和垂直埋管换热器

（1）水平埋管。水平埋管方式适用于浅层软土地区，埋深浅，一般 3 ～ 15m 左右，地下岩土冬夏热平衡较稳定，冬夏交替期间，可充分利用地层的自然恢复能力，保持地层稳定，且水平埋管造价低。但传热特性一定程度易受到季节气候影响，占地面积同垂直埋管相比较大。

水平埋管按照埋设方式常见的有：单环路或双环路、双环路或四环路、三环路，如图 5.22 所示。按照管型的不同，分为直管和螺旋管。

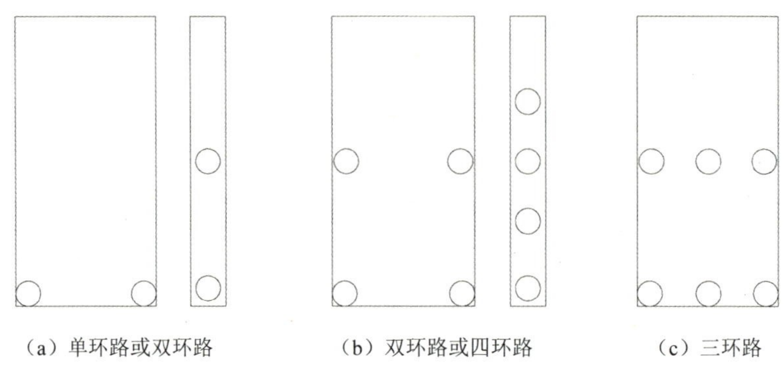

（a）单环路或双环路　（b）双环路或四环路　（c）三环路

图 5.22　常见的水平埋管土壤换热器形式

（2）垂直埋管。垂直埋管方式通常以 U 形管为主，目前使用较多的为单 U 形管和双 U 形管，如图 5.23 所示。垂直埋管方式中，井深一般为 20 ～ 100m，也可以细分为：浅埋型 $H \leqslant 30$m，中埋型 31m $\leqslant H \leqslant$ 80m，深埋型 $H>80$m。

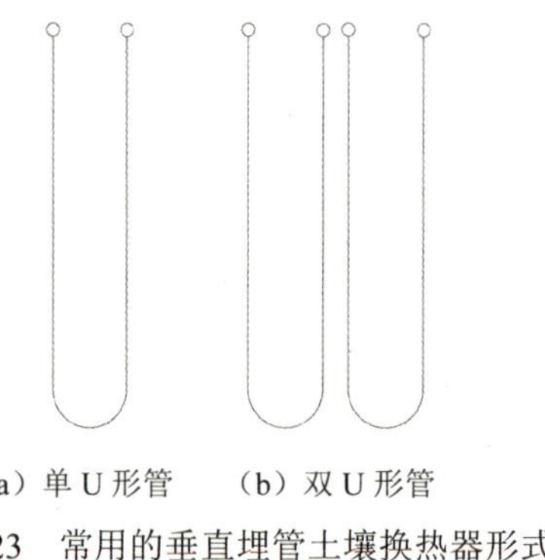

（a）单 U 形管　（b）双 U 形管

图 5.23　常用的垂直埋管土壤换热器形式

同水平埋管方式相比，垂直埋管占地面积小，开挖量大，钻孔费用及初投资高，且对埋管的性能质量要求高。

5.4.2.2　地埋管换热器的连接方式

土壤换热器各钻井之间可以采用串联方式连接，也可以采用并联方式连接，如图 5.24 所示。串联方式中，管路管径大，单位长度热交换能力比并联高，每个环路的传热量不同，由于只有一个流体通道，管内不易积存空气，但因为系统管径大，需要更多的防冻液，另外管道不能太长，否则阻力损失大，可靠性会降低，串联方式主要适用于浅埋管系统；并联管路每个环路的传热量相同，多个流体通道，管径较小，所需的防冻液也较少，适用于中、深埋管系统。

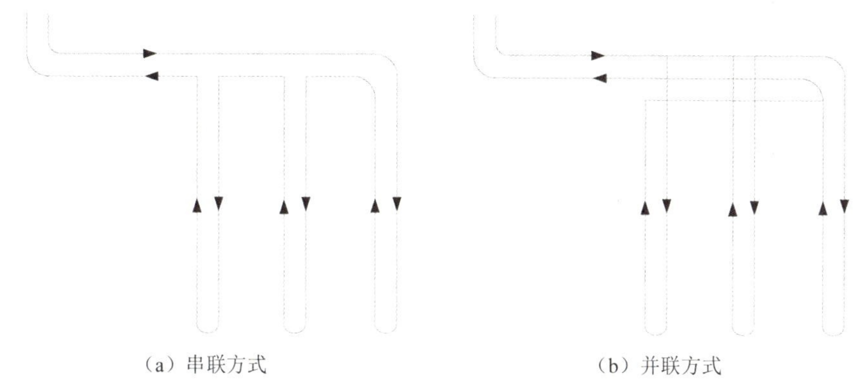

图 5.24　换热器循环管路连接方式

5.4.2.3　土壤换热器管材的选择

土壤换热器管材的选取对初投资、维护费用、热泵的性能等都有影响，管道泄漏可能产生污染，换热器在埋入地下后，维修及更换很困难，管材要具有耐腐蚀、承高压、导热系数大、流动阻力小，且工作温度范围不小于 –20℃～50℃等特点，因此在设计时必须认真选择。目前工程中，宜采用聚乙烯管（PE 80 或 PE 100），或者聚丁烯管（PB），聚乙烯管应符合《给水用聚乙烯（PE）管道系统 第 2 部分：管材》（GB/T 13663.2）的要求，PB 管应符合《冷热水用聚丁烯（PB）管道系统 第 2 部分：管材》（GB/T 19473.2）的要求。管材的公称压力不应小于 1.0MPa。

常见埋管管材的导热系数见表 5.14。

表 5.14　常见埋管管材的导热系数

埋管类型	符号	导热系数 /[W/（m·K）]
低密度聚乙烯管	PE	0.14 ～ 0.19
高密度聚乙烯管	HDPE	0.35
聚丁烯管	PB	0.43 ～ 0.52
聚丙烯管	PR-R	0.24

续表

埋管类型	符号	导热系数 /[W/（m·K）]
聚氯乙烯管	PVC	0.23
铝塑管	PAP	0.45

5.4.2.4　土壤换热器循环介质

在工程实践中，应优选水作为传热介质，也可选择符合以下要求的传热介质：

（1）价格低廉、易于购买。

（2）良好的传热特性、黏度低、流动阻力小。

（3）凝固点低（对存在可能冻结的地区，应在传热介质中添加防冻液）。

（4）腐蚀性低，与换热器管材无化学反应。

常见的循环介质有氯化钙溶液、甲醇溶液、乙二醇溶液、丙醇溶液、氯化钠溶液、乙醇溶液等。

5.4.2.5　热物性测试

岩土体的热导率、比热容、初始温度等是进行土壤源热泵系统设计的关键参数，关键参数不准确，会导致机组额定容量达不到实际负荷要求，空调效果差，或者设计额定容量过大，造成初投资高。《地源热泵系统工程技术规范》（GB 50366）明确提出在地源热泵系统设计前，必须进行岩土热响应试验，获得比较准确的设计参数。

5.4.2.6　优缺点

土壤源热泵系统同空气源热泵相比，冬季不存在除霜问题，不易受环境空气温度变化的影响，日常维护简单，清洁高效。但初投资高，土建埋管工作量大，成本高，土壤换热器投资约占系统投资的 20% ～ 30%。土壤的导热率较小，单位管长放热量仅为 20 ～ 40W/m，当土壤换热器换热量很大时，换热器的占地面积很大。此外，土壤换热器与土壤间的换热，应保证吸放热平衡，一是防止土壤温降过高（过低），二是防止出现热泵机组能效下降。

根据国家能源局综合司发布的《关于促进可再生能源供热的意见》，对各类能源供暖的技术经济性进行了比较，按照北京地区采暖用热量、电价、燃料价格等测算，土壤源热泵系统单位初投资约 150 元 /m^2，在居民电价 0.48 元 /kWh 时，供热成本约 25 元 /m^2；中深层地热系统单位初投资约 180 元 /m^2，同等居民用电价格时，供热成本约 20 元 /m^2。

5.4.3　应用案例

（1）项目概况。该项目建筑物地上 19 层、地下 1 层，总建筑面积 2.6 万 m^2，空调面积 1.9 万 m^2，建筑高度 71m。空调室内设计参数见表 5.15。

表 5.15　空调室内设计参数

房间名称	夏季		冬季		新风 / [m^3/（h·P）]	噪声 / [dB（A）]
	温度 / ℃	相对湿度 / %	温度 / ℃	相对湿度 / %		
办公室	25	<65	20	>35	30	<50
会议室	25	<65	20	>35	25	<50
餐厅	26	<65	20	>35	30	<50
大厅	26	<65	20	>35	20	<50

埋管地点的地质状况、气候特征和建筑物的负荷变化状况均会影响换热器的换热，地下岩土的热物性对传热的影响很大，该项目钻孔勘察结果见表 5.16。

表 5.16　地质资料

地层标高 /m	主要土类
–10.17	黏土、淤泥
–21.27	淤泥、粉质黏土
–30.87	黏土
–36.697	黏土
–51.07	粉质黏土
–55.77	粉砂、粉质黏土
–66.07	粉砂、粉质黏土、圆砾
–70.87	黏土

（2）空调设计方案。工程由两个系统组成：系统一由 5 台 A 品牌原装进口的热泵机组组成，单台制冷量为 88kW；系统二由 2 台 B 品牌热泵机组组成，单台制冷量为 968kW。系统一的 5 台小机组冬季和夏季的制热制冷转换，通过机组内置的电动四通换向阀转换制冷剂的流向来达到制热制冷转换；系统二的 2 台大机组通过外面设置的手动阀门切换冷冻水和冷却水来实现制冷制热转换。

（3）室外垂直换热器设计。经过设计计算，总埋管长度 54625m，打井数量 370 口，分为 14 组（每组约为 26 口），井间距为 5m，管井直径为 DN110，井深 73m，采用 DN32 的 U 形垂直埋管换热器，因冬季室外气温较高，冬季冻土深度较浅，循环介质选择水。

（4）节能分析。冬季地热源侧的出水温度稳定在 11℃～13℃，热泵机组能效比达 4.0 以上。夏季土壤源热泵空调系统冷却水进 / 出水温度为 27.2℃ /32.8℃，与冷却水进 / 出水温度为 32℃ /37℃的常规空调机组相比，50% 负荷运行时，机组能耗要节约 60%；70% 负荷运行时，机组能耗要节约 35%；满负荷运行时，机组能耗要节约 15%。

5.5 主要产品

蒸气压缩式热泵机组的压缩机种类很多，根据工作原理的不同可分为容积型和速度型。容积型分为往复式压缩机和回转式压缩机，其中回转式压缩机又可分为滚动转子、涡旋和螺杆式。速度型压缩机有离心式和轴流式。对于空气源热泵而言，由于离心式压缩机不适用工况差异较大的环境且其容量难以与四通换向阀相匹配等原因，空气源热泵较少采用离心式压缩机，通常优选涡旋式和螺杆式压缩机；而水（地）源热泵系统中应用较多的为螺杆式和离心式压缩机。

目前，主要的热泵供应厂家有格力、美的、海尔、海信、约克、开利、特灵、麦克维尔、顿汉布什等，各厂商均有其对应的产品技术特点，热泵机组的选择应根据项目实际情况，并结合不同生产厂商设备的技术特点，经技术经济性比选后确定，多数情况下，可要求厂家进行配合选型。

参考文献

[1] 倪龙．热泵助力碳中和白皮书 [M]．北京：中国节能协会热泵专业委员会，2021．

[2] 马最良．暖通空调热泵技术 [M]．北京：中国建筑工业出版社，2008．

[3] 关文吉．建筑热能动力设计手册 [M]．北京：中国建筑工业出版社，2015．

[4] 中国电子工程设计院．空气调节设计手册 [M]．3 版．北京：中国建筑工业出版社，2017.

[5] 陆耀庆．实用供热空调设计手册 [M]．2 版．北京：中国建筑工业出版社，2007.

[6] 马最良．姚杨．民用建筑空调设计 [M]．2 版．北京：化学工业出版社，2011.

[7] 江亿，胡姗．中国建筑部门实现碳中和的路径 [J]．暖通空调，2021，51（5）：1-13.

[8] 姚杨，马最良．浅议热泵定义 [J]．暖通空调，2002，32（3）：33.

[9] 陆亚俊，马最良，邹平华．暖通空调热泵技术 [M]．北京：中国建筑工业出版社，2007.

[10] 中华人民共和国住房和城乡建设部．民用建筑热工设计规范：GB 50176—2016[S]．北京：中国建筑工业出版社，2016.

[11] 中华人民共和国住房和城乡建设部．绿色建筑评价标准：GB/T 50378—2019[S]．北京：中国建筑工业出版社，2019.

[12] 国家环境保护局．污水综合排放标准：GB 8978—1996[S]．北京：中国标准出版社，1996.

[13] 中华人民共和国国家质量监督检验检疫总局．地表水环境质量标准：GB 3838—2002[S]．北京：中国环境出版集团，2019.

[14] 中华人民共和国建设部．地源热泵系统工程技术规范：GB 50366—2006[S]．北京：中国建筑工业出版社，2009.

[15] 中华人民共和国国家质量监督检验检疫总局．给水用聚乙烯（PE）管道系统 第 2 部分：管材：GB/T 13663.2—2018[S]．北京：中国标准出版社，2018.

[16] 中华人民共和国国家质量监督检验检疫总局．冷热水用聚丁烯（PB）管道系统 第 2 部分：管材：GB/T 19473.2—2020[S]．北京：中国标准出版社，2020.

第 6 章　智慧用电技术

6.1 充电技术

随着电力电子技术及功率变换器件应用技术的发展，充电技术经历了从相控变换技术到高频变换技术两个时代，多种拓扑结构的高频变换技术和 IGBT、MOSFET 功率变换器件的应用技术得到广泛应用，适用于各种充电需求的充电设施应运而生。

按照输出电压不同，充电技术分为直流充电技术和交流充电技术。一般来说，直流充电技术为快充技术，可以实现动力电池短时间内的快速充电。交流充电技术为慢充技术，充电时间较长。

6.1.1 原理

采用传导方式将电网交流电能变换为直流电能，为电动汽车动力电池补充能量。安装于公共建筑（公共楼宇、商场、公共停车场等）和居民小区停车场或充电站内，为电动汽车的动力电池充电的设备即为充电桩。提供交流电能的为交流充电桩，提供直流电能的为直流充电桩。

按照安装位置不同，将固定安装在电动汽车上的充电机称为车载充电机，固定安装在电动汽车外的充电机称为非车载充电机。电动汽车智能充电系统拓扑图如图 6.1 所示。

6.1.2 技术特点

根据充电方式不同，电动汽车充电可分为快速充电、常规充电和无线充电。快速充电方式特点：一般充电功率在 30kW 以上，可以实现 10 ～ 30 分钟内充满电，一般用作需要在短时间内快速补充电能的汽车，或者需要长时间行驶的汽车。常规充电方式特点：充电电流较低，通常由标准电网电源供电，用户可以自行操作充电，使用较为方便。无线充电方式特点：电动车与充电装置之间无直接接触，利用变压器原理将电能感应至电动汽车电池进行充电。

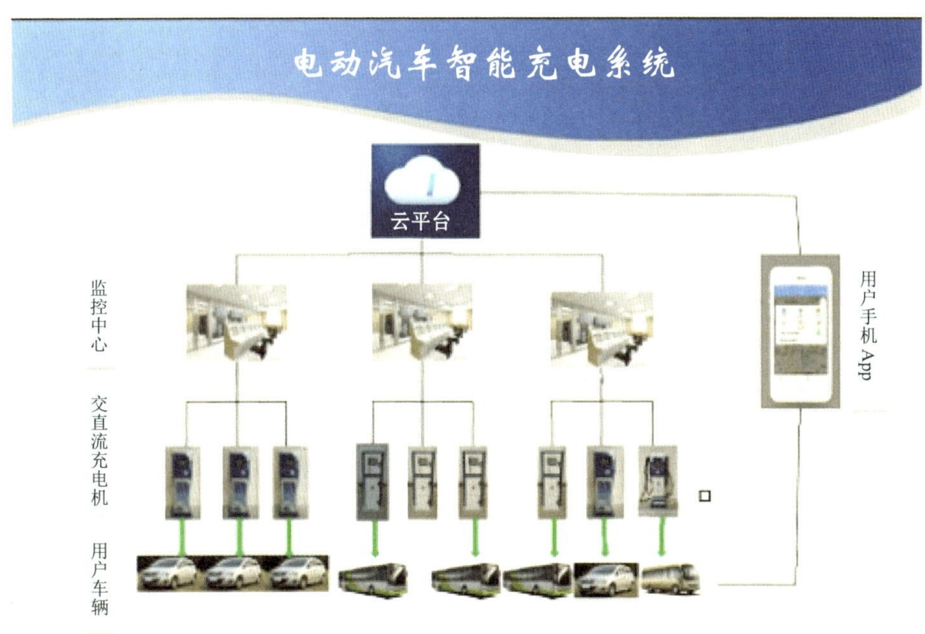

图6.1　电动汽车智能充电系统拓扑图

6.1.2.1　充电设施分类

根据设备输出特性不同，充电设施可分为交流充电桩、直流充电桩。

根据设备结构不同，充电设施又可分为一体式充电设备、分体式充电设备。

按照应用场合不同，充电设施可以分为公交车充电站、专用充电桩、公共充电站、公共充电桩。

充电设施实物如图6.2所示。

6.1.2.2　当前国内、外技术水平

在国外，美国、日本电动汽车用户以“居家充电”为主，公用充电为辅；而法国以充电站为主。目前，充电技术主要是在超级快充方面的突破，在充电速度上要实现15分钟充电80%的目标。达到这种目标的充电设施功率都高达350kW以上，充电电压高达800V，同时需采用液冷充电枪。

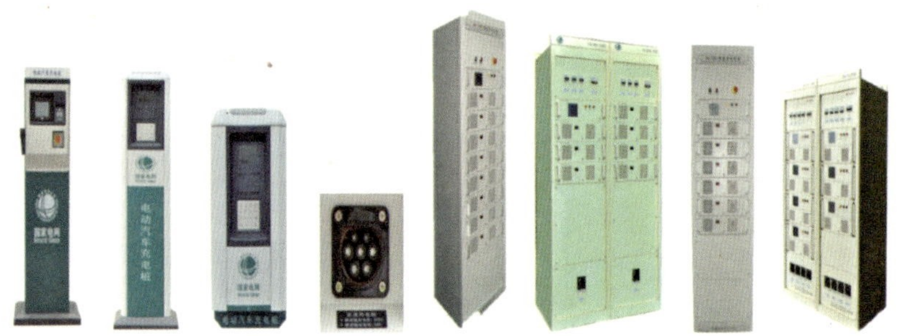

图 6.2　充电设施实物

在国内，目前主要是大功率群充技术及 V2G（Vehicle to Grid）技术。大功率群充技术，利用矩阵式智能负荷分配技术，同时满足不同规格电动汽车的充电需求，实现“白天快速补电、夜间慢速充电”，可以大幅减少充电设施成本，实现经济效益最大化。V2G 技术，即电动汽车的能力在受控状态下实现与电网之间的双向互动和交换。电动汽车不仅作为用户和电力消费体，同时，在电动汽车闲置状态时作为绿色移动储能单元接入电网，为电网提供电力。

6.1.2.3　国内市场应用情况

（1）乘用车大电流充电机。受车辆制约因素的影响，乘用车大电流充电机处于试点应用阶段；而大电流充电机的充电接口标准正在制定中。同时，大电流充电机的成本较高，经济效益比较差。目前国内很少有应用案例。

（2）大功率群充系统。大功率（300 ～ 600kW）群充系统，利用矩阵式智能负荷分配技术，同时满足不同规格电动汽车的充电需求，可以大幅减少充电设施成本，实现经济效益最大化。目前在国内公交场站应用比较广泛。

（3）风光储充一体化充电站。基于直流母线技术，将风电、光伏系统、储能系统接入直流母线，将直流发电、储能及其他直流元素柔性融合，直接进行能量交换，从而提升站内能量的利用效率，减少对电网的冲击，并可运行在并网、离网模式。目前在国内应用较为广泛。

风光储充一体化电站的拓扑结构和现场实景分别如图 6.3 和图 6.4 所示。

6.1.2.4　技术难点及发展趋势

（1）大电流充电技术。技术难点及主要发展趋势包括大电流充电连接组件、冷却技术、温度监测技术、充电通信控制技术等。目前成本较高，且没有相关的技术标准规范可以参考。

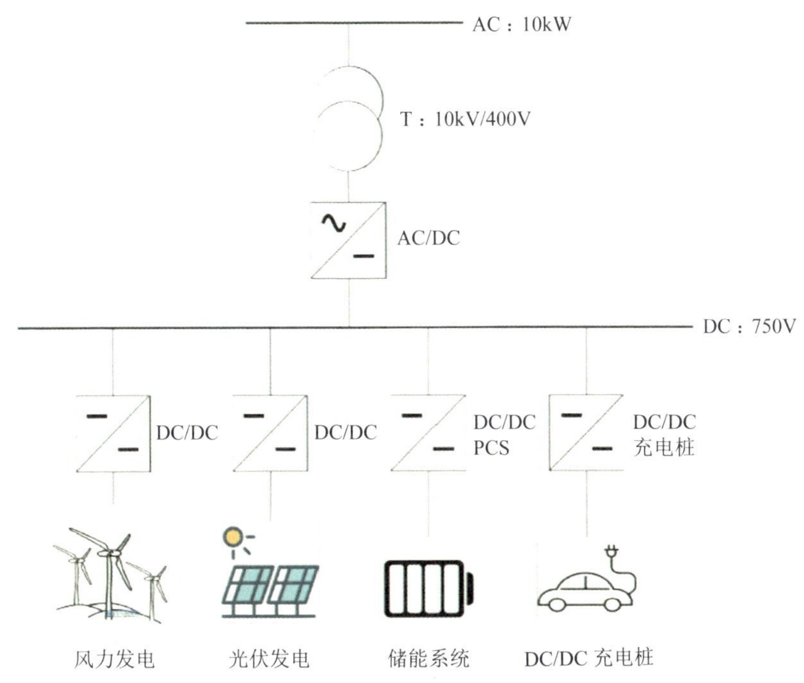

图 6.3　风光储充一体化电站拓扑结构

图 6.4　某风光储充一体化充电站现场实景

（2）小功率直流充电技术。作为新型充电技术，可以简化电动汽车充电系统设计，降低电动汽车和充电设施整体社会成本。同时也为未来的大范围电能双向互动奠定基础。目前难点在于小功率充电通信协议不统一，兼容困难。

（3）V2G 技术。是电动汽车充电设施今后的发展方向，随着电动汽车和充电设施建设和运行规模的不断扩大，电动汽车双向充放电的需求逐步开始显现。

（4）无线充电技术。无线充电技术与传导式充电技术相比具有诸多优点：充电方式易操作，空间利用率高，占用空间小，无须人员值守，无须敷设电缆，避免人为破坏等。无线充电技术将应用于个人充电车位或长时间停放的半公共区域车位，以及部分公交线路站点。无线充电技术难点主要是无线充电效率的提升。

电动汽车无线充电系统如图 6.5 所示。

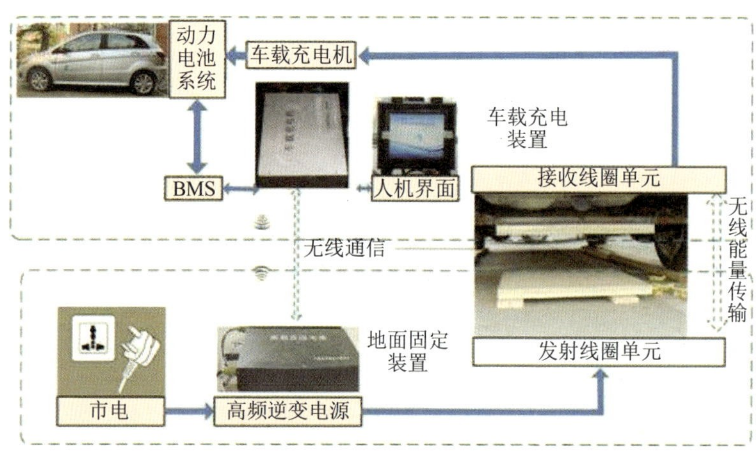

图 6.5　电动汽车无线充电系统

6.1.3　经济性

6.1.3.1　投资及运行费用

（1）公交车充电站。公交车充电站的整站建设成本在 2.5 元 /W 左右，即每千瓦的充电机的投资成本在 2500 元左右。以华东某公交充电站为例，充电服务费 0.6 元 /kWh，充电效率为 90%，电价 0.68 元 /kWh 测算，每天充电 4 小时，每天的收益是 $4\times[0.6-0.68\times(1/0.9-1)]=2.10$ 元，每年收入 765.7 元，约 3.3 年收回投资。

（2）公共充电站。公共充电站的投资成本和公交车充电站相同。投资回收期受充电站位置、停车费、充电时长等较多因素的影响，区别较大。以华北某充电站为例，充电服务费 0.6 元 /kWh，充电效率在 90%，电价 1.06 元 /kWh，每天充电 4 小时，每天的收益是 4×[0.6–1.06×(1/0.9–1)]=1.93 元，每年收入 704 元，约 3.55 年收回投资。

6.1.3.2　环保和社会效益

大力发展电动汽车，能够加快燃油替代，减少汽车尾气排放，对保障能源安全、促进节能减排、防治大气污染，推动我国从汽车大国迈向汽车强国具有重要意义。完善的充电基础设施体系是电动汽车普及的重要保障。

进一步大力推进充电基础设施建设，是当前加快电动汽车推广应用的紧迫任务，也是推进能源消费革命的一项重要战略举措。

6.1.4　应用案例

（1）南方某 P+R 充电站。该充电站由当地电网公司投资建设，配置智能充电设施，已投入商业运营。

应用场景：城市公共快充站。

服务车型：出租车、网约车、私家车。

设备类型：168 台 42kW 交流充电桩、32 台 60kW 一体化直流充电机。

建设成本：1538.4 万元（直流按 2.5 元 /W 测算，交流按 1.5 元 /W 测算）。

运营成本：3.16 万元 / 月（损耗，直流按充电量的 10%，交流没有损耗。充电量按每个桩 5 小时测算。配置 4 名运营人员，每人工资按 3000 元 / 月测算）。

收益模式：按照每千瓦时收取充电服务费方式收益。

环保和社会效益：每天可充电 44880kWh，每年可减少 CO_2 排放物 15683.19t，CO 排放物 104.72t，HC 排放物 6.92t，NO_x 排放物 6.28t，PM 排放物 0.52t。

P+R 停车场的建成，减少了中心城区通勤小汽车流量、缓解了中心城区道路交通拥堵及停车压力。在 P+R 模式基础上，充电站的增加，进一步解决了新能源车主的续航问题、有效均衡电网负荷，让市民畅享智能电力。该充电站实景如图 6.6 所示。

图 6.6　南方某 P+R 充电站实景图

（2）南方某高速充电站。南方某高速充电站由当地电网公司投资建设，配置智能充电设施，已投入商业运营。该项目在高速公路共建设 11 个快速充电站（含 2 个城市示范站）、40 个充电桩，沿途平均 65km 就建设一个充电站。

应用场景：高速快充站。

服务车型：私家车。

设备类型：40 台 60kW 一体化直流充电机。

建设成本：600 万元。

本站运营成本：0.49 万 / 月（无人值守，充电按 1 小时测算）。

收益模式：按照每千瓦时收取充电服务费方式收益。

环保和社会效益：每天可充电 2400kWh，每年可减少 CO_2 排放物 838.67t，CO 排放物 5.6t，HC 排放物 0.37t，NO_x 排放物 0.34t，PM 排放物 0.03t。

该高速充电站有效解决了私家车新能源车主的续航问题，让市民无忧出行。

6.2　充换电池技术

为缩短客户能量补给时间，降低车主购置费用，同时最大限度地延缓电池使用寿命，2010 年国网公司在河南许昌召开“电动汽车充电设施建设方案调整工作汇报会”，提出了“换电为主、插充为辅、集中充电、统一配送”的指导思想，通过智能电网、物联网和交通网的三网融合，实现对电动汽车用户跨区域全覆盖。

6.2.1　原理

利用 RFID、传感器、图像识别等技术，通过 GPRS/3G、Wi-Fi、Internet 等通信手段，将具有身份标识的电动汽车、动力电池、充电设施、换电设备、用户车主、智能电网等相关主体进行互联，通过集中型充电站对大量电池集中存储、集中充电、统一配送，并在电池配送站内对电动汽车进行电池更换服务或者集电池的充电、物流调配以及换电服务于一体。电动汽车换电工作原理如图 6.7 所示。

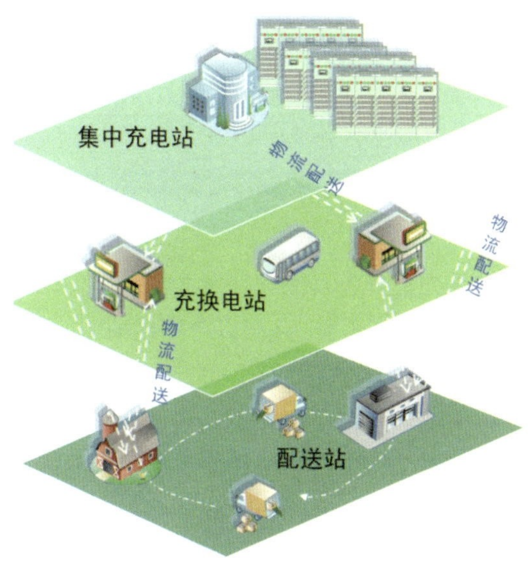

图 6.7　电动汽车换电工作原理图

6.2.2　技术特点

根据换电时接触和导向的方式，换电实现形式可采用对插式和端面式。

6.2.2.1　设备分类

典型的充换电站系统一般包括充电系统、电池转运系统、换电设备等三部分。充电系统主要设备有分箱式充电机、充电架；电池转运系统主要设备有电池转运箱、装卸设备、配送车；换电设备根据服务车型不同，可分为公交车换电设备和乘用车换电设备，根据电池安装位置不同可分为底盘换电和非底盘换电设备。充换电设备类型如图 6.8 所示。

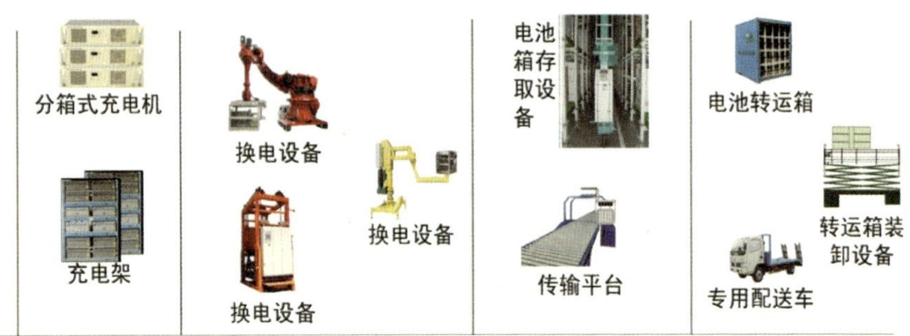

图 6.8　充换电设备图

通过设备不同的组合与配置，可灵活构建“集中充电站、充换电站、配送站”等不同建设主体。

6.2.2.2　国外市场应用情况

在国外，丹麦、以色列、澳大利亚和加拿大等国率先推广使用换电模式，其中最具代表性的是 Better Place 公司，其在以色列建成了 38 个换电站，但是在巨额的建站成本和极低回报率的情况下，该公司宣布破产，相应的换电业务也宣告终止。美国特斯拉公司在其电动车“Models”中设计了既支持插充也支持换电的模式，在设计时可以实现 90s 的快速换电。但是由于产业链整合难度大、建站投入高但收益极微，特斯拉也宣告放弃换电模式。目前，国外新能源汽车市场插充仍是主流，换电模式仍有很长一段路要走。

6.2.2.3　国内市场应用情况

国内新能源汽车从最初的插充模式到后来的换电模式，再到最终的充换电并举的格局。目前，国内新能源汽车能源供给方式主要以充电桩充电模式为主，换电模式主要应用于出租、公交等领域。汲取了 Better Place 公司和特斯拉公司的经验教训，国内换电模式发展稳中求胜，首先在出租车领域站稳脚跟，后向营运车辆扩展，并逐步推向个人用车。

6.2.2.4　技术难点及发展趋势

虽然换电模式具有诸多优点并且一度受到国家电网与南方电网的大力推崇，

但从 2012 年以来的发展情况看，换电模式似乎进入瓶颈时期。随着换电模式建设的不断开展，这一模式存在的问题也日益突出：

（1）电池技术与投资成本。现阶段电池产业处于发展初期，电池能量密度低，续驶里程短，寿命周期短。在现有电池技术水平下推行换电方式，电池投资高，将会给换电站投资商带来很大负担。

（2）换电模式标准体系建设。当前电动汽车换电相关技术标准 / 规范主要由中国电力企业联合会、国家电网公司联合制定，包括《电动汽车电池更换站设计规范》（GB/T 51077—2015）、《电动汽车充换电设施供电系统技术规范》（NB/T 33018—2015）、《电动汽车充换电设施运行管理规定》（NB/T 33019—2021）等。但是由于不同厂家生产的电池和电动汽车在尺寸、接口和布置方式等方面不统一，这给换电模式的统一标准化操作带来了很大的困难，因此，亟须完善与换电模式相配套的标准体系。

（3）换电网络建设。对于用户而言，换电模式的主要优势在于其能源更新的便利性，但是在现实中其便利性更有赖于密集布点的规模化换电网络，这也意味着超大规模的投资要求，在目前其商业模式可行性仍需进一步论证的环境下，其规模化建设经济性较差。

可以看出，现阶段电动汽车换电模式的应用仍面临较多问题，就目前的技术水平、标准体系和相关法律、配套商业模式而言，还不足以支撑该模式的大规模应用。

6.2.3　应用案例

（1）项目介绍。华东某充换电站建设 6 个工位，可满足 6 辆 12m 长公交车的同时换电需求。换电机器人从电动公交车上取出电池，放回电池架充电，再取出满电池送入公交车电池箱，用时总共 7 分钟。

该站每天额定服务 200 辆电动公交车，实际每天服务 450 辆电动公交车，其实景图如图 6.9 所示。日均换电 804 次，日均换电量 92860kWh，单次平均换电量 113kWh，换电车辆日平均行驶里程 183km，每千米用电 1.03kWh。

（2）运行成本介绍。该充换电站对公交运营单位按照出口电量进行收费，并采用比燃油车千米燃料成本低 0.05 元的优惠价格，折合为电池度作为收费依据。

（3）环保和社会效益。该充换电站每年可减少 CO_2 排放 28583.66t，CO 排放

173.7t，HC 排放 51.57t，NO_x 排放 231.48t，PM 排放 2.31t。

图 6.9　充换电站实景图

6.3　智慧路灯

6.3.1　原理

智慧路灯管理系统由软件系统和硬件设备组成，通过数据采集层、通信层、应用处理层和交互层等各层的相互配合，实现路灯设施管理、故障报警、用电监测、路灯控制和移动终端应用等功能，后期还可扩展车流量监测、光感监测等更多智能化功能。

智慧路灯管理系统软件平台是智慧路灯的核心，是对路灯监控调度、运维数据管理的中心平台。系统通过地图的方式，迅速定位路灯并进行管理，包括设置单灯或一组灯的调度策略，查询路灯状态和历史记录，实时更改路灯运行状态、提供路灯的各类报表等功能。

平台实现了监控管理、数据统计、信息查询、参数配置和用户管理等五大模块的功能。用户无须到达现场就能了解路灯用电情况及用电功率。其中，用电功率因素包括实时耗电数据查询和历史耗电数据查询，并能在系统中新增、修改和删除电能表；用户通过操作电脑、手机和 Pad 等客户终端上的客户端软件，即可对照明灯具进行移动管理。移动控制终端具备单灯控制、故障定位等功能，方便维护人员检修路灯和进行移动管理。

智慧路灯的管理系统还可将更多的信息和通信技术纳入整体规划中，从而实现智慧路灯技术在其他方面的强大功能。

6.3.2 技术特点

6.3.2.1 主要功能

（1）遥测路灯电流电压等电气参数、遥控开关路灯、遥视重要路段现场运行情况等。

（2）监测 LED 路灯芯片焊盘温度或灯具壳体温度与故障诊断。

（3）日光感应或人车感应的调光，以及节能控制中时控甚至实现 RTC（Real Time Clock）调光。

（4）根据灯具监测数据，及时掌握异常路灯所在地点及异常原因，有目的地去检修，不用实地巡检，加快了维护速度、降低了维护成本。

（5）在同一道路的照明标准等级随时间、车流的变化成为一种可变值，如一些新开发道路在通行初期亮度可低些，经过一段时间或通过监控车流量达到一定阈值开启全亮。

（6）在一些人车稀少区域下半夜可以时控半亮，但人车通过时达到前方一定距离全亮，后方在几秒钟后恢复原定亮度等。

（7）通过信息化安防设备，为城市创造安全和谐的生活和投资环境，如视频监控、人流量分析、可视化示警、广播提醒、一键报警、视频联动等功能也会在智慧路灯的灯杆上集成实现。

（8）通过业务服务，便民、惠民，提升城市价值，智慧路灯还可包含无线冲浪、商品信息推送、市政重要信息发布、微基站部署、电动车充电等功能。

（9）通过精心策划和合理经营，通过智慧路灯等公共照明还可实现持续盈利。通过 PPP 等运营模式，可进行 LED 广告投放、无线广告推送，站资源租赁等，在便民惠民的同时，兼顾盈利。

智慧路灯的主要功能如图 6.10 所示。智慧路灯是智慧城市的一张名片，彰显城市对科技创新的态度和决心。但智慧城市不能只是空中楼阁或局限于小规模测试场景，5G 带来智慧联网与城市改造的效益是看得到、能期待的。智慧灯杆的改造，必须先解决基础建设的时代交替问题，同时也需搭配 5G 技术与成熟的商用运营环境，才能获得丰厚的回报。

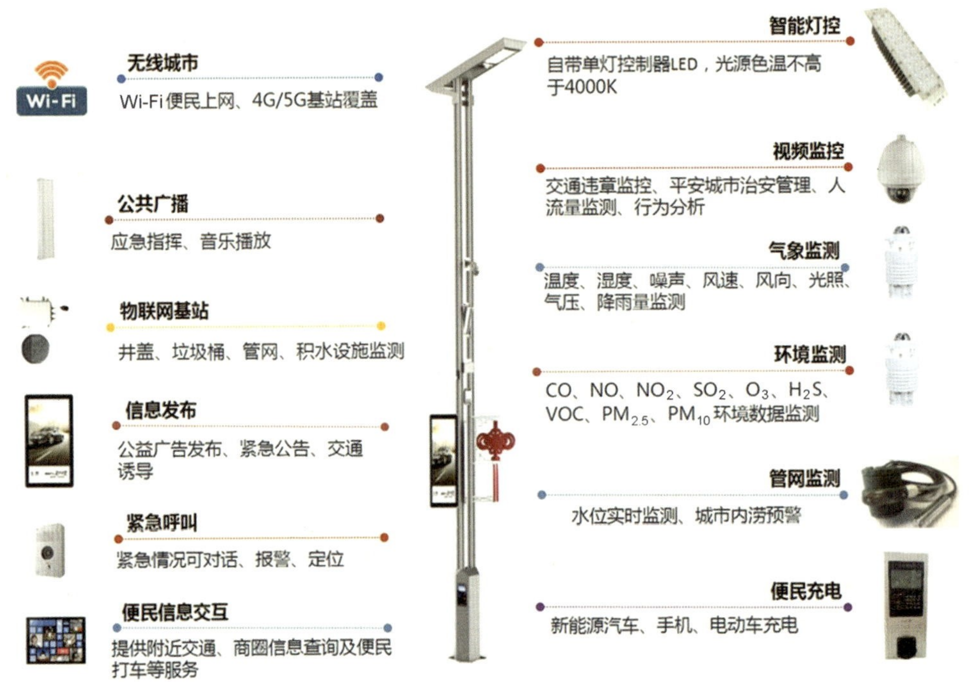

图 6.10　智慧路灯功能示意图

6.3.2.2　主要优势及国内外发展情况

智慧路灯的概念早在 2015 年提出，目前，智慧路灯在国内外尚处于起步阶段。

尽管智慧照明概念十分火爆，并已经在世界范围内得到应用，中国的广州、杭州、东莞等地也已启动 LED 路灯的智慧化照明改造项目，但在很多城市的应用依然并不广泛，公众和应用部门对于这一技术及应用的认知相对滞后。例如，智慧照明系统的技术水平是否已经完全成熟；智慧照明系统如何与其他城市管理系统进行融合、兼容；智慧照明的社会效应与实际价值如何相得益彰等，这些问题也严重地影响了智慧照明在智慧城市中的广泛推广和应用。

在国内，由于许多新区的基础设施仍在建设阶段，在最开始的道路规划阶段就已经为智慧路灯留下了空间，智慧路灯的应用将会越来越多。越来越多的政府路灯管理部门已将如何优化路灯管理系统、有效控制能源消耗、降低维护和管理成本、路灯智慧功能拓展等方面，作为路灯建设的一个重要组成部分，并提上日程。

在国外，部分发达国家也已经意识到公共照明管理系统的诸多弊端，开始进行升级改造，如在英国伦敦，当地政府已计划投资 325 万英镑更换 1.4 万个智慧路灯，维护人员通过 iPad 即可了解路灯是否需要维修或更换，还可控制每个路灯的亮度，提高能源使用效率。截至目前，已知的国外实施案例包括英国的采用 iPad 进行控制的威斯敏斯特街道照明系统，德国的采用手机进行路灯点亮的技术，美国的基于 Wi-Fi 对路灯进行控制管理的技术。

总体来说，智慧路灯的发展仍处在探索发展阶段，但智慧路灯的发展是智慧城市发展的一面鲜明旗帜，正得到越来越多的社会重视。

6.3.3　应用案例

华东某智慧路灯规模化商用项目基于运营商 NB-IoT 网络，使用授权频谱；可实现单灯精确控制和维护，节省电耗 10% ～ 20%；无须人工巡检，远程检测并定位故障，并结合路灯运行历史开展生命周期管理，降低运维成本 50%。智慧路灯实景效果图如图 6.11 所示。

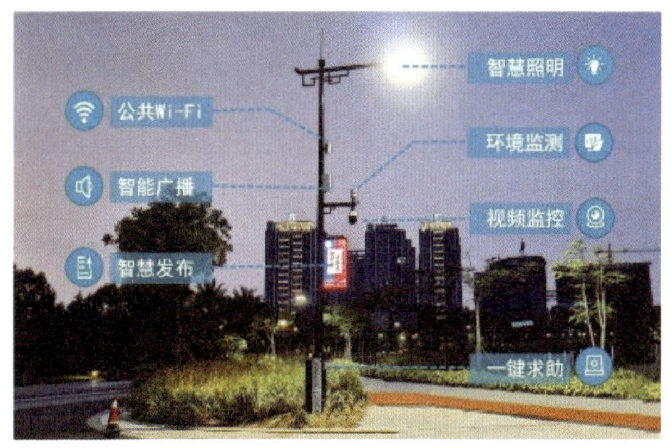

图 6.11　智慧路灯实景效果图

智慧路灯的功能仍在不断拓展，不仅仅局限于节能降耗及智能照明。智慧路灯有望成为一个智慧城市的大数据采集平台，以及新型的市政管理和服务平台，具有巨大的价值创造空间，正在逐渐形成一个全新的产业经济，目前政府和企业都在积极探索创新，行业也正在迎来新的发展方向及机遇。

参考文献

[1] 高赐威，张亮．电动汽车充电对电网影响的综述 [J]．电网技术，2011（02）：127-131．

[2] 杜爱虎，胡泽春，宋永华，等．考虑电动汽车充电站布局优化的配电网规划 [J]．电网技术，2011（11）：35-42．

[3] 李军，梁嘉诚，刘克天，等．计及用户响应度的电动汽车充放电优化调度策略 [J]．南方电网技术，2023（08）：123-132．

[4] 李应飞，姚永强，李付伟，等．智慧路灯建设运营研究 [J]．中国照明电器，2023（06）：30-34．

[5] 林也颀，何启鹏，张朝阳，等．基于“多杆合一”的智慧路灯发展探析 [J]．中国照明电器，2023（01）：6-9．

[6] 中华人民共和国住房和城乡建设部．电动汽车电池更换站设计规范：GB/T 51077—2015[S]．北京：中国计划出版社，2015．

[7] 国家能源局．电动汽车充换电设施供电系统技术规范：NB/T 33018—2015[S]．北京：中国电力出版社，2015．

[8] 国家能源局．电动汽车充换电设施运行管理规定：NB/T 33019—2021[S]．北京：中国电力出版社，2021．

第 7 章　供热技术

7.1　锅炉供热

7.1.1　燃气锅炉

7.1.1.1　原理

燃气锅炉是利用可燃气体在炉膛内燃烧释放的热量，将锅炉内的热媒介质加热至规定参数的热能转换设备。具体的能量转换和传递过程为：燃气在锅炉中燃烧产生高温烟气，燃料的化学能转变为热能；高温烟气通过向各种受热面传热，将热能传递给热媒介质使其达到一定的温度和压力。

7.1.1.2　技术特点

（1）燃料情况。燃气锅炉的燃料分为天然气（含气井气、油田伴生气、矿井气等）、人工煤气（含炼焦煤气、高炉煤气、发生炉煤气、水煤气、高压气化气等）、油制气（含蓄热热裂解气、蓄热催化裂解气、自热裂解气和加压裂解气等）、液化石油气、地下气化煤气、沼气等。其中，综合智慧能源领域最常用的燃料是天然气。

我国正加快启动新一轮天然气管网设施建设，统筹考虑天然气和 LNG“两个市场”、国内和国际“两种资源”、管道和海运“两种方式”，坚持“西气东输、北气南下、海气登陆”原则，加快建设天然气管网。到 2025 年，逐步形成“主干互联、区域成网”的全国天然气基础网络。我国中长期天然气主干管网规划示意图详见《中长期油气管网规划》（发改基础〔2017〕965 号）。

（2）设备分类。燃气锅炉主要分类：

1）按照运行时炉膛烟气压力的不同，分为负压锅炉和微正压锅炉。

2）按照热媒介质物质状态的不同，分为热水锅炉和蒸汽锅炉。

3）按照热媒介质压力的不同，分为低压锅炉、中压锅炉、常压（无压）锅炉和真空锅炉。

4）按照热媒介质温度的不同，热水锅炉分为低温热水锅炉和高温热水锅炉；蒸汽锅炉分为饱和蒸汽锅炉和过热蒸汽锅炉。

5）按照热媒介质在受热面中流动动力的不同，分为自然循环锅炉和强制循环锅炉。

6）按照供热能力的不同，分为小型锅炉、中型锅炉和大型锅炉。

7）按照制造锅炉本体的主要材料的不同，分为钢制锅炉和铸铁锅炉（个别还有铝制、铜制）。

8）按照锅炉本体结构的不同，分为锅壳锅炉和水管锅炉。

9）按照控制方式的不同，分为全自动锅炉、半自动锅炉和手工操作锅炉。

10）按照出厂（安装）形式的不同，分为快装锅炉、组装锅炉和散装锅炉。

（3）技术难点及发展趋势。新时期燃气锅炉的发展方向主要分为以下三个：

1）超低氮燃气燃烧器。

2）超高效换热器。

3）燃气阀组、自动控制技术。

7.1.1.3 经济性

（1）投资及运行费用。单纯考虑燃气锅炉设备，投资估算指标约为：热水锅炉 10 万元 /MW、蒸汽锅炉 10 万元 / 蒸吨。项目投资需结合用户需求、系统配置、用地条件等综合分析。运行费用主要和当地的燃气价格、人工费等有关，燃气锅炉的蒸汽价格约 200 ～ 400 元 /t。

（2）环保和社会效益。以新疆某供热站“煤改气”工程为例，在采暖期，根据某环境监测站对燃气热水锅炉和改造前燃煤锅炉的烟气监测结果，“煤改气”前后大气污染物排放量对比见表 7.1。

表 7.1　“煤改气”前后大气污染物排放量对比

建设前后		烟尘	SO_2	NO_x
建前	3 台 29MW 燃煤锅炉 /（t/a）	42.9	80.6	126.7
建后	1 台 46MW 和 2 台 29MW 燃气锅炉 /（t/a）	14.9	0.07	91.1
削减量 /（t/a）		28.0	80.53	35.6
削减率 /%		65.3	99.9	28.1

可见，与采用燃煤锅炉相比，供热站采用燃气锅炉呈现的环境效益是多方面的，其中最主要的是减少原煤消耗，有效改善燃煤供热对大气环境的污染，主要大气污染物排放浓度明显下降，特别是大幅度削减了 SO_2 和烟尘的排放，对改善项目所在地空气质量起到积极作用，环境效益显著。

（3）主要厂家。国内厂家包括双良节能、金牛公司、绿源公司等，其技术路线较为相近。以市场占有率相对较高的双良节能公司的部分产品为例，典型的型号参数见表 7.2。

表 7.2　典型的燃气锅炉型号参数

项目	单位	型号：WNS1.4	型号：WNS7.0	型号：WNS14
额定热功率	MW	1.4	7	14
额定进水压力	MPa	1.0	1.0	1.25
额定进水温度	℃	70	70	70
额定出水温度	℃	95（115）	95（115）	115（130）

7.1.1.4　应用案例

（1）项目概况。某换热首站新建 1 台 116MW 燃气高温热水锅炉，替代原燃煤循环流化床锅炉，供热面积 258 万 m^2，年供热量 89 万 GJ。锅炉额定工作压力 1.60MPa，额定进 / 回水温度 70℃ /130℃，锅炉效率 96%。设计年利用小时数 2133.6h，设计年运行小时数 2880h。

（2）运行成本。工程总投资约 6100 万元，当地天然气价格 2.04 元 /Nm^3，设计年天然气耗量约 2608 万 Nm^3。公用建筑的供热价格 7.5 元 /（月 · m^2），民用建筑的供热价格 5.3 元 /（月 · m^2）。该项目在相关政策及资金支持下可保本微利。

（3）环保和社会效益。与同等供热能力的燃煤锅炉相比，该项目污染物排放和燃料消耗量对比见表 7.3。

表 7.3　污染物排放和燃煤消耗量对比表

名称	单位	某燃气供热站项目	同等供热能力燃煤锅炉
颗粒物浓度	mg/Nm^3	5	5
SO_2 浓度	mg/Nm^3	20	50
NO_x 浓度	mg/Nm^3	30	100
年烟气量	$\times 10^4 Nm^3$	33892	44185

续表

名称	单位	某燃气供热站项目	同等供热能力燃煤锅炉
颗粒物排放量	t	1.69	2.21
SO_2 排放量	t	6.78	22.10
NO_x 排放量	t	10.17	44.19
年标煤耗量	$\times10^4$t	3.17	3.47

从表 7.3 可以看出，与同等供热能力的燃煤锅炉相比，该项目采用燃气锅炉年节约标煤量约 0.3 万 t，颗粒物年减排量约 0.52t，SO_2 年减排量约 15.32t，NO_x 年减排量约 34.02t，节能减排效果显著。

7.1.2 生物质锅炉

7.1.2.1 原理

生物质锅炉是将生物质的化学能转化为热能的设备。按照蒸汽参数的不同，生物质锅炉分为中温中压、高温高压、高温超高压和高温超高压再热等几种类型。生物质锅炉的主要受热面包括空预器、省煤器、水冷壁、过热器、再热器等。目前在建和在运营的生物质热电联产项目以高温高压锅炉为主。

按照燃烧方式的不同，生物质锅炉分为炉排锅炉和循环流化床锅炉。

（1）炉排锅炉。振动炉排的结构型式较多，按照支点联接方式的不同，可分为活络支点振动炉排和固定支点振动炉排；按照炉排片冷却方式的不同，可分为风冷和水冷炉排；按照振动方式的不同，可分为连杆推动、偏心共振和电磁振动等。某公司固定支点连杆推动型水冷振动炉排的结构型式如图 7.1 所示。

（2）循环流化床锅炉。市场上常见的生物质直燃循环流化床锅炉（CFB）至少有 8 种炉型，比如 M 形布置方式、空预器拉出布置（空预器烟气上行）、空预器拉出布置（空预器烟气下行）、垂直烟道设凝渣管布置方式、水平烟道设凝渣管的多灰斗布置、回料阀设外置床布置方式、中温分离布置方式、三烟道布置方式。其中，三烟道布置的炉型提供了相对更大的布置空间，以及相对更大的凝渣管受热面面积，因此，在高比例掺烧乃至 100% 纯烧生物质黄杆时，三烟道布置的炉型具有更好的适应能力，三烟道布置的 CFB 炉型示意如图 7.2 所示。

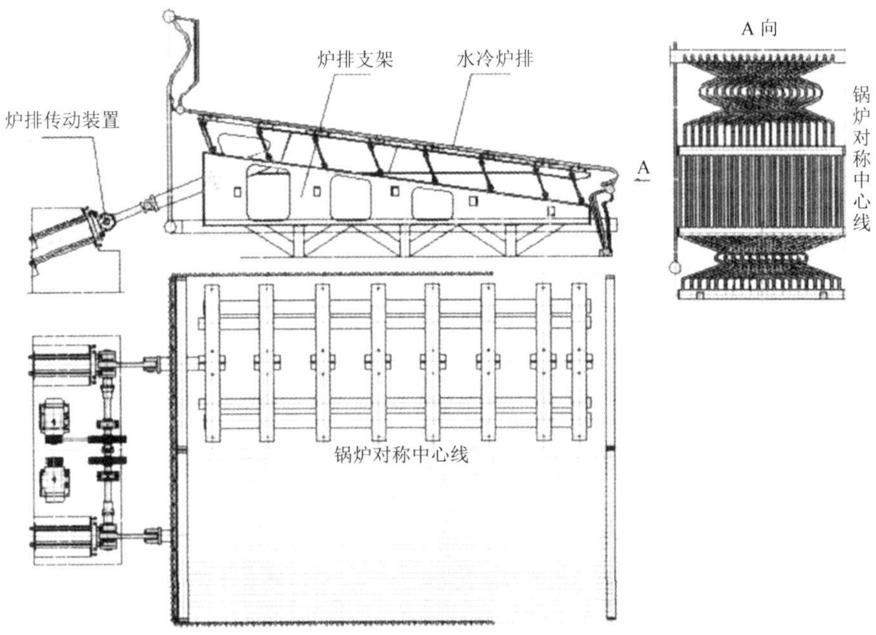

图 7.1　某公司水冷振动炉排的结构型式

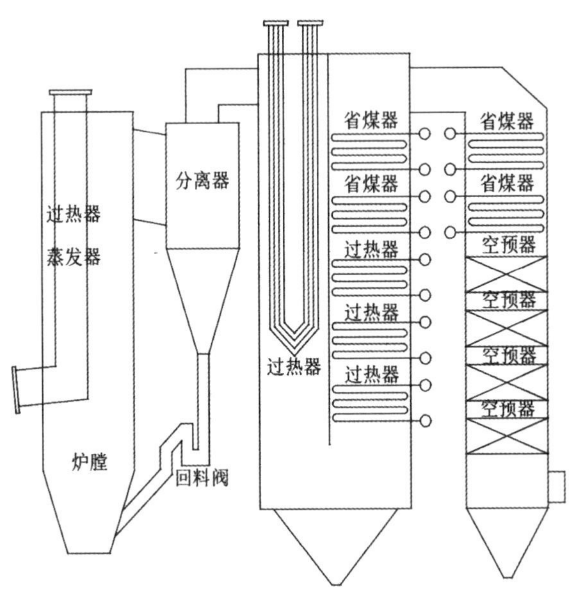

图 7.2　三烟道布置的 CFB 炉型示意

7.1.2.2　技术特点

（1）燃料情况。生物质锅炉的燃料来源一般是以项目拟建地为中心、以 30 ～ 50km 为半径划定区域的各种农、林生物质资源。其燃料多为小麦秸秆、玉米秸秆、玉米芯、稻草、稻壳、木屑、树皮以及建筑模板等农林业废弃物。

常用的燃料收集模式包括以下三种，具体可结合项目拟建地的实际情况确定：

1）合同契约下的联办模式。

2）电厂独立经营加社会经纪人的模式。

3）全委托模式。

某项目燃料发热量及燃料成分分析见表 7.4。目前该项目采购的燃料价格约为 350 元 /t。

表 7.4　某项目燃料发热量及燃料成分分析表

项目	单位	收到基
低位发热量	MJ/kg	10.419
全水	%	30.24
灰分	%	10.06
全硫	%	0.07
碳	%	28.04
氢	%	3.29
氧	%	27.81
氮	%	0.49

（2）当前国内外技术水平。国外主流的生物质振动炉排炉厂家包括丹麦 BWE 公司、比利时 VYNCKE 公司等，主流的生物质循环流化床锅炉厂家包括美国 CE 公司、B&W 公司和法国 Alstom 公司等。

我国生物质发电始于 2005 年，在国家政策支持下发展非常迅速。国产的水冷振动炉排锅炉及循环流化床锅炉也逐渐在国内的生物质发电项目中应用。

（3）国内市场应用情况及应用优劣性分析。生物质锅炉的燃烧方式主要包括层状燃烧方式和流态化燃烧方式。

1）层状燃烧方式。采用层状燃烧方式的锅炉主要包括水冷炉排炉、水冷振动炉排炉、联合炉排炉、步进式炉排炉和往复式炉排炉。典型的公司代表包括德普新源 DPCT 水冷振动炉排炉、比利时 VYNCKE 水冷炉排炉等。炉排炉的最大优点是运行稳定、受热面磨损小。目前，国内国能生物质发电有限公司、光大生物质发电有限公司、广东长青集团等投资的生物质发电较多采用水冷振动炉排炉技术。

2）流态化燃烧方式。循环流化床锅炉具有燃料适应性广、负荷调节能力强、燃烧效率高和燃烧温度低等优点，近年来在我国得到迅速的发展。流化床的优点是燃料适应性强，燃烧温度低。目前，我国成功开发出循环流化床生物质直燃技术。

（4）技术难点及发展趋势。水冷振动炉排炉的主要技术难点包括锅炉本体造价高、燃尽程度相对低、锅炉效率相对较低、锅炉本体造价高、燃料适应性相对较低、NO_x 排放较高等；循环流化床锅炉的主要技术难点包括易结块、对燃料破碎粒度要求较高、故障率相对较高、电耗高等。

（5）主要厂家。高温高压参数炉排炉的代表厂家包括德普新源、济南锅炉厂和无锡华光等，循环流化床锅炉的代表厂家包括济南锅炉厂、杭州锅炉厂、华西能源等。

7.1.2.3　经济性

（1）投资及运行费用。目前，国内投产的生物质发电机组主要包括：中温中压机组、次高温次高压机组、高温高压机组、高温超高压机组、高温超高压一次中间再热机组等。机组的运行效率和经济性随着机组参数的提高而提高。

生物质蒸汽锅炉的典型投资指标约为 30 万元 / 蒸吨。具体的项目投资需结合用户需求、系统配置、用地条件等综合分析。运行费用主要和当地的生物质燃料价格、人工费等有关，生物质热电联产锅炉产出的蒸汽价格约 130 ～ 150 元 / 蒸吨。

（2）环保和社会效益。一方面，生物质锅炉通过焚烧处理农林业废弃物转化为热能和 / 或电能，实现了“资源—产品—再生资源”，使原料和产品在循环经济中得到合理充分的利用，实现了“减量化、再利用、再循环”。另一方面，生物质锅炉的燃料来源主要来自农林废弃物，因此农村和当地农民为主要收益者，同时可促进城乡经济发展，增加地方财政收入。

以一台 35MW 生物质发电机组为例，年消耗秸秆量约 31.75 万 t，替代标煤约 11.30 万 t，减排二氧化碳约 20.7 万 t，减排二氧化硫约 593t，可为当地农民带来直接收益约 9548 万元，有着巨大的社会效益和环保效益。

7.1.2.4　应用案例

（1）项目概况。某生物质热电联产新建项目，采用 1×140t/h 生物质锅炉，配 1×35MW 抽凝式汽轮发电机组，同步配套建设除尘、脱硝设施及相关的生产、辅助生产和附属工程等。该项目采用循环水供热，近期供热面积约 60 万 m^2，远期供热面积约 113 万 m^2。该项目发电设备年利用小时数 6100h，年利用农林生物质资源约 31.75 万 t，年发电量约 213.5GWh。

（2）投资收益。工程动态投资约 37078 万元，单位千瓦造价约 10594 元，项目总投资收益率约为 10.74%。

（3）环保和社会效益。项目采用低氮燃烧等各类技术措施后，尘、硫、氮、废水、灰渣、噪声等各项排放指标均能满足有关的环保要求。该项目主要利用农林废弃物作为燃料，减少了农林废弃物在田间直接焚烧，改善了当地环境，提高了能源资源的综合利用效率。其中，灰渣还全部无偿返还给农民作为肥料，增加了农民的收入，具有一定的环境效益、经济效益和社会效益。

7.1.3　电极锅炉

7.1.3.1　原理

电极锅炉的电阻为“水流”。利用含电解质水的导电性，电解质水成为导电体，通电后被加热产生蒸汽或热水。由于锅筒内的炉水成为电阻，直接发热，最大限度降低热量转换环节的损失，通过液位调整电阻和功率，具有可高电压直接输入的特点。电极锅炉的原理如图 7.3 所示。

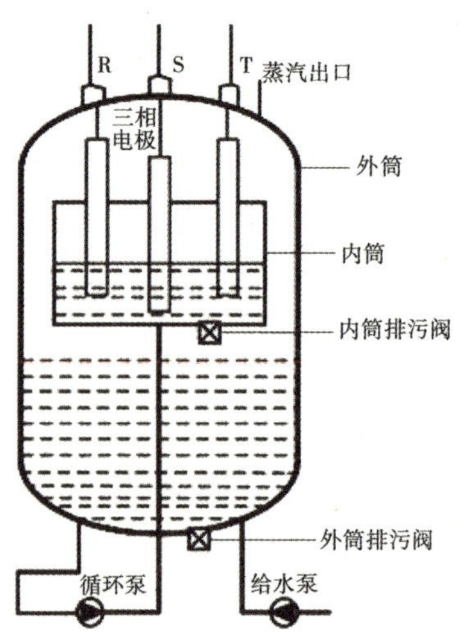

图 7.3　电极锅炉的原理

7.1.3.2　技术特点

（1）定义。电极锅炉以高品质的电能为输入能量，以热水或蒸汽为输出能量。

（2）设备分类。按照输出产品性质的不同，可分为电极热水锅炉和电极蒸汽锅炉。按照结构型式的不同，可分为中心筒喷射式电极锅炉和浸没式电极锅炉。中心筒喷射式电极锅炉以美国公司为代表，该技术路线的优点是锅炉内没有运动部件，但是缺点是喷射水流形成导体有分散状态，容易形成电弧；浸没式电极锅炉以欧洲公司为代表，该技术路线的优点是电极浸没在内筒中，一般不会产生电弧，但是缺点是锅炉内有运动部件存在易损件，备件来源相对困难。

（3）国内市场应用情况及应用优劣性分析。电极锅炉系统可以应用在以下领域：

1）核电站的辅助锅炉。

2）电力调峰，电厂灵活性改造。

3）夜间蓄热，利用峰电和谷电的电费差价经济运行。

4）平衡风电的富余负荷，使风电能够平稳地接入电网。

5）替代燃煤锅炉对城市供暖，以减少排放。

与常规的电阻锅炉相比，电极锅炉系统的优劣性可以体现在以下方面：

1）在可靠性及安全性方面，常规的电阻锅炉属于国家标准产品，并且使用低压供电，而高压电极锅炉目前还没有专用的国家相关标准，相对来讲常规的电阻锅炉更安全。

2）在电热能量转化方面，电极锅炉的能量损失较少。

3）在占地方面，电阻锅炉要多于电极锅炉，特别是在输出功率较大的场合，如火电厂灵活性改造领域。

（4）技术难点及发展趋势。电极锅炉的技术难点主要是保证安全的技术措施，如高可靠性的电极部件及其绝缘材料，实时监控炉水的电导率等。从结构型式上看，浸没式电极锅炉比中心筒喷射式电极锅炉更安全，更能代表未来的发展趋势。

（5）设备主要供应商情况。国内应用业绩较多的厂家有华源前线、瑞特爱公司等。以瑞特爱公司的部分产品为例，其典型的型号参数见表 7.5。

表 7.5　典型的电极锅炉型号参数

项目	单位	典型参数 1	典型参数 2	典型参数 3
额定热功率	MW	30	40	50
额定进水压力	MPa	1.0	1.0	1.25

续表

项目	单位	典型参数 1	典型参数 2	典型参数 3
额定进水温度	℃	150	150	150
额定出水温度	℃	120	120	120
热效率	%	⩾ 99	⩾ 99	⩾ 99

7.1.3.3 经济性

（1）投资及运行费用。单纯考虑电极锅炉设备，投资估算指标约为 30 万 /MW。项目投资需结合用户需求、系统配置、用地条件等综合分析。运行费用主要和当地的电价、人工费等有关，电极锅炉的蒸汽价格约 250 ～ 1000 元 /t。

（2）环保和社会效益。实施“煤改电”政策以来，部分重点区域的空气质量得到了极大的改善。根据文献报道，以北京市农村地区为例，实施了“煤改电”工程的东马各庄村 PM2.5、PM10、SO_2 和 NO_2 实测质量浓度分别比未实施“煤改电”工程的西石古岩村低 44.90%、24.75%、20.41%、26.67%。电极锅炉是“煤改电”的一种重要形式，对于改善供暖条件具有重要的作用。电极锅炉和蓄热结合起来，在可再生能源电力消纳、发电厂灵活性改造方面也具有独特的优势，既可保证电网和供热安全，又可减少甚至避免弃风弃光现象。

7.1.3.4 应用案例

（1）项目概况。西北某项目由两台 7MW 电极锅炉和一台 80 蒸吨的燃气锅炉形成气电互补，负责约 80 万 m^2 的供热面积。电极锅炉蒸发量 10.5t/h，设计蒸汽压力 1.0MPa，采用蒸汽换热的方式，出 / 回水 130℃ /70℃；通过天然气、电的双能源互补形式供暖，进一步提高冬季供暖节能减排水平。

（2）运行成本介绍。每日 0 时到 10 时之间，启动电锅炉，用低谷电补充燃气锅炉供暖，从而天然气锅炉的负荷可由 80 蒸吨降低为 60 蒸吨，即可满足整个片区的供暖需求。初步估算，供热站每晚的用电量约 12 万 kWh，可以节省约 1 万方天然气，相当于每天节省 6000 元左右的供热成本。

（3）环保和社会效益介绍。电极锅炉利用低价电作为清洁能源，零排放、零污染，比燃气锅炉更加环保。而且，电极锅炉启动时间很短，在保障民生、消纳可再生能源方面的社会效益显著。

7.1.4　固体蓄热电锅炉

7.1.4.1　原理

蓄热式电锅炉是利用低谷电进行储热的一种大功率新型热源，可以在低压 380V，中压 10kV/35kV，甚至高压 66kV/110kV 电压等级下工作。蓄热式电锅炉将电网的低谷电能或弃风电能转换成热能，进而由炉体内蓄热砖储存起来。根据供热需求，可将蓄热砖储存的热能通过换热转换成热水用于大面积供热。固体电蓄热锅炉的结构如图 7.4 所示。蓄热电锅炉包括固体蓄热电锅炉本体、高压电发热体、蓄热载体、风道、热交换器、变频风机以及附属系统等，其中，蓄热介质主要为固态氧化镁，锅炉外壳通常采用隔热耐火材料加强绝热保温。

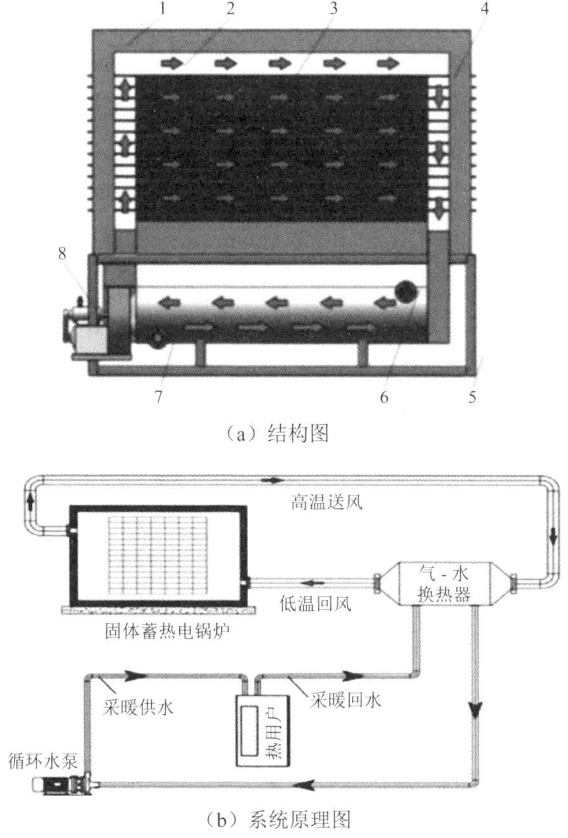

（a）结构图

（b）系统原理图

图 7.4　蓄热电锅炉结构及系统原理图

1—绝热器；2—风道；3—蓄热砖；4—电热丝；5—机架；6—出水口；7—进水口；8—高温风机

固体蓄热电锅炉蓄热过程：在夜间电力需求小的低谷电时段，高压电发热体将电能转换为热能，热能被高温蓄热体不断吸收储存，当高温蓄热体的温度达到设定的上限温度或电网低谷时段结束时，高压电发热体停止工作。

固体蓄热电锅炉释热过程：在白天非谷电时段，变频风机启动，通过流经蓄热体的循环热风将进入锅炉的热网循环水加热到合适温度，实现全天对外供热。

7.1.4.2 技术特点

低谷电固体蓄热设备是一种先进高效的清洁节能技术，可利用峰谷电价差政策，在低谷电价时段将电能转换成热能储存起来，在高峰电价时段，将储存的热能释放使用。蓄热电锅炉供暖，在微观上，结合不同时段不同价格的电价，为用户节约了运行费用；在宏观上，对电网起到移峰填谷的作用，有益于电网的安全经济运行，具有环保、节能、经济、高效等优点。

（1）固体蓄热电锅炉特点。

1）缓解用电压力，降低运行成本，促进可再生能源消纳。固体蓄热电锅炉以电网低谷电或弃风电能作为加热热源，响应国家削峰填谷政策，提高全社会的电能利用效率。与天然气等其他加热热源相比，固体蓄热电锅炉更加安全可靠，运营成本低，同等热量的运营成本约为直热式电锅炉运营成本的 40% ～ 50%，约为天然气锅炉运营成本的 60% ～ 70%，为柴油锅炉运营成本的 35% 左右。

2）高温固体蓄热，体积小、性能稳定可靠。固体蓄热电锅炉中的蓄热材料一般采用镁及铁的氧化物合金砖作为蓄热材料，该材料的比热虽然只有水的 1/3 ～ 1/4，但其材料密度为水的 2.5 倍左右，且蓄热温度可达 750℃以上，因此，蓄热体单位容积蓄热量可达水的 5 倍以上，具有高储热密度、高绝缘、体积小、热容量大、蓄热能力强、性能稳定、热量释放稳定、占地面积相对较少等优点。

3）热效率高、用户端零排放。采用一体化结构，实现加热、蓄热、取热、换热及控制等功能组合，系统的整体热效率高达 95% 以上。具有节能、零排放、零污染、纯电热管加热、受气候影响小等优点。

4）安全性高、寿命长、全自动智能控制。固体蓄热电锅炉采用固体材料作为储热介质，介质无压储热，安全可靠，对安装场地没有特殊要求和限制，无须人员看管，设备自动运行，可设置谷电期自动加热，放热时段和放热温度较为灵活。固体储热电锅炉的运行耗材消耗量少，故障率较低，日常维护量较小，储热体有效寿命可达到 20 年以上。

（2）当前国内外技术水平及设备分类。固体蓄热式电锅炉综合利用了电热、绝热和固体蓄热等技术，将电能转化为热能储存，解决了电能不易储存的问题，同时利用热交换技术，将热能有效导出，可以采用热水、热风及蒸汽等不同形式将能量输出，并保证了储存能量利用率在 95% 以上。其重大创新还在于采用固体储热材料和一体化结构设计，使用固体储能材料，大大提高了蓄热能力，不仅克服了传统蓄热方式的缺点，而且兼具环保、高效、节能、安全等多项优势，有望替代一部分传统的取暖设备，其缺点主要包括建设成本较高、使用不恰当容易导致蓄热体破碎等。

按照热能输出形式的不同，固体电蓄热锅炉可分为电蓄热热水锅炉、电蓄热蒸汽锅炉、电蓄热导热油锅炉和电蓄热热风锅炉等。

（3）国内市场应用情况及分析。固体蓄热式电锅炉设备将电网的低谷电能或弃风电能转换成热能储存起来，根据不同需求通过热交换装置，将储存的热能转换成热水、热风、蒸汽用于大面积城市供暖及工业热源，可以替代目前广泛使用的燃煤、燃气、燃油锅炉，还可实现与常规能源或可再生能源互补应用，是电网调峰、清洁供热的重要设备。目前在风电清洁供暖、执行峰谷电价且差价较大地区的区域供暖、综合智慧能源供能系统等场景均有广泛应用。

固体电蓄热技术原理成熟、应用可靠，在实行峰谷电价政策的北方供热地区，可产生较高的经济效益。在峰谷电价价比大于 4:1 的地区，固体蓄热式电锅炉工程的投资回收期缩小至 5 年以内。

（4）主要厂家。目前国内开展固体蓄热式电锅炉产品研发及生产制造的厂家有 50 余家，部分主要供应商如下：国家电投集团科学技术研究院有限公司、沈阳世杰电器有限公司、大连传森科技有限公司、烟台卓越新能源科技股份有限公司、沈阳恒久安泰科技发展有限公司、江苏金合能源科技有限公司、江苏启能新能源材料有限公司等。

7.1.4.3　经济性

（1）投资及运行费用。固体蓄热式电锅炉采用谷电供热，储热量大，建设成本相对较高。热源建设投资约为 200 ～ 300 元 /m^2，当谷电电价较低时才可取得一定的经济收益。

（2）环保和社会效益。通过蓄热调峰，固体蓄热式电锅炉可以减轻火电机组供暖负荷，提高风力发电利用率，在很大程度上解决了由于风电场“弃风”限电导致的大规模能源损失问题。

7.1.4.4 应用案例

（1）项目概况。华东某项目为 5A 甲级超高层办公楼提供用能方案，办公楼总建筑面积为 24.6 万 m^2，该工程冷源方案采用离心式冷水机组 + 固体蓄热式电锅炉方案，供暖季最大热负荷为 6236kW，年累计热负荷为 417.59 万 kWh。

当地可用能源政策：天然气价格为 4.1 元 /m^3；电力部门鼓励执行峰谷电价政策，尖峰、高峰、平段及谷段电价分别为 1.513 元 /kWh、1.424 元 /kWh、0.89 元 /kWh、0.356 元 /kWh；对通过实施能效电厂和移峰填谷技术等实现的永久性节约电力负荷和转移高峰电力负荷，地方政府每千瓦奖励 440 元。

（2）技术方案及效益分析。该项目采用全量负荷蓄热，配置 12 台 ZY-700 型固体蓄热式电锅炉，空调用热水，与蓄热电锅炉之间设置一套板式换热器。与高效燃气热水锅炉相比，增加了一套锅炉侧循环泵和板式换热器，固体蓄热电锅炉方案初投资约 658 万元（扣除补贴）。

一方面，按低谷电电价约 0.356 元 /kWh 计算，供暖季运行费用约 157.75 万元，而高效燃气真空热水锅炉方案供暖季运行费用约 269.01 万元。可见，相比于高效燃气真空热水锅炉，固体蓄热式电锅炉能大大降低空调系统热源的运行费用，每年可节省运行费用达 111.26 万元，整个寿命周期 20 年内可节省费用约 2225.2 万元，经济效益显著。

另一方面，固体蓄热式电锅炉通过削峰填谷，提高了电网运行效率和稳定性，有效降低了电网的损耗，增加了社会收益。

7.2 太阳能供热技术

7.2.1 太阳能热泵供热

太阳能热利用建筑应用技术可分为被动式太阳能建筑应用技术和主动式太阳能建筑应用技术，其中，主动式太阳能建筑应用技术又包括太阳能热水技术、太阳能供热技术和太阳能空调制冷技术等。

太阳能热水技术是我国太阳能热利用领域最早研发并形成产业化的一项技术，也是最为成熟、应用最广泛的太阳能建筑应用技术。太阳能热利用空调技术可分为吸收式、吸附式、喷射式、除湿空调等，其中吸收式太阳能空调技术在建筑中应用最为广泛。太阳能热泵供热技术是采用热泵与太阳能集热设备、蓄热机构相连接的系统，将太阳能作为热泵热源，不仅能够有效地克服太阳能本身所固有的低能量密度和间歇性，而且可以节约高位能、减少环境污染，开发及应用潜力较大。

7.2.1.1　原理

与水泵以机械功为代价将水从低处提升到高处类似，热泵通过工质的状态变化和气液相变，将低品位热能提升为高品位热能。通常所说的热泵是指蒸气压缩式热泵，由压缩机、冷凝器、节流阀和蒸发器等部件组成。热泵技术已经被广泛地应用在建筑物的供暖和制冷中。

太阳能热泵供暖将太阳集热器和热泵组合成一个系统，由太阳能为热泵提供所需要的热源，并将低品位热能提升为高品位热能，为建筑物进行供热。例如，利用太阳集热器使水温达到 10℃～ 20℃，再用热泵进一步升高到 30℃～ 50℃，满足建筑物供暖的要求。因此，太阳能热泵供暖系统仅消耗少量电能而得到几倍于电能的热量，可以有效地利用低温热源，减少集热器面积，延长太阳能供暖的使用时间。

根据太阳能集热器与热泵蒸发器的组合形式，可将太阳能热泵供暖系统分为直膨式、非直膨式。直膨式太阳能热泵供暖系统的流程如图 7.5 所示，太阳能集热器与热泵蒸发器结合在一起，即工质直接在太阳能集热器中蒸发，然后通过热泵循环将冷凝热释放给被加热物质。

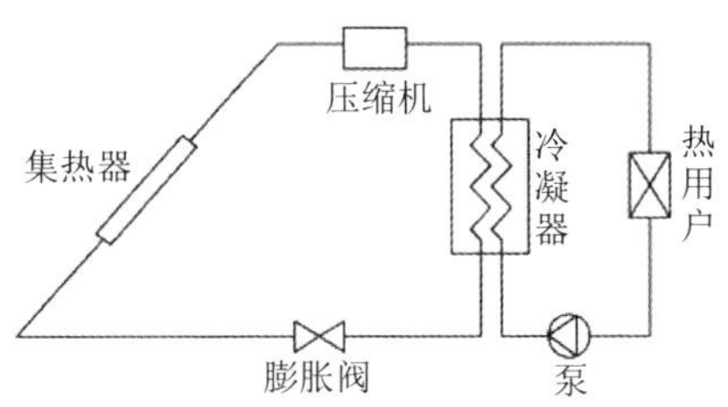

图 7.5　直膨式太阳能热泵供暖系统流程图

非直膨式太阳能热泵供暖系统流程如图 7.6 所示，太阳能集热器与热泵蒸发器分立，通过传热介质在集热器中吸收太阳能，在蒸发器中将热量传递给工质，通过热泵循环，在冷凝器内将热量传给供热介质，为建筑供暖。

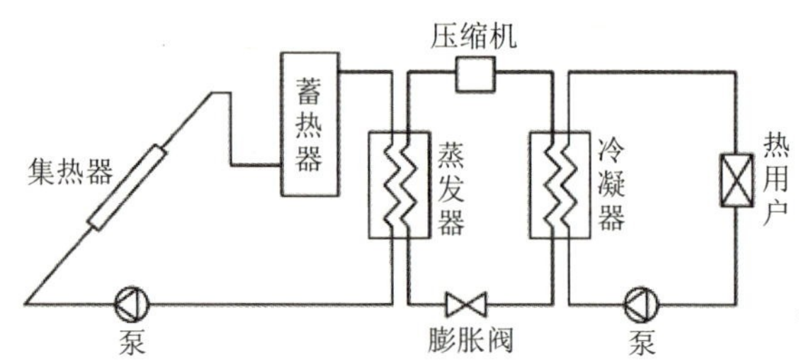

图 7.6　非直膨式太阳能热泵供暖系统流程图

考虑到太阳能的间歇性和不均匀性，且系统中太阳能集热器与热泵蒸发器分立，因此，往往在集热器与蒸发器之间设置蓄热水箱，使系统运行更加稳定。

7.2.1.2　技术特点

（1）太阳能热泵技术特点。太阳能热泵将太阳能利用技术与热泵技术有机结合起来，具有以下技术特点：

1）同传统的太阳能直接供热系统相比，太阳能热泵的最大优点是可以采用结构简易的集热器，集热成本非常低。在直膨式系统中，太阳集热器的工作温度与热泵蒸发温度保持一致，且与室外温度接近，而在非直膨式系统中，太阳能集热环路往往作为蒸发器的低温热源，集热介质温度通常为 20℃～30℃，因此集热器的散热损失非常小，集热器效率也相应提高。有研究表明，在非寒冷地区即使采用结构简单、廉价的普通平板集热器，集热器效率也高达 60%～80%，甚至采用无盖板、无保温的裸板集热器也是可以的。

2）由于太阳能具有低密度、间歇性和不稳定性等缺点，常规的太阳能供热系统往往需要采用较大的集热和蓄热装置，并且配备相应的辅助热源，这不仅造成系统初投资较高，而且较大面积的集热器也难于布置。太阳能热泵基于热泵的节能性和集热器的高效性，在相同热负荷条件下，太阳能热泵所需的集热器面积和蓄热器容积等比常规系统要小得多，使得系统结构更紧凑，布置更灵活。

3）在太阳辐射条件良好的情况下，太阳能热泵往往可以获得比空气源热泵更高的蒸发温度，因而具有更高的供热性能系数（COP 可达到 4 以上），而且供热性能受室外气温下降的影响较小。

4）太阳能热泵的应用范围非常广泛，不受当地水源条件和地质条件的限制，而且对自然环境几乎不造成影响。

5）太阳能热泵同其他类型的热泵一样，也具有“一机多用”的优点，即冬季可供暖，夏季可制冷，全年可提供生活热水。由于太阳能热泵系统中设有蓄热装置，因此夏季可利用夜间谷时电力进行蓄冷运行，以供白天供冷之用，不仅运行费用便宜，而且有助于电力错峰。

6）考虑到制冷剂的充注量和泄漏问题，直膨式太阳能热泵一般适用于小型供热系统，如户用热水器和供热空调系统。其特点是集热面积小、系统紧凑、集热效率和热泵性能高、适应性好、自动控制程度高等，尤其是应用于生产热水时还具有高效节能、安装方便、全天候等优点，其造价与空气源热泵热水器相当，性能却更优越。

7）非直膨式系统具有形式多样、布置灵活、应用范围广、易于与建筑一体化等优点，适合于集中供热、空调和供热水系统。

（2）存在的问题与发展趋势。我国太阳能热泵的发展和应用还存在着一些问题：

1）太阳能保证率。尽管有热泵对太阳能供暖系统进行能量补充，但连续的阴雨天气会使太阳能的保证率大幅降低，使系统不能满足正常的供暖需要，需在系统中设置辅助热源。若辅助热源也能利用可再生能源，这不但提高了系统的可靠性，也最大限度地降低了不可再生能源的消耗。

2）效率。现有研发的太阳能集热器、蓄热装置效率及热泵的制热性能系数仍相对较低，下一步需着力研究新型太阳能集热器、热泵等设备，提高各种装置的效率，以提高整个系统的效率。

3）能耗。在太阳能热泵供暖系统中，利用热泵可以有效地提高太阳能的利用率和系统的可靠性，但热泵长期运行时，存在能耗较高的问题。因此，进一步提高太阳能集热器的性能，增强蓄热装置的蓄热能力，使系统在没有热泵的情况下也能满足供暖需求，将大大降低系统的能耗。

4）经济性。由于目前采用的太阳能集热器效率较低，若要满足供暖需求必须设置大面积的集热器，从而导致系统造价过高，经济性较差。

我国对太阳能热泵的研究起步较晚，且由于系统初投资较大等原因，太阳能热泵技术利用还未大规模普及。目前，太阳能热泵主要应用在公共建筑物上，如北京奥运村和奥运场馆的生活热水和加热的能量都采用太阳能热泵供热系统。从长远看，太阳能热泵技术是太阳能热利用技术和热泵技术有机的结合，具有集热效率高、供热性能系数高、形式多样、布置灵活、一机多用、应用范围广等优点，能较好地解决“太阳能与建筑一体化”和“全天候”的问题，将在太阳能利用中占有重要地位，有着广阔的发展前景。

7.2.1.3 应用案例

（1）项目概况。东北地区某单体商业建筑供热面积约 4000m^2，设计热负荷 160kW，集热器面积约 814m^2，蓄热水箱为 40m^3，热泵制热量为 50kW，辅助热源采用了改造前原有的燃气锅炉，散热终端采用风机盘管。项目所在地供暖期 181 天，气候条件属于严寒地区，太阳能资源属于Ⅲ类地区。项目室外设计参数采用《中国建筑热环境分析专用气象数据集》中相关地区参数，见表 7.6。

表 7.6 室外设计参数

月份	月平均室外干球温度 /℃	水平面月太阳总辐射量 /（MJ/m^2）
10	4.8	316.2
11	–6.9	190.5
12	–16.1	147.8
1	–17.5	188.3
2	–13.9	197.1
3	–3.3	441.1
4	7.6	495.4

太阳能热泵供暖系统主要由太阳能集热器、蓄热水箱、水源热泵、辅助热源及散热终端等部分组成，其系统流程原理如图 7.7 所示。

（2）运行情况介绍。对 12 月典型日系统性能进行的分析表明：集热器工作温度较高，日平均集热效率为 51%，全天总集热量为 1748MJ，平均集热量为 20.2kW；系统全天平均太阳能供热能力为 27.9kW，平均热负荷为 87.8kW，太阳能日平均保证率为 32%。

整个供暖季的数据：采用太阳能直接供热加蓄热模式和太阳能直接供热模式共运行 912h，采用热泵供热模式 1232.8h，合计 2144.8h；燃气锅炉的运行时间为 735h。由此计算，供暖季 180 天的运行费用远低于该地的商业和工业集中供热供暖费用，每年可节约供暖费用约 10.8 万元，节省 60%。

该项目采用的多种运行模式使太阳能热泵供暖系统在不同工况下具有较好的适应性，可最大程度利用太阳能，保证热泵的运行效率，充分利用了集热器吸收的太阳能，具有较好的节能性和经济性。

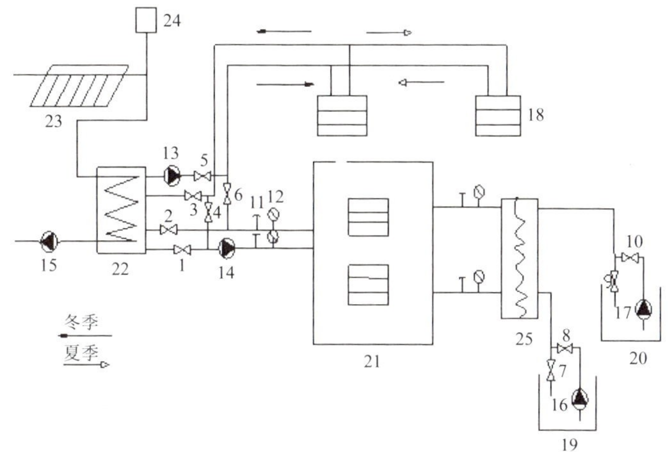

图 7.7　太阳能 - 水源热泵辅助供暖系统的运行原理图

1 ～ 10—阀门；11—温度计；12—压力表；13 ～ 17—水泵；18—用户末端装置；19、20—深井；21—水源热泵；22—换热储水箱；23—太阳能集热器；24—膨胀水箱；25—板式换热器

7.2.2　聚光型太阳能集热供热

7.2.2.1　原理

聚光型太阳能集热供热系统根据气象参数（辐照量、风速）每天自动开机，收集太阳能并转化为热能，通过导热油将收集的热量输送到承压蓄热水箱储存起来；需要供暖时，承压蓄热水箱将热量释放到供暖水中，系统原理如图 7.8 所示。

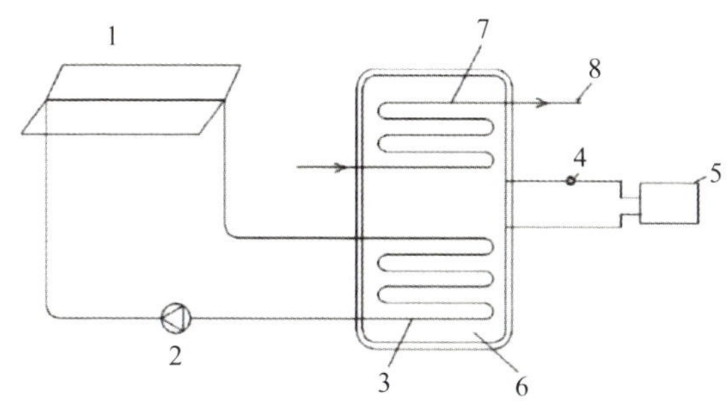

图 7.8　太阳能集热系统原理图

1—槽式抛物面集热器；2—导热油循环泵；3—油 - 水换热器；4—供热循环泵；5—供热散热末端（散热器或地暖盘管）；6—双层保温水箱；7—水 - 水换热器；8—热水开关

7.2.2.2 设备分类及技术难点

（1）设备分类。按照太阳能集热系统的原理，可分为槽式太阳能光热供热、塔式太阳能光热供热、碟式太阳能光热供热、线性菲涅尔太阳能光热供热。

（2）当前国内外技术水平。对于太阳能骨干企业而言，太阳能供热采暖技术早已不是难题，已经有不少成功案例。欧洲发达国家，太阳能供暖系统占有很高的市场份额，为整个太阳能热利用的 20% ～ 50%。我国是全球太阳能光热产业大国，集热面积总保有量位居全球之首。多年来，部分太阳能光热企业进行了太阳能采暖示范工程探索，取得了阶段性发展成果。

（3）国内市场应用情况及应用优劣性分析。因政策与造价的问题，太阳能光热供热在国内的竞争力并不强，与传统能源相比，存在很大的成本劣势。在太阳能光热供热的几种技术路线中，因技术成熟、成本相对较低，槽式太阳能光热供热应用相对较多。

（4）技术难点及发展趋势。太阳能受季节和天气影响，其能量呈现不稳定性和不连续性，技术难点在于通过储能或多能互补实现长期稳定的能量输出。未来的发展趋势是将太阳能和燃气炉、生物质锅炉、电加热、空气源热泵等辅助能源结合，实现高能效且稳定的复合能源综合利用。

（5）设备主要供应商情况。国内从事相近技术的有山东奇威特太阳能科技有限公司、旭宸能源有限公司、新源光热有限公司等企业。以山东奇威特太阳能科技有限公司的部分产品为例，其太阳能导热油锅炉输出温度可达 300℃，太阳能蒸汽锅炉压力可达 2.5MPa，太阳能热水锅炉水温可达 40℃～ 100℃。

7.2.2.3 经济性

（1）投资及运行费用。单纯太阳能集热设备的投资估算指标约为 3000 元 /kW。项目投资需结合用户需求、储能容量及多能互补系统配置、用地条件等综合分析。运行费用主要和当地的太阳能资源情况、人工费等有关，太阳能光热供暖的价格约一个供暖季 20 元 /m^2（不含投资折旧）。

（2）环保和社会效益。太阳能光热供热，除了必要的维护成本以外几乎不产生额外使用费用，也不会产生二氧化碳、一氧化碳等废气。太阳能光热技术现已推广到印染、造纸、纺织、食品、烟草、木材、化工、塑料、医药等行业，如通过中温集热器吸收太阳热能，将常温水加热至 95℃，为锅炉提供热水预热，再根据生产需要将 95℃热水加热成 150℃蒸汽，此类技术可以减少近三分之一的工、农业生产所产生的废气排放。

7.2.2.4　应用案例

（1）项目概况。华北某项目采用槽式太阳能光热供暖，主要由 10 万 m^2 自动跟踪槽式太阳能集热场和 9 个 5700m^3 的储水箱组成的储热系统以及换热系统组成。该项目为当地建筑供热，通过多个供热季的运行，供热效果优良。

（2）运行成本介绍。该项目通过自动跟踪槽式聚光镜吸收太阳能加热集热管内的专用导热油，导热油通过换热系统将热量传递到高效储能保温水箱，蓄热水箱热水通过和用户供热管道循环实现供热。该项目储热能够在连续 7 个阴天的极端条件下，保证采暖区的供热，在没有太阳照射的时间段时，用户无须担心暖气供应不足，且是零排放、零污染。

（3）环保和社会效益。10 万 m^2 的太阳能光热镜场可以满足 50 万 m^2 的供热面积，年集热量相当于标煤约 25089.58t，年减少二氧化碳排放量约 66738.29t，环保和社会效益显著。

7.2.3　非聚光型太阳能热水系统供热

7.2.3.1　原理

太阳能热水系统常见的集热器类型有真空管型集热器和平板型集热器，按照热交换原理可分为直接换热式和间接换热式，其中，直接换热式热水系统是通过集热器加热管内的水直接进入储热水箱，供用户使用；而间接换热式热水系统是通过集热器加热管内的热媒，进入储热水箱中的换热盘管，与水箱内的水进行换热，供用户使用。

该技术的系统原理和运行原理分别如图 7.9 和图 7.10 所示。

定时补水：设定在用水结束之后，控制系统自动打开电磁阀，对太阳热水器补水；当太阳热水器水满或达到设定水位，自动关闭电磁阀，停止补水。控制系统可设定 4 次定时补水。

电辅助加热：达到设定时间段，若太阳热水器温度 T1 低于设定温度（40℃），控制柜启动电加热；当 T1 达到 45℃时，温控仪通过转接盒自动关闭。

7.2.3.2　技术特点

（1）系统简单。设备重量小，投资小，无须专门储水箱，占地面积小，系统所需管路短，连接简单，故障率低。

（2）快速升温。采用真空管超高得热量，真空管与水箱直接连接，传热快，热损小，温度升得快。

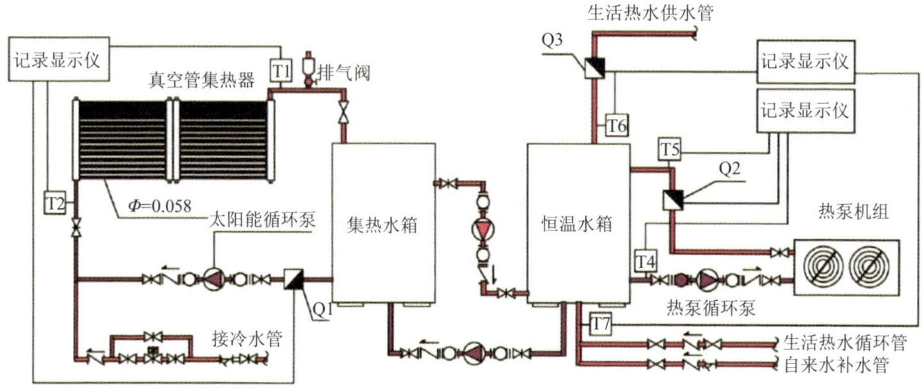

（a）直接换热式真空管集热系统

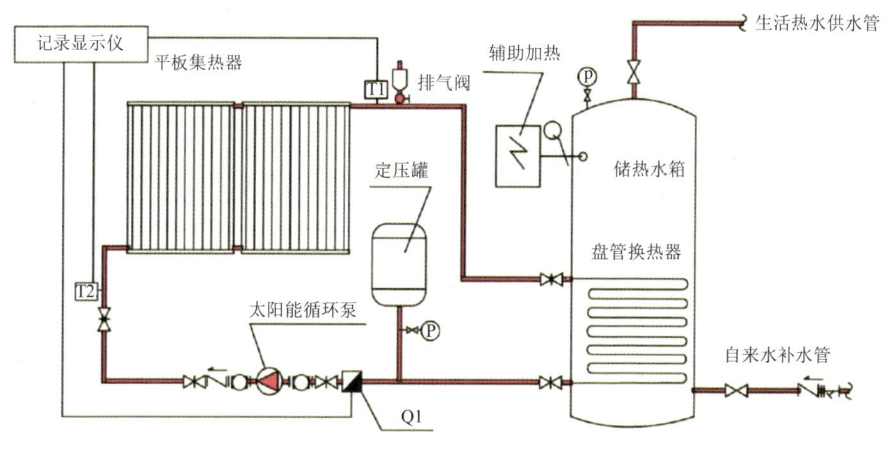

（b）间接式平板型集热器系统

图 7.9　系统原理示意图

（3）操作灵活。系统本身功能相对简单，操作方便，可以全自动控制或人工控制，日常无须派专人维护，上水时间、上水量、水温等可根据需要进行调节。

7.2.3.3　装置分类

国际标准 ISO 9459 对太阳能热水系统提出了科学的分类方法，即按照太阳能热水系统的七个特征进行分类，其中每个特征又可细分为 2 ～ 3 种类型，从而构成一个严谨的太阳能热水系统分类体系。

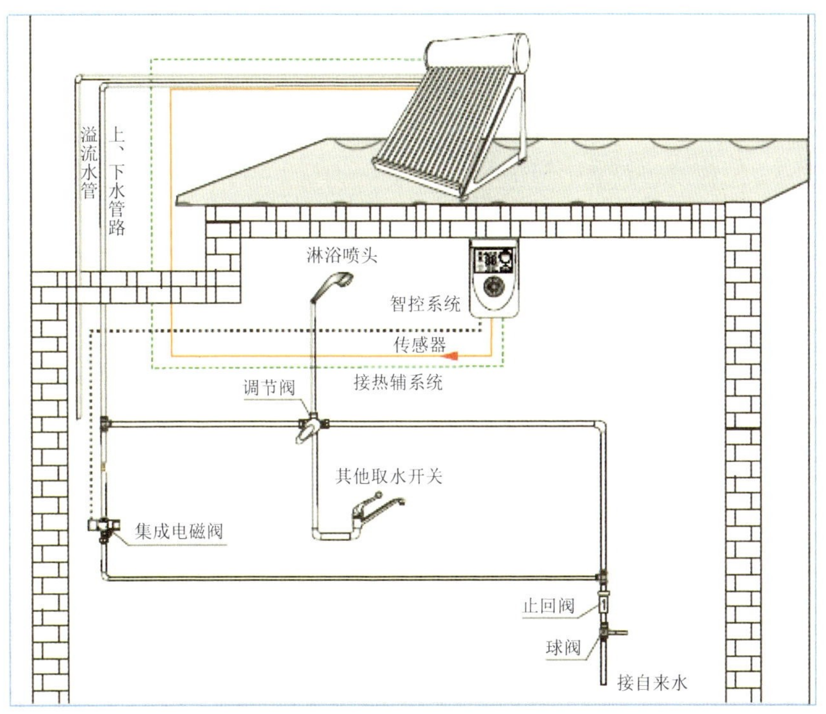

图 7.10　系统运行原理示意图

一般地，太阳能集中供热水系统由进补水分系统、太阳能集热分系统、辅助加热分系统和供热水分系统等组成，而根据系统的形式，市场上常见的太阳能热水系统有以下几类。

（1）开式系统。其原理如图 7.11 所示。

系统组成：真空管集热器、补水系统、保温水箱、循环水泵、控制系统。

系统优点：系统结构简单，系统获取热量多，经济性高，使用范围广，在市场中普遍使用。

系统缺点：在北方地区需要考虑冬季防冻，一般使用防冻伴热带，冬季伴热带需要耗费电能。

（2）闭式系统。其原理如图 7.12 所示。

系统组成：真空管集热器、承压水罐、循环水泵、控制系统。

系统优点：系统冷热水压力均等，使用舒适度高，系统封闭，水质不会受到外界污染，系统介质采用防冻液，无须考虑冬季防冻问题。

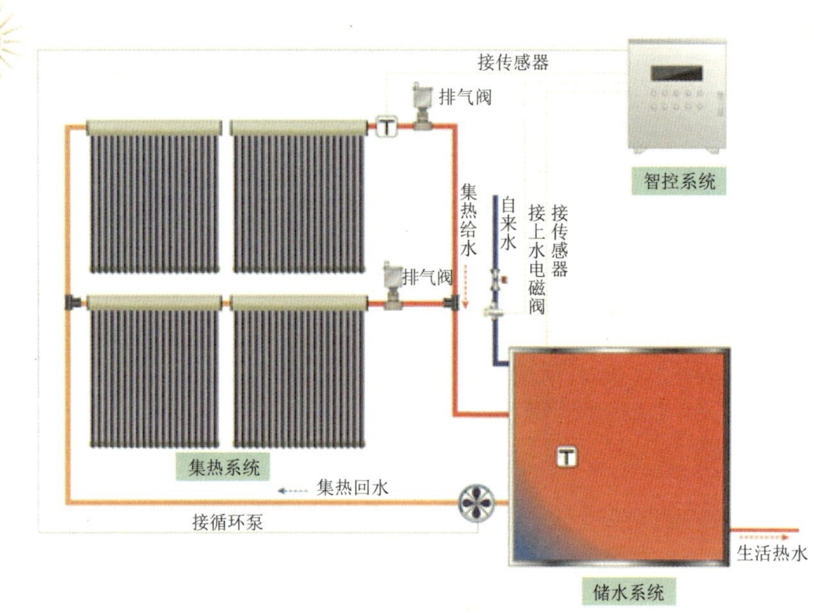

图 7.11　开式太阳能供热水系统原理图

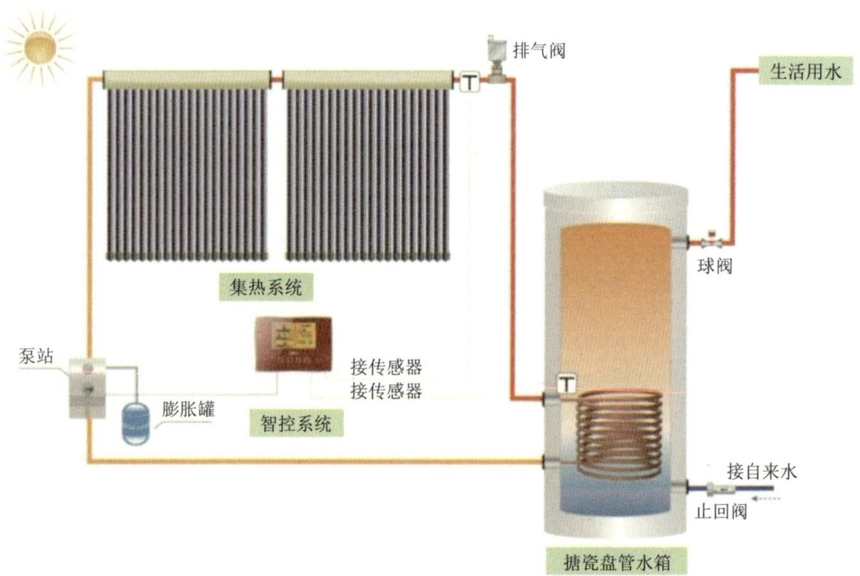

图 7.12　闭式太阳能供热水系统原理图

系统缺点：系统结构复杂，太阳能获得的热量需要和水进行换热，同等条件下不如开式系统获得的多，系统造价成本高。

（3）无动力系统。其原理如图 7.13 所示。

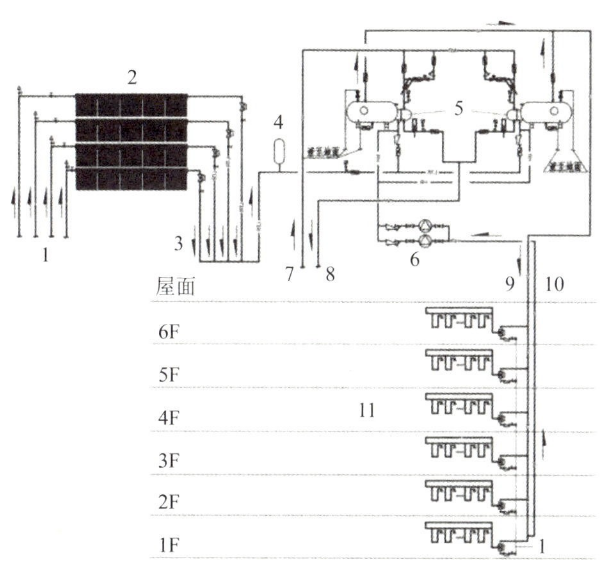

图 7.13　无动力太阳能供热水系统原理图

1—冷水进水；2—集储热装置；3—热水出水；4—膨胀罐；5—半容积式水加热器；6—回水循环泵；7—辅助热源供水；8—辅助热源回水；9—热水供水；10—热水回水；11—学生用户

系统组成：真空管集热器、燃气热水器、循环水泵、控制系统。

系统优点：太阳能热水系统运行原理简单，集热器系统不要水泵循环，真空管炸管概率低，系统无须设置大的储热水箱，节省空间。

系统缺点：系统需要经过二次换热，太阳能获得的热量低，冬季需要考虑防冻问题。

7.2.3.4　当前国内外技术水平

目前，欧洲的太阳能应用处于世界领先地位。与我国界定资源贫乏区的年太阳辐照量标准（<4200MJ/m^2）相比，德国的年太阳辐照量为 3600MJ/m^2，低于我国的资源贫乏区标准。然而，由于其缺乏常规能源及良好的环保意识，德国在太阳能利用，特别是太阳能热水系统的应用上做了大量的探索性工作，拥有世界上先进的技术和产品。

国内太阳能热水系统的应用较晚，不过经过多年的研究和发展，已经拥有世界上最大的太阳能集热器安装量和制造能力。但是，国内尚存在技术含量普遍较低、产品质量良莠不齐、集热效率和使用寿命低于欧洲国家优质产品等问题，而且，应有的准入制度、太阳能供热系统的规范要求等还有改善空间。

随着经济和社会的不断发展，石油、天然气和煤炭等常规能源的短缺问题越来越明显，人们利用可再生能源的需求日益迫切。同时，随着国际上要求减少 CO_2 等温室气体排放的呼声越来越高，人们对使用清洁能源的意愿不断增强。因此，作为主要的清洁和可再生能源，在世界范围内，太阳能正被日益广泛地应用和研究，太阳能热水系统将有着更大的应用市场。

7.2.3.5 技术难点及发展趋势

（1）太阳能真空管技术。真空管为太阳能集热器的心脏，是太阳能转化为热能的场所，是整个系统能量的源头。据国内红外成像技术的研究显示，太阳能集热器的热损 80% 来自于真空管，所以真空管的质量（转化效率、热损以及真空度）直接决定了整个系统的效率和寿命。

其发展趋势在于真空管的选择性吸收涂层：当前普遍使用的真空管的选择性吸收涂层全部是磁控溅射镀膜工艺。镀膜工艺目前主要有两种，即渐变膜系工艺和干涉膜系工艺。

（2）太阳能水箱内胆的选材与焊接。水箱材料应具备足够的强度及使用耐久性，如抗氧化能力以及常年在温水环境下运行的抗腐蚀能力。金属材料具备优良的焊接性，易于制造水箱，是太阳能热水器水箱普遍采用的材料。

水箱的焊接一般采取窄焊缝自动氩弧焊，焊接过程缩短敏化温度区（450℃～850℃）滞留时间；采用循环水冷措施，强制焊接区快速冷却，防止焊接产生晶间腐蚀。

内胆选材的综合比选及自动化焊接设备的升级，是提高太阳能水箱内胆质量的关键。

（3）保温层发泡设备。太阳热水器保温材料随着太阳热水器生产工艺的发展，主要经历了以下变革：矿渣棉、玻璃丝棉（岩棉）- 膨胀蛭石 - 珍珠岩 - 聚苯乙烯泡沫塑料 - 聚氨酯。目前市场应用较好的聚氨酯，是由异氰酸酯与组合聚醚反应制成的，异氰酸酯俗称黑料，组合聚醚（也称为聚醚多元醇）俗称白料，二者反应生成聚合物俗称发泡料，即外观为乳黄色的闭孔型泡沫。

聚氨酯发泡设备，就是把黑料和白料两种化学原料，经过滤和计量按照一定的比例经过高压混合进行模具灌注的设备。该设备的技术提升，尤其是温控系统、搅拌系统和故障自动报警系统的发展，将最大限度地决定保温层的质量和水箱的整体保温性能。

7.2.3.6　经济性

（1）投资及运行费用。太阳能供热水系统的投资及运行费用与当地太阳能情况、项目规模有较大关系。下面以山东省某太阳能热水项目为例，对太阳能热水、蒸汽供热水与电锅炉供热水三个常见形式进行经济比较，见表 7.7。

表 7.7　供热水经济比较

项目	太阳能热水	蒸汽供热水	电锅炉供热水
系统每天需提供热量 /kJ	9.405×10^6		
设备投资 / 元	186337.20	135000	100000
装置使用寿命 / 年	15	8	8
15 年设备总投资 / 元	186337.20	270000.00	240000.00
每年使用天数 / 天	365	365	365
每天燃料费 / 元	505.15	1478	3073
每年燃料费用 / 元	184380.00	539470.00	1121645.00
15 年能源费用 / 元	2765700.00	8092050.00	16824675.00
15 年人工费用情况	自动系统，费用较小	专人负责，费用较大	专人负责，费用较大
15 年运行总费用 / 万元	295	823	1706

由表 7.7 可以看出，该项目需要热水量约为 50t/d，在太阳能寿命期内，太阳能加热系统比蒸汽加热系统可以节省 528 万元，比电锅炉加热系统可以节省 1411 万元。

（2）环保和社会效益。目前，从能源结构改革的迫切需求看，针对现有技术条件下，如何减少矿物能源的使用，无非是提高能源效率和寻求替代能源，而最终解决问题的根本出路在于替代能源，太阳能的开发利用是替代能源中至关重要的选择。太阳能系统的环保与效益，可以通过以下数据体现：

1）每推广 $1m^2$ 太阳能节约标煤约 160kg。

2）每推广 $1m^2$ 太阳能减少 CO_2 排放约 400kg，减少 SO_2 排放约 4kg，减少 NO_x 排放约 2.08kg，减少粉尘排放约 0.58kg，相当于种植 2 棵树。

3）对于上述太阳能热水项目，该太阳能热水系统共计 473.04m²，每年可节约标准煤约 75.7t，减少 CO_2 排放约 189.36t，减少 SO_2 排放约 1.9t，减少 NO_x 排放约 4.8t，减少粉尘排放约 0.98t，相当于种植 946 棵树。

7.2.3.7 应用案例

东南亚某燃煤电站的宿舍楼采用智联机太阳能热水系统，应用情况如下。

（1）项目概况。3 栋宿舍楼中的其中两栋楼，每栋楼采用 2 套智联机太阳能热水系统，总产水量不小于 7.26t/d，另一栋宿舍楼采用 1 套智联机太阳能热水系统，系统的产水量不小于 3.74t/d。招待所采用 1 套智联机太阳能热水系统，系统的产水量不小于 2.64t/d。职工住宅每户安装 1 台太阳能热水器，水箱容积不小于 150L。

（2）具体设计方案：智联机太阳能系统热水需求见表 7.8，智联机太阳能系统热水供应见表 7.9。

表 7.8 智联机太阳能系统热水需求

	太阳能热水工程系统	标准间个数	标间标配用水量 /L	总容量 /L
1 号和 3 号宿舍楼	系统 1	72	55	3960
	系统 2	60	55	3300
	总计	132		7260
2 号招待所	2 号楼独立系统	68	55	3740
	招待所独立系统	48	55	2640

表 7.9 智联机太阳能系统热水供应

	楼号	太阳能热水工程系统	单台智联机容水量 / L	安装台数	太阳能系统日产水量 / L	招标文件要求产水量 / L
智联机系统	1 号楼	1 号楼系统 1	345	12	4140	3960
		1 号楼系统 2	345	10	3450	3300
	2 号楼	2 号楼独立系统	345	11	3795	3740
	3 号楼	3 号楼系统 1	345	12	4140	3960
		3 号楼系统 2	345	10	3450	3300
	招待所	招待所独立系统	345	8	2760	2640

7.3　地热供热技术

7.3.1　水热型地热供热技术

7.3.1.1　原理

中深层水热型地热能是指深度在 200 ～ 4000m 范围的地下水或蒸汽中所蕴含的地热资源，是目前地热勘探开发的主体。水热型地热资源按温度分级，可分为高温地热资源（温度 >150℃）、中温地热资源（90℃ < 温度 <150℃）和低温地热资源（温度 <90℃）三级。我国中低温地热资源广布于板块内部的大陆地壳隆起区和地壳沉降区。东南沿海地热带是地壳隆起区温泉最密集的地带，主要包括江西东部、湖南南部、福建、广东及海南省等地；地壳沉降区主要是我国的盆地区域，如华北盆地、松辽盆地、四川盆地、鄂尔多斯盆地、渭河盆地、苏北盆地、准噶尔盆地、塔里木盆地和柴达木盆地等。

水热型地热供热技术是通过向中深层岩层钻井，将储存在中深层的地热水直接采出，并以地下中深层地热水为热源，经由地面系统完成热量提取，用于地面建筑物供暖的技术。低温地热水先后经过水质处理、板式换热器、水源热泵等装置进行取热利用后，再经过过滤除气等工艺，将地热尾水同层同质回灌至地下，达到“取热不取水”、地热资源循环稳定利用的目的。采用梯级综合利用形式，通过板换串联等方式实现地热资源的大温差利用，地热有效利用率不低于 65%。通常的水热型地热能供热系统如图 7.14 所示。

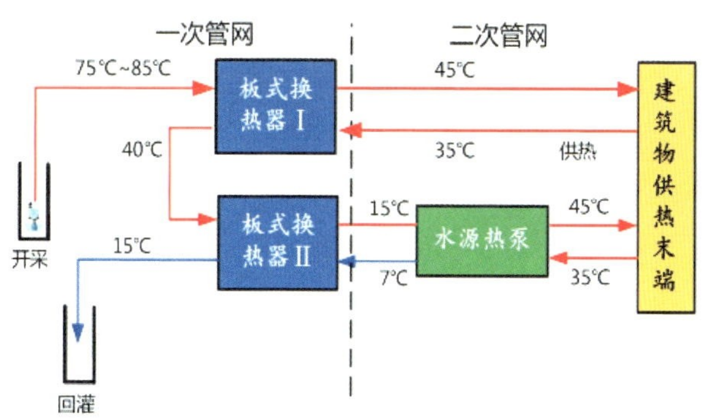

图 7.14　水热型地热能供热系统示意图

7.3.1.2 技术特点

（1）储量丰富、供应稳定。“十四五”现代能源体系规划提出，在京津冀、山西、陕西、河南、湖北等区域大力推进中深层地热能供热制冷，在西藏、川西、青海等高温地热资源丰富地区建设一批地热能发电示范项目。

地热能不受季节、气候、昼夜变化等外界因素的影响，可全天、全年不间断输出稳定品质的热量。随着综合能源系统的推广应用，地热能的稳定属性将显著提升能源供应的互补性与接口的友好性，既可以平衡其他能源资源侧的波动，也可以平衡能源需求侧的波动。

（2）清洁无碳，安全高效。通过高效的换热技术，中深层地热能的开发利用可以做到“取热不取水”，实现清洁、经济的利用。

（3）供热利用效率高，系统运行稳定安全。中深层地热能的热量主要通过热 - 热转换的方式利用，不经历其他种类的能量，换热后的尾水又重新回流到地下储层，所以地热能的综合利用效率很高，平均能源利用效率高达 73%，是风能的 3 ～ 4 倍，是太阳能的 4 ～ 5 倍，是生物质能的 1.5 倍。

（4）主要厂家。主要厂家有中国石油化工集团公司、中国核工业集团公司、天津地热勘查开发设计院、国家电投集团科学技术研究院有限公司。

7.3.1.3 经济性

（1）系统投资：中深层地热供热系统的初投资主要包括建设工程费（设备购置费、建筑工程费、安装工程费）、工程建设其他费、预备费、流动资金、建设期利息等。其中地热井打井成井费用约为总投资的 60% 以上，剩余的初投资大部分为板式换热器、水源热泵、循环水泵、电气系统等工程建设费。系统初投资成本与地热资源丰富程度密切相关，在华北平原地热资源丰富的地区，根据地热资源条件的不同以及热负荷指标的差异，中深层地热的单位供热面积（住宅小区）的投资成本约 100 ～ 180 元 /m^2。在京津冀豫等地热资源丰富区，地热供暖的经济效益显著，具备很强的市场竞争力。如果加上政府性清洁供暖补贴以及配套费等，中深层地热供热技术将有较好的经济优势。

（2）运行费用：中深层地热供热系统的运行费用主要包括两部分：一部分是系统耗电费；一部分是地热水的水资源费和系统补水费用。针对住宅小区，按照居民水电价测算，运行成本约 4 ～ 12 元 /m^2；针对商业、公共建筑物，按照工商业电价测算，运行成本约 10 ～ 18 元 /m^2。在热负荷较低时，耗能设备仅有一、二次侧的循环水泵，因此运行成本较低，约为运行成本区间的较小值。此外，根据节能建筑标准、建筑气候、建筑供热末端情况、单井供热能力与负荷匹配度、当地执行电价等情况，不同项目的运行成本会有一定差异。

（3）环保和社会效益：由于地热能具有清洁低碳的属性，通过“取热不取水”的中深层地热供热技术，实现地热资源良性开发，具有极好的环保效益。根据天津市国土资源和房屋管理局地热管理处给出的数据显示，针对地热供暖项目，每 100 万 m^2 供暖面积，供热季地热利用相当于节约标准煤 1.3 万 t，减少二氧化碳排放 3.1 万 t，环保效益和社会效益非常突出。

7.3.1.4　应用案例

河北雄县已建成供暖能力 385 万 m^2、地热供暖覆盖了 95% 以上的城区，被称为“无烟城”，也成为我国地热供热的试验田和推广复制的范本。以“雄县模式”为引领，中石化新星公司已在雄安新区建成投运供热能力 1000 多万 m^2、供热面积 700 多万 m^2 的地热供热系统，基本实现了雄县、容城城区地热集中供热全覆盖，可为 7 万多户居民提供优质清洁的供暖服务，每年可减排二氧化碳约 45 万 t，折合标准煤约 18 万 t，相当于种树 25 万棵。

7.3.2　干热岩地热供热技术

7.3.2.1　原理

深井换热技术是以地下 2km 深的高温热岩为热源，利用钻井技术构建深井换热器，通过换热器闭式循环取热，结合热泵机组进行供暖的一种地热能开发利用技术，又称井下换热、无干扰地热、地岩热技术等。

深井换热系统由地上、地下两部分组成。地下部分为地热井和安装在地热井内的深井换热器；地上部分为水源热泵、循环泵、管网等组成的供热系统，以及热泵与用户侧换热设施连接的供暖系统。深井换热技术包括同轴套管换热技术、U 形井换热技术、EGS 换热技术等。其中，应用较多的同轴套管深井换热技术如图 7.15 所示，由内外两个套管组成，套管环腔和内套管组成了井下取热的通道。外套管通常就是传统的技术井管，但是为降低热阻，提高换热效率，往往在外套管的外壁和周边地层之间灌入水泥砂浆或特制材料，以增强套管和围岩之间的接触和传热。内套管起到对传热介质流入流出的隔离作用，因此要求热导率低、结构强度高、耐温好、防结垢、密度与水接近等，是井下换热技术的核心部件。为实现供暖目的，在外套管中注入冷水，冷水下降过程中被周边的岩石加热升温，当水流到套管底部之后，通过内管再次向上运移。热水回到地面后，经热泵机组将其热量抬升用于建筑供暖，冷却之后的循环水再次进入地下换热循环，将周边岩石中的热量带到地表。

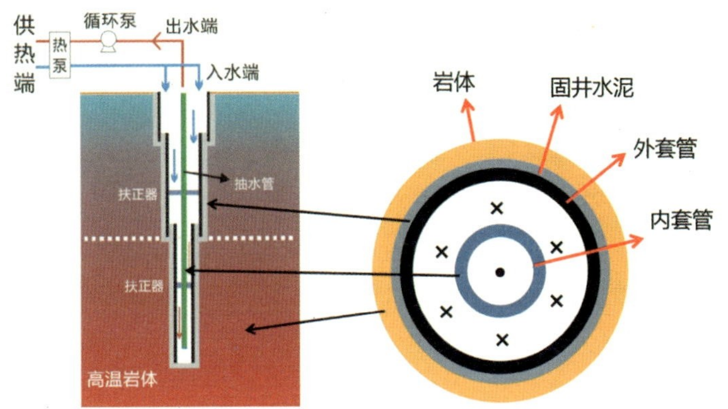

图 7.15　同轴套管深井换热技术图

7.3.2.2　技术特点及主要厂家

（1）主要技术特点。深井换热技术主要特点包括："取热不取水"，闭式循环取热，不受水资源条件的限制；无污染，能有效保护地下水资源；运行稳定、可持续开发，不受地面气候等条件的影响；与干热岩开采技术相比，深井换热技术结构更加简单，实施容易，初投资更低；与浅层地热能相比节能 30% 以上。

（2）主要厂家。主要厂家有陕西德龙地热开发有限公司、陕西四季春清洁热源股份有限公司等。

7.3.2.3　经济性

（1）初投资：深井换热技术系统的初投资主要包括建设工程费（设备购置费、建筑工程费、安装工程费）、工程建设其他费、预备费、流动资金、建设期利息等。其中地热井打井成井费用约为总投资的 65%，剩余的初投资大部分为板式换热器、水源热泵、循环水泵、电气系统等设备购置费。系统初投资成本与地温条件相关。在沉积盆地中，地温梯度达到 3℃ /100m 时，深井换热技术的单位供热面积（居民住宅）的投资成本在 200 ～ 250 元 /m^2。深井换热技术特别适合用于废弃油井、探井等的改造再利用，因减少了钻井费用，单位供热面积（居民住宅）的投资成本约为 50 ～ 75 元 /m^2。

（2）运行费用：深井换热技术供热系统的运行费用主要是水源热泵、一网及二网循环水泵等设备的电费、二网补水费以及人工费。针对住宅小区，按照居民水电价测算，运行成本约为 12 ～ 19 元 /m^2。

7.3.2.4　应用案例

华北某大型煤改清洁能源项目采用地热能联合燃气锅炉供热，其中，地热能提供基础热负荷，燃气进行辅助补充。项目建设地热供热站一座，占地 500m^2，一采一灌两眼地热井，地上井距 50m，井底水平投影距离 750m。地热水开采温度 74℃，最大开采量 100t/h，年最大开采量 30 万 t。供热站装机容量 8194kW，其中一级板式换热器装机 2674kW，二级热泵装机 2730kW，三级热泵装机 2790kW，设计年对外供热量可达 8.5 万 GJ，较普通板式换热器换热利用方式增加对外供热量 70%。通过增加地热能，年节省天然气消耗约 259 万 m^3。

参考文献

[1] 刘义达，张斌，祁金胜．源网荷储协调的区域供热系统及方法 [P]．山东省：CN115234965B，2024-01-23．

[2] 杨俊波，苗井泉，胡训栋，等．火电厂供热及热电解耦技术 [M]．北京：中国电力出版社，2020．

[3] 顾小勤．生物质锅炉用水冷振动炉排的设计开发 [J]．工业锅炉，2017（06）：22-25．

[4] 王瑀，王刚，姜孝国，等．生物质直燃 CFB 锅炉的 8 种炉型及布置方式 [J]．锅炉制造，2023（03）：1-3，13．

[5] 王昊，董鹤鸣，杜谦，等．中国电极锅炉现状及展望 [J]．热能动力工程，2023（08）：1-12．

[6] 张继平，宁杨翠，刘春兰，等．北京市门头沟区“煤改电”工程大气环境质量改善效果监测分析 [J]．生态与农村环境学报，2017，33（10）：898-906．

[7] 罗勇，陈鹏，苏驰．固体蓄热电锅炉设计要点及性能评价指标初探 [J]．暖通空调，2019（05）：55-59．

[8] 陈璟，薛可历，杨艺伟，等．固体蓄热式电锅炉选型分析 [J]．区域供热，2022（04）：65-68．

[9] 李洁，王振辉，崔海亭. 新型太阳能与热泵复合供暖系统的研究 [J]. 农机化研究，2011（10）：199-201，210.
[10] 赵金秀，田克冲，付梓峰，等. 一种利用光热技术的供热系统 [J]. 科技与创新，2022，（14）：6-8.
[11] 闵行博，王雯翡，陈晨，等. 太阳能热水系统性能指标检测分析研究 [J]. 建筑节能（中英文），2021（04）：111-117.
[12] 张月雷，李军，常文哲，等. 无动力太阳能热水系统实测研究 [J]. 给水排水，2017（02）：79-84.
[13] 李善可. 太阳能—水源热泵辅助供暖系统的研究 [D]. 沈阳：沈阳建筑大学，2011.
[14] 苗井泉，黄汝玲，张书迎，等. 一种热网循环泵驱动配置方式的采暖供热系统 [P]. 山东省：CN209782779U，2019-12-13.
[15] 中国石化新星地热：助力雄安打造供热“无烟城市”[J]. 中国环境监察，2021（10）：98-101.

第 8 章　制冷技术

8.1　蒸气压缩式制冷

8.1.1　蒸气压缩式制冷原理

蒸气压缩式制冷是利用低沸点的液态工质（如氟利昂等）沸腾汽化时，从制冷介质中吸热来实现制冷。这种制冷方法利用制冷剂的液 - 气状态变化过程，实现定温吸热和放热。由于工质的汽化潜热较大，能提高单位质量工质制冷能力，因此，这种制冷方式应用广泛。

在蒸气压缩式制冷机系统中，压缩机、冷凝器、节流阀和蒸发器是四个必不可少的基本部件，这也对应着制冷剂在制冷系统中的压缩、冷凝、节流和蒸发四个过程。蒸气压缩式制冷系统示意如图 8.1 所示。

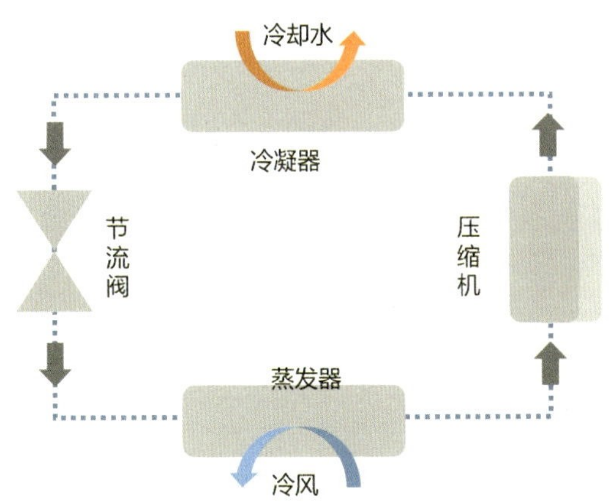

图 8.1　蒸气压缩式制冷系统示意

压缩过程：为使制冷剂循环使用，需将蒸发器内低压制冷剂蒸气收回，吸入到压缩机的汽缸，经过压缩变成压力和温度都较高的气体，排入冷凝器，完成制冷循环的压缩过程。

冷凝过程：在冷凝器内，高压高温的制冷剂气体与冷却介质（空气或水）进行热交换，把制冷剂在蒸发器内所吸收的热量和压缩功的热量释放出来，使高压蒸气冷凝为高压液体。

节流过程：当高压制冷剂流入节流阀（或毛细管）时，便产生减少液体流量的“节流”作用，使制冷剂减压，变成低压液体进入蒸发器。

蒸发过程：进入蒸发器的低压制冷剂液体，立即蒸发汽化，吸引被冷却空间的热量变成低压蒸气，使室内空间温度降低达到制冷目的。

以上四个过程，制冷压缩机在系统中起到压缩和输送制冷剂的作用，是系统的动力装置，毛细管或节流阀是节流降压装置，冷凝器和蒸发器是热交换装置，过滤器起除掉系统中水分和滤除杂质的作用，是系统制冷剂的净化装置。

目前，蒸气压缩制冷机是应用最广泛的一种制冷机，这类设备比较紧凑，可制作为大、中、小型以适合各种场合的需求，能达到较宽的制冷温度范围，并在常用制冷温度范围内具有较高的循环制冷效率。单级蒸气压缩制冷机是以制冷剂经过一级压缩，从蒸发压力压缩至冷凝压力的制冷机。一套单级压缩制冷机组由压缩机、冷凝器、节流机构和蒸发器等组成。空调工程应用的制冷机组大多采用单级压缩制冷机，此类机组可制取 –40℃以上的制冷温度。

制冷压缩机是蒸气压缩式制冷装置中最主要的设备。根据压缩机工作原理的不同，可分为容积式压缩机和离心式压缩机两大类，其中，容积式压缩机依靠改变气缸容积来进行气体压缩，将周期性吸入的定量气体压缩。常用容积式制冷压缩机有往复活塞式压缩机和回转式压缩机（包括螺杆式）；离心式压缩机是依靠离心力的作用，连续地将吸入的气体进行压缩，广泛使用于大型制冷系统。

按使用功能，可分为单冷式机组、制冷和热泵制热两用机组；按制冷运行放热侧热交换方式，可分为水冷式水冷却、风冷式空气冷却、蒸发冷却式等。

蒸气压缩制冷机的分类及常用制冷机的特性分别见表 8.1、表 8.2。

8.1.2 活塞式压缩机制冷

活塞式制冷压缩机是使用较为广泛的压缩机。按照制冷能力的不同分为：轻型（6kW 以下）、小型（6 ～ 60kW）、中型（60 ～ 500kW）、大型（500kW 以上）四种。

表 8.1　蒸气压缩制冷机的分类

分类			结构简图	密封类型	输入功率 / kW	主要用途	主要特征
容积式	往复活塞式	曲柄连杆式		开启式	0.4 ～ 120	石油化工领域、大型空调系统及冷库等	（1）工况适用范围广泛，易实现高压比； （2）制冷量覆盖范围大； （3）结构简单、对加工材料和工艺要求低、但零件多且复杂，易损件较多； （4）转速受限制、输气不连续
				半封闭式	0.75 ～ 45	冷库、冷藏运输、冷冻加工、陈列柜和厨房冰箱等领域	
				全封闭式	0.1 ～ 15	电冰箱、空调器等小型制冷装置	
		斜盘式		开启式	0.75 ～ 2.2	汽车空调	（1）结构特征适合于高转速、移动式装置； （2）惯性力矩易平衡
	回转式	滚动转子式		开启式	0.75 ～ 2.2	汽车空调	（1）结构简单，零件几何形状规则，便于批量加工； （2）体积小、重量轻； （3）易损件少，可靠性较高； （4）无吸气阀，压缩机效率较高； （5）不适合高压比工况
				全封闭式	0.1 ～ 10	电冰箱、空调器、热泵	

续表

分类			结构简图	密封类型	输入功率 / kW	主要用途	主要特征
容积式	回转式	滑片式		开启式	0.75 ~ 2.2	汽车空调	滑片式除具有转子式的优点，还具有以下特点： （1）压力脉动小，振动小； （2）高转速摩擦损失大，效率低
				全封闭式	0.6 ~ 5.5	电冰箱、空调器	
		涡旋式		开启式	0.75 ~ 7.4	汽车空调	（1）泄漏小，无余隙容积，无吸、排气阀流动损失小，效率高； （2）多腔同时工作，转矩变化小，运转平稳，且吸气、压缩、排气连续进行，压力脉动小，振动、噪声亦较小； （3）结构简单，零件数量少，加之柔性机构，可靠性高
				全封闭式	2.2 ~ 60	空调器	
		双螺杆式		开启式	20 ~ 1800	食品冷冻、冷藏、制冰、民用及商用空调、工业制冷等领域，适用于大机型	（1）高效、耐久、结构紧凑并可对负载进行连续调节； （2）振动小、噪声低； （3）兼有活塞式制冷压缩机的单机压比高特点；
				半封闭式	30 ~ 300	食品冷冻、冷藏、制冰、民用及商用空调、工业制冷等领域，用于中小机型	

续表

分类			结构简图	密封类型	输入功率 / kW	主要用途	主要特征
容积式	回转式	单螺杆式		开启式	100 ～ 1100	多用于中央空调和大中型冷库，适用于大机型	（4）兼有离心式制冷压缩机的排量大、转速高、运转平稳的特点，且对湿压缩不敏感； （5）可能产生过压缩和欠压缩
				半封闭式	22 ～ 90	多用于中央空调和大中型冷库，适用于中小机型	
离心式				开启式	90 ～ 10000	制冷装置、空调、热泵	（1）适合于大容量系统； （2）不宜用于高压缩比场合； （3）转速高； （4）效率高； （5）多采用半封闭式结构
				半封闭式			

表 8.2　常用制冷机的特性

种类		特性及用途	适宜单机名义制冷量 /kW
蒸气压缩式	离心式	通过叶轮离心力作用吸入气体和对气体进行压缩。容量大、体积小，可实现多级压缩，以提高效率和改善调节性能。适用于大容量的空调制冷系统，不宜用于高压缩比场合	≤ 2000
	螺杆式	双螺杆通过转动的两个阴阳螺旋形转子相互啮合。单螺杆通过一个螺旋形转子与两个星轮相互啮合而吸入气体和压缩气体。利用滑阀调节气缸的工作容积来调节负荷。转速高，适合于高压缩比场合，排气压力脉冲性小。容积效率高，适用于制冷装置及大、中型空调制冷系统和热泵系统	>580
	活塞式	通过活塞的往复运动吸入气体和压缩气体，适用于中、小容量的空调制冷与热泵系统	<580
	涡旋式	由静涡盘和动涡盘组成。气态制冷剂从静涡盘的外部吸入，在静涡盘与动涡盘所形成的月牙形空间中压缩，被压缩的高压气态制冷剂从静涡盘中心排出，完成吸气与压缩过程。与活塞式比，容积效率与绝热效率均提高了，噪声振动降低了，体积缩小了，重量减轻了，单机容量小，适合小型热泵系统	<116

活塞式制冷压缩机利用气缸中活塞的往复运动来压缩气体，通常是利用曲柄连杆机构将原动机的旋转运动转变为活塞往复直线运动，所以也称为往复式压缩机。活塞式制冷压缩机主要由机体、气缸、活塞、连杆、曲轴和气阀等部件组成。当压缩电动机带动压缩机主（曲）轴做旋转运动时，活塞经转换部件（如连杆）变为往复直线运动，活塞在气缸中完成吸气、压缩、排气和拉伸四个过程，从而完成对制冷剂吸入、压缩和排除的任务。半封闭活塞式制冷压缩机构造如图 8.2 所示。

活塞式制冷压缩机一般通过采用油压顶杆启阀片式卸载机构改变压缩机工作气缸数量来进行能量调节。活塞式制冷压缩机由于曲轴连杆机构的惯性力及阀片的寿命，活塞运动速度和气缸的容积受到了限制，故排气量不能太大。

目前国产活塞压缩机转速一般为 500 ～ 3000r/min，标准制冷量小于 600kW，属于中小型制冷机。活塞式制冷压缩机的制冷性能系数低于螺杆式制冷压缩机和离心式制冷压缩机的制冷性能系数，然而由于生产工艺简单，产品规格型号多且价格便宜，活塞式制冷压缩机在制冷工程和空调工程中仍被广泛应用。

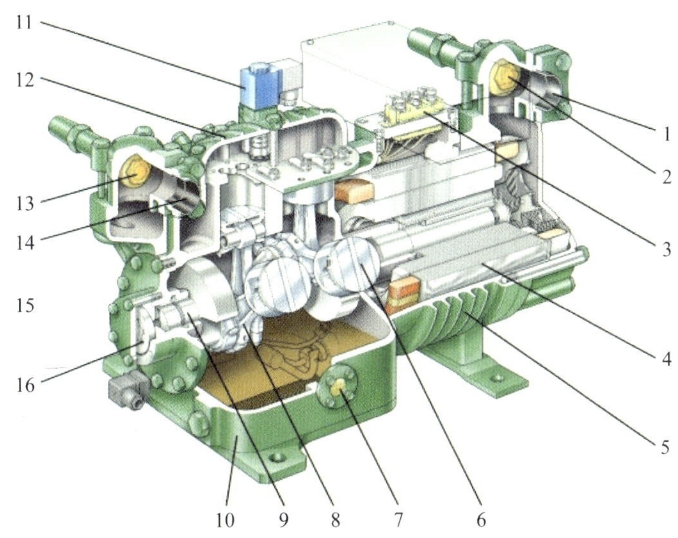

图 8.2 半封闭活塞式制冷压缩机构造

1—吸气口；2—吸气截止阀；3—电控接线板；4—电机；5—机体；6—活塞；7—视油镜；8—连杆；9—曲轴；10—曲轴箱；11—容量调节电磁阀；12—气缸盖；13—排气截止阀；14—排气口；15—阀板；16—油泵

8.1.3 涡旋式压缩机制冷

涡旋式压缩机是一种借助于容积变化来实现气体压缩的流体机械，它与往复压缩机相似。涡旋式压缩机主要零件动涡盘的运动，与转子压缩机相同，是在偏心轴的直接驱动下进行。涡旋式压缩机的压缩腔，既不同于往复式压缩机，又不同于转子式压缩机，故把它称作新一代容积式压缩机。作为运动部件最少的压缩机，目前在中小型机组中应用非常广泛，制冷量范围为 8 ～ 60kW。多台压缩机的组合，其制冷量可达到几百千瓦，此类压缩机配合精度要求高、制造工艺复杂，但近年来随着规模化生产、技术成熟，成本也迅速降低。

涡旋式压缩机是由两个渐开线型的动涡旋盘（旋转涡旋盘或涡旋转子）和静涡旋盘（固定涡旋盘或涡旋定子）组成。两个涡旋盘一般为相同的型线，只是在装配时动涡旋盘相对于静涡旋盘旋转了 180°，一对渐开线型的动、静涡旋盘相互啮合而成。在吸气、压缩、排气工作过程中，静涡旋盘固定在机架上，动涡旋盘由偏心轴驱动并由防自转机构约束，围绕静涡旋盘中心作小半径的平面转动。低温、低压气体从上部的吸气管吸入，进入静涡旋盘的外围，随着偏心轴旋转，气体在动、静涡旋盘啮合所组成的若干对月牙形压缩腔内被逐步压缩，然后高温、高压气体由静涡旋盘心部位的轴向孔连续排出。有的涡旋压缩机吸气管在压缩机下部，排气管在压缩机上部，上部为高压腔，中下部为低压腔，由分隔板隔开，润滑油在压缩机下部，曲轴内有油孔，曲轴旋转时依靠离心力把油送入气缸。

在涡旋式压缩机中，吸气、压缩、排气工作过程连续进行，工作过程如图 8.3 所示。动涡旋盘每旋转一定角度，就吸入和密封两个气团，压缩两个气团，两个气团处于排气状态。

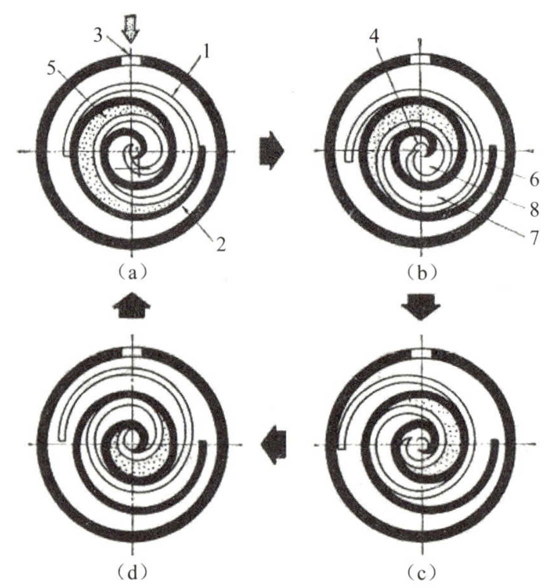

图 8.3　涡旋式制冷压缩机工作原理

1—动涡盘；2—静涡盘；3—吸气口；4—排气口；5—压缩室；
6—吸气过程；7—压缩过程；8—排气过程

涡旋式压缩机结构主要分为动静式和双公转式两种。目前动静式应用最为普遍，主要部件包括动涡盘、静涡盘、支架、偏心轴及防自转机构，这些零部件包含在压缩机壳体内，只有吸气口、排气口、电器接线端子露在外面。涡旋式制冷压缩机构造组成如图 8.4 所示。

涡旋式压缩机的单机制冷量较小，所以涡旋式冷水机组的容量不大，目前单机制冷量最大约为 84kW。涡旋式压缩机变容量技术的发展，如数码涡旋技术，变频涡旋技术等，为扩大涡旋压缩机在冷水机组方面的应用创造了积极的条件。

同时，由于涡旋压缩机本身具有高容积率、高能效和低噪声等优势，只要能解决增大排量问题，在冷水机组应用上将具有很强的竞争力。

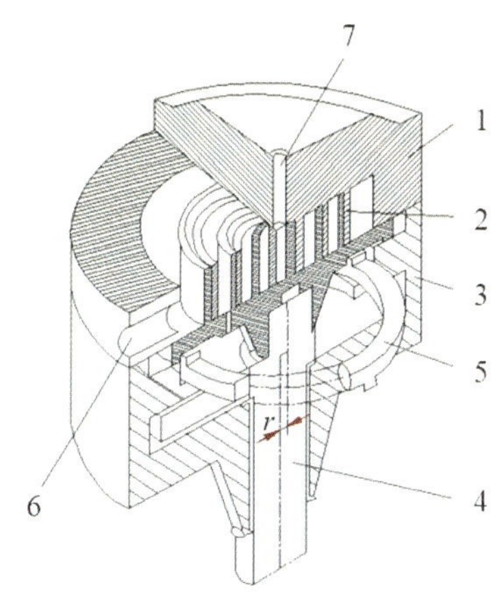

图 8.4　涡旋式制冷压缩机构造组成

1—静涡盘；2—动涡盘；3—壳体；4—偏心轴；5—防自转环；6—吸气口；7—排气口

8.1.4　螺杆式压缩机制冷

螺杆式制冷压缩机（Screw Refrigerant Compressor）是由带有螺旋槽的转子在压缩腔内旋转而使制冷剂蒸气压缩的压缩机，它与活塞式同属于容积式压缩机。螺杆式压缩机转子与离心式压缩机转子一样，做高速的旋转运动，所以螺杆式压缩机兼有两类压缩机特点，具有结构简单紧凑、易损件少、大修周期长、维护简单、可靠性高等特点。与活塞式制冷压缩机相比，转速较高、质量轻、体积小、占地面积小，因而经济性较好；螺杆式制冷压缩机没有不平衡惯性力存在，可以平衡高速运转，动力平衡性能好，可以实现无基础运转；螺杆式制冷压缩机对进液不敏感，能耐液体冲击，可以多相混输，可采用喷油或喷液冷却，在相同压比下，排气温度比活塞式制冷压缩机低得多，因此单级压比高；与离心式制冷压缩机相比，螺杆式制冷压缩机具有强制输气的特点，输气量几乎不受排气压力的影响，在较宽工作范围内，仍可保持较高的效率，但由于螺杆式制冷压缩机高精度的螺旋状转子齿面是一空间曲面，要求用昂贵的专用设备和特种刀具进行加工，同时气缸加工精度要求也较高，所以螺杆式制冷压缩机造价较高。由于气体周期性地高速通过吸、排气孔口，以及通过缝隙泄漏等原因，故压缩机的噪声较大；由于间隙密封和转子刚度等的限制，目前螺杆式制冷压缩机适用于中、低压范围；由于螺杆式制冷压缩机采用喷油冷却方式，必须配置相应辅助设备，从而使整个机组体积和质量加大，不能做成微型压缩机。

总之，螺杆压缩机具有结构简单、工作可靠、效率高和调节方便等优点，中、大容量的螺杆式冷水机组已经相继问世，因此在制冷空调领域中，螺杆式制冷机应用越来越广泛。

8.1.4.1 螺杆式制冷压缩机

由机体、螺杆转子、原动机及其附件（包括油泵、油冷却器、油分离器等）组成，螺杆式制冷压缩机按其结构可以分为开启式、半封闭式、全封闭式；按其转子配置可分为单螺杆式、双螺杆式等。常用型式为双螺杆式制冷压缩机，其结构如图 8.5 所示。

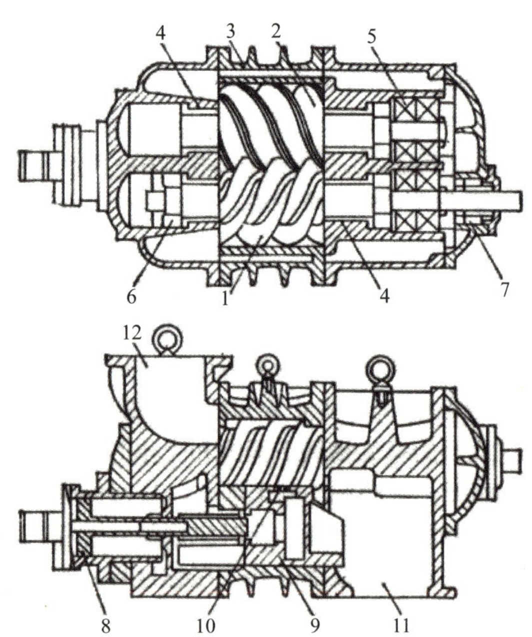

图 8.5 双螺杆式制冷压缩机结构图

1—阳转子；2—阴转子；3—机体；4—滑动轴承；5—止推轴承；6—平衡活塞；7—轴封；8—能量调节用卸载活塞；9—卸载滑阀；10—喷油孔；11—排气口；12—吸气口

压缩机气缸内装有一对互相啮合的螺旋形阴阳转子（即螺杆），阳转子有四个凸形齿，阴转子有六个凹形齿，两者相互反向旋转。转子的齿槽与气缸体之间形成 V 形密封空间，随着转子的旋转，空间容积不断发生变化，周期地吸进并压缩一定数量气体。双螺杆压缩机的能量调节通常采用滑阀，滑阀沿着转子的轴线方向移动，使部分压缩机阴阳螺杆转子的齿间容积与压缩机吸气口相连通，减少了螺杆转子的有效压缩长度，从而调节参与压缩的制冷剂气体的循环量，以达到调节能量的作用。采用滑阀调节一般分为无级调节和有级调节两种，无级调节在部分负荷运行时，能从 15% ～ 100% 连续调节机组的制冷量，使系统所需负荷与机组提供的负荷在任何时间内都能匹配，通常应用于单机头大容量机组，部分负荷耗电少；有级调节在部分负荷运行时只能分阶段调节机组制冷量，如 25%、50%、75%、100%，通常应用于多机头小容量机组，机头越多，越接近无级调节，但故障率增加，部分负荷耗电多。

单螺杆压缩机通常由一个转子、星轮、机体、能量调节机构组成。与双螺杆压缩机相比，单螺杆压缩机减少了一个转子，增加了星轮。转子与星轮齿型啮合要求精密配合，加工难度增加，星轮通常采用工程塑料制作，以减少刚性磨损。星轮结构有整体式、浮动式、弹性式三种，常见的是浮动式；目前单螺杆制冷压缩机的螺杆与星轮布置形式多采用 CP 型单螺杆制冷压缩机，其结构如图 8.6 所示。

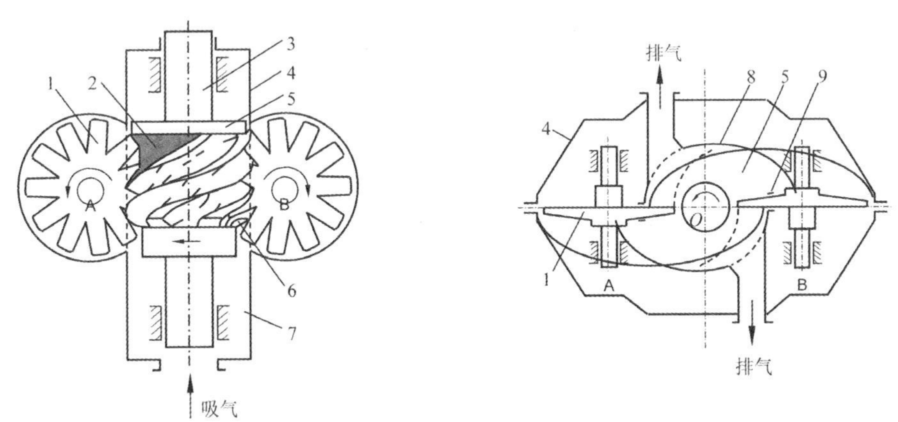

图 8.6　单螺杆式制冷压缩机结构简图

1—星轮；2—排气孔口；3—主轴；4—机壳；5—螺杆；6—转子吸气端；7—吸气孔口；8—气缸；9—孔槽

在机壳内由圆柱螺杆和两个对称的平面星轮组成啮合副；螺杆的螺槽、机壳内腔和星轮齿顶平面构成封闭的单元容积。动力由轴传至螺杆、带动星轮旋转，气体从吸气端进入，经压缩后由排气口排出。

单螺杆压缩机能量调节机构主要有滑阀式、转动环式与薄膜式三种。目前比较常用的是滑阀式，其滑阀原理与双螺杆基本相同。双螺杆压缩机仅需要一个滑阀，而单螺杆压缩机由于有两个星轮形成两套独立的密封系统，因此需要两个滑阀来控制压缩机的加、减载。

目前冷水机组中单螺杆压缩机制冷量较小，通常采用多机头冷水机组的设计模式，一般采用有级调节。单螺杆压缩机具有制冷量小、噪声低等特点，逐渐应用到空调行业中。

螺杆式制冷压缩机的优点是结构简单、体积小、易损件少、振动小、容积效率高、对湿压缩不敏感，同时，还可以实现无级能量调节，但是由于目前生产的螺杆式压缩机大都采用喷油进行冷却、润滑及密封，所以润滑油系统比较复杂而且庞大，此外还存在噪声、油耗、电耗较大等缺点。

8.1.4.2　螺杆式冷水机组

螺杆式冷水机组主要由蒸发器、螺杆式压缩机、冷凝器、节流机构以及控制系统组成。根据冷凝器结构不同，可以分为水冷式冷水机组和风冷式冷水机组；按采用压缩机的数量不同，可分为单机头螺杆式冷水机组和多机头螺杆式冷水机组。近年来，多机头螺杆式冷水机组取得了很大的发展，其制冷量范围为 240～1500kW。多机头冷水机组制冷系统可分为共用制冷系统和独立制冷系统两种形式。由于多台压缩机共用一个制冷系统容易造成压缩机回油不均等问题，因此独立制冷系统形式较常见。螺杆式冷水机组外形如图 8.7 所示。

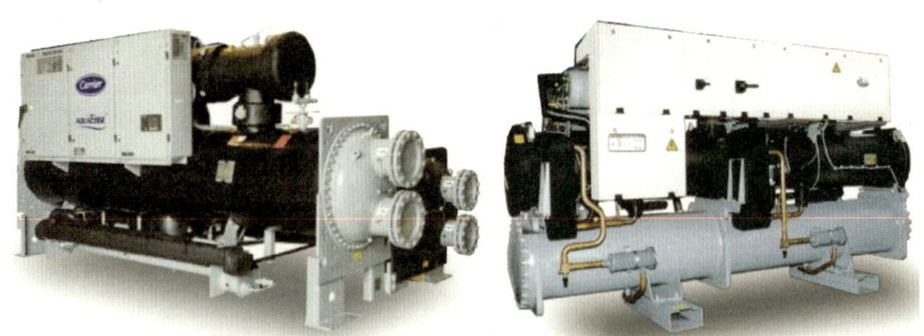

图 8.7　螺杆式冷水机组外形

此外，还有采用螺杆压缩机组成的热泵冷热水机组，夏季供冷、冬季供热；还有由螺杆式制冷压缩机组成热回收型冷热水机组，在供冷工况运行时，同时回收冷凝器的冷凝热，可以同时供冷、供热，但以供冷为主。

8.1.4.3　螺杆式冷水机组选择要点

满足使用功能和高效、可靠地运行是选用螺杆式冷水机组的要点，选择要点见表 8.3。

表 8.3　螺杆式冷水机组的选择要点

<table>
<tr><th>序号</th><th>项目</th><th colspan="2">部件特征及技术要求</th><th>备注</th></tr>
<tr><td rowspan="4">1</td><td rowspan="4">制冷参数</td><td>冷水进出口温度</td><td>性能系数（COP）</td><td rowspan="4">机组的运行工况影响机组的制冷量、性能系数（COP）</td></tr>
<tr><td>冷却水进出口温度</td><td>制冷剂</td></tr>
<tr><td>制冷量</td><td>卸载范围</td></tr>
<tr><td>输入功率</td><td></td></tr>
<tr><td>2</td><td>压缩机</td><td colspan="2">双螺杆 / 单螺杆、直接驱动 / 齿轮传动、无级调节 / 有级调节、开启式 / 封闭式、单机头 / 多机头、负荷调节范围</td><td>压缩机的不同型式影响可靠性、能效比、负荷调节范围</td></tr>
<tr><td>3</td><td>电动机</td><td colspan="2">冷媒冷却 / 空气冷却、电机功率、电源 380V/50Hz/3P、星 / 三角启动等、断路器</td><td>电源功率及启动方式决定电动机启动电流，影响启动柜的价格；电动机的冷却方式影响电动机的可靠性，安装断路器方便电源切换</td></tr>
<tr><td>4</td><td>控制器</td><td colspan="2">能否提供运行状况报告、即四种程序报告（压缩机、制冷剂、冷水机组、客户指定报告）；可否与本公司的自控系统通信、也可与其他品牌楼宇自控系统联系；对潜在的过载、超压、结冰等情况，是否采取积极措施，不会立即停机</td><td>控制器功能影响冷水机组的安全性和能量调节性能、自控功能实现、空调需求满足</td></tr>
<tr><td>5</td><td>蒸发器</td><td>冷冻水量
冷冻水压降
水侧承压
污垢系数
水管回程数</td><td>干式蒸发器
满液式蒸发器
降膜式蒸发器</td><td>蒸发器水侧参数影响冷水泵的流量、扬程；水管回程数影响水管的接管方向和安装空间；蒸发器的类型影响其换热效率</td></tr>
<tr><td>6</td><td>冷凝器</td><td>冷却水量
冷却水压降
水侧承压
污垢系数
水管回程数</td><td>卧式壳管式</td><td>冷凝器水侧参数影响冷却水泵的流量、扬程；水管回程数影响水管的接管方向和安装空间；换热管类型与冷却水水质有关</td></tr>
</table>

续表

序号	项目	部件特征及技术要求	备注
7	其他部件	油过滤器、检修阀、安全阀、高低压力表、高低压力开关、防冻开关、温度控制开关、蒸发器和冷凝器水流开关、电机过载保护、冷凝器高压保护、蒸发器低压保护等影响冷水机组的安全运行	
8	出厂检测安装方便	出厂前进行100%的性能测试，保障了机组的可靠性，并确保制冷量、输入功率等相关性能参数符合相关标准、样本与合同要求。机组在出厂前充注制冷剂与润滑油，方便了机组的安装，节省了用户的安装与调试费用	

为确保螺杆式冷水机组的性能和质量，还应根据螺杆式冷水机组部件明细表，确认部件的品牌和产地，见表 8.4。

表 8.4　螺杆式冷水机组部件明细表

序号	名称	说明	序号	名称	说明
1	压缩机总成（包括电动机）	品牌，产地	11	水流开关	品牌，产地
2	微电脑控制中心	品牌，产地	12	压力传感器	品牌，产地
3	星 / 三角启动器	品牌，产地	13	温度传感器	品牌，产地
4	干燥过滤器	品牌，产地	14	各种继电器 / 空气开关	品牌，产地
5	油过滤器	品牌，产地	15	隔振垫片	品牌，产地
6	冷媒过滤器	品牌，产地	16	保温材料	品牌，产地
7	油冷却器	品牌，产地	17	电磁阀	品牌，产地
8	蒸发器冷凝器高效换热管	品牌，产地	18	接线端子	品牌，产地
9	换热管支撑板	品牌，产地	19	球阀	品牌，产地
10	换热器外壳	品牌，产地	20	角阀	品牌，产地

8.1.5　离心式压缩机制冷

离心式制冷机组由离心式制冷压缩机和冷凝器、节流装置、经济器、蒸发器等辅助设备构成。离心式制冷压缩机是主要核心部件,制冷性能主要取决于压缩机。离心式制冷压缩机属于速度型压缩机，靠高速旋转叶片对冷媒气体做功，提高气体压力;为了产生有效的能量转换，旋转速度必须尽量高。制冷剂气体流动是连续的，其流量比容积式制冷压缩机要大得多，所以离心式制冷机都可以达到很大制冷量。通常离心式制冷压缩机的吸气量为 0.03 ～ 15m^3/s，转速为 1800 ～ 90000r/min，吸气压力为 14 ～ 700kPa，排气压力小于 2MPa，压力比为 2 ～ 30，几乎可采用所有制冷剂，常用制冷剂有 R123、R134a 等。用于空调工程离心式冷水机组制取 4℃～ 9℃冷水时，一般采用单级、双级或三级离心式制冷压缩机；工业用低温制冷压缩机多采用多级离心式制冷压缩机。近年根据各类建筑空调工程使用特点，正推广应用热回收功能、蓄冷功能的离心式冷水机组，为节能减排做贡献。

8.1.5.1　离心式制冷压缩机

离心式制冷压缩机是一种速度型压缩机，通过高速旋转叶轮对气体做功，使其流速增高，而后通过扩压器使气体减速，将气体的动能转换为压力能，气体的压力就得到相应提高。

离心式制冷压缩机有单级、双级和多级等结构型式。单级压缩机主要由吸气室、叶轮、扩压器、蜗壳及密封等组成，如图 8.8 所示；多级离心式制冷压缩机，增设有中间级、末级，设有叶轮、扩压器、弯道和回流器部件。一个工作叶轮与相应的扩压室、弯道、回流器或蜗壳等组成离心式制冷压缩机的一个级。

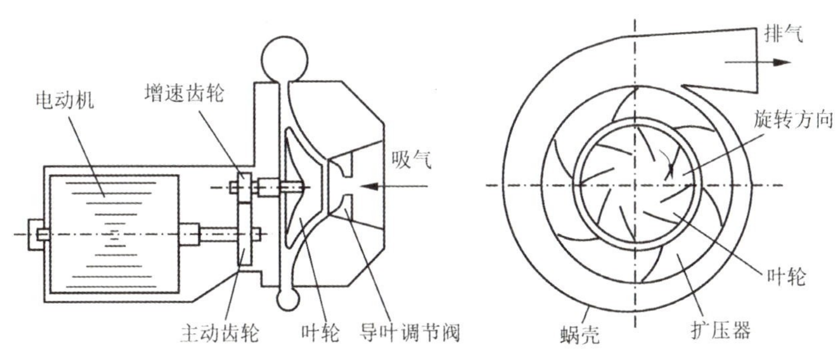

图 8.8　单级离心式制冷压缩机的结构示意图

离心式制冷压缩机的主要优点包括：制冷量大、结构紧凑、重量轻（比同等制冷量活塞式压缩机轻 80% ～ 88%)、占地面积可以减少一半左右、工作可靠、维护费用低、噪声小，但由于离心式压缩机转数很高，所以对于材料强度、加工精度和制造质量均要求严格，否则易于损坏、不安全。此外，小型离心式压缩机的总效率低于活塞式压缩机，故适用于大型或特殊用途的场所。

8.1.5.2　离心式冷水机组

按照压缩机级数不同，离心式冷水机组可分为单级压缩与多级压缩离心式冷水机组。单级压缩离心式冷水机组由压缩机、冷凝器、蒸发器与节流装置等主要部件组成；多级压缩离心式冷水机组会有多套节流装置和经济器。离心式冷水机组的主要功能是提供冷量，目前市场上出现了具有不同特殊功能离心式冷水机组，成为空调行业环保节能的新亮点，如热回收功能、冰蓄冷功能、免费取冷功能等。离心式冷水机组外形如图 8.9 所示。

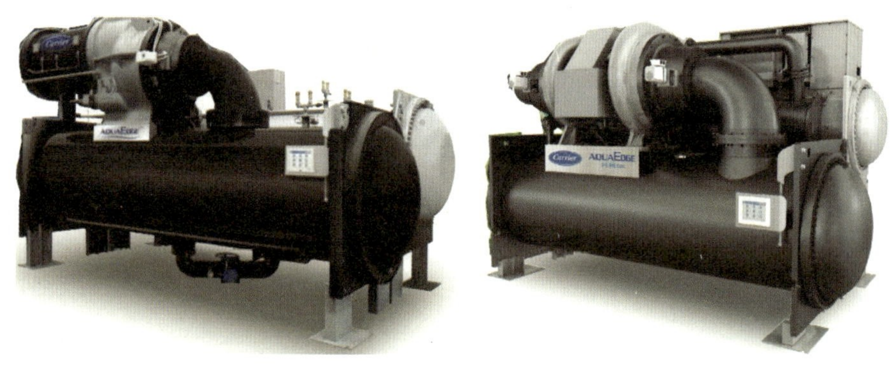

图 8.9　离心式冷水机组外形

此外，磁悬浮变频离心式冷水机组已经开始大批量投入到实际应用，其核心是磁悬浮离心压缩机，主要由叶轮、电机、磁悬浮轴承、位移传感器、轴承控制器、电机驱动器等部件组成。磁悬浮轴承利用磁场，使转子悬浮起来，从而在旋转时不会产生机械接触，不产生机械摩擦，无须润滑系统。在制冷压缩机中使用磁悬浮轴承，所有因为润滑油而带来的问题将不复存在。因此，磁悬浮变频离心机克服了传统机械轴承式离心机能效受限、噪声大、启动电流大、维护费用高等一系列问题，是一种更为节能、高效的中央空调产品，有运行效率高、无须润滑油、噪声小、重量轻、启动电流小等特点。

8.1.5.3　离心式冷水机组的选择要点

满足使用功能和高效、可靠地运行是选用离心式冷水机组的要点，选择要点见表 8.5。

表 8.5　离心式冷水机组的选择要点

<table>
<tr><th>序号</th><th>项目</th><th colspan="2">部件特征及技术参数</th><th>备注</th></tr>
<tr><td rowspan="4">1</td><td rowspan="4">制冷参数</td><td>冷水进出口温度</td><td>性能系数（COP）</td><td rowspan="4">机组的运行工况影响机组的制冷量、性能系数（COP）</td></tr>
<tr><td>冷却水进出口温度</td><td>制冷剂</td></tr>
<tr><td>制冷量</td><td>卸载范围</td></tr>
<tr><td>输入功率</td><td></td></tr>
<tr><td>2</td><td>压缩机</td><td colspan="2">单级压缩 / 多级压缩、半封闭式 / 开启式、直接驱动 / 齿轮传动、负荷调节范围</td><td>压缩机的不同型式影响可靠性、能效比、负荷调节范围</td></tr>
<tr><td>3</td><td>电动机</td><td colspan="2">电源 380V/3kV/6kV/10kV
电机功率、低压启动：星 / 三角启动、固态启动、变频启动；高压启动：直接启动、自耦启动、初级阻抗、冷媒冷却 / 空气冷却、断路器</td><td>电源功率及高、低压启动方式决定电动机启动电流，影响启动柜的价格；电动机的冷却方式影响电动机的可靠性，安装断路器方便电源切换</td></tr>
<tr><td>4</td><td>控制器</td><td colspan="2">能否提供运行状况报告，即四种程序报告（压缩机、制冷剂、冷水机组、客户指定报告），是否中文显示；可否与本公司的自控系统通信，也可与其他品牌楼宇自控系统联系；对潜在的过载、超压、结冰等情况，是否采取积极措施，不会立即停机</td><td>前馈控制 + 反馈控制模式
精确地控制冷水机组的出水温度；自适应控制模式在非正常情况下，可继续供冷，不会保护性停机</td></tr>
<tr><td>5</td><td>蒸发器</td><td>冷冻水量
冷冻水压降
水侧承压
污垢系数
水管回程数</td><td>干式蒸发器
满液式蒸发器
降膜式蒸发器</td><td>蒸发器水侧参数影响冷水泵的流量、扬程；水管回程数影响水管的接管方向和安装空间；蒸发器的类型影响其换热效率</td></tr>
<tr><td>6</td><td>冷凝器</td><td>冷却水量
冷却水压降
水侧承压
污垢系数
水管回程数</td><td>卧式壳管式</td><td>冷凝器水侧参数影响冷却水泵的流量、扬程；水管回程数影响水管的接管方向和安装空间；换热管类型与冷却水水质有关</td></tr>
</table>

为了确保离心式冷水机组的性能和质量，还应根据离心式冷水机组部件明细表，确认部件的品牌和产地，见表 8.6。

表 8.6　离心式冷水机组部件明细表

序号	名称	说明	序号	名称	说明
1	压缩机总成（包括电动机）	品牌，产地	11	换热器外壳	品牌，产地
2	微电脑控制中心	品牌，产地	12	水流开关	品牌，产地
3	星 / 三角启动器	品牌，产地	13	压力传感器	品牌，产地
4	干燥过滤器	品牌，产地	14	温度传感器	品牌，产地
5	油过滤器	品牌，产地	15	各种继电器 / 空气开关	品牌，产地
6	冷媒过滤器	品牌，产地	16	隔振垫片	品牌，产地
7	油冷却器	品牌，产地	17	保温材料	品牌，产地
8	排气装置	品牌，产地	18	电磁阀	品牌，产地
9	蒸发器冷凝器高效换热管	品牌，产地	19	球阀	品牌，产地
10	换热管支撑板	品牌，产地	20	角阀	品牌，产地

8.2　吸收式制冷

吸收式制冷机由发生器、冷凝器、蒸发器和吸收器四个基本换热设备组成。在智慧能源工程中，常用的是溴化锂吸收式制冷机，该制冷机是采用水为制冷剂、溴化锂溶液为吸收剂，在发生器或高压发生器通入驱动热源，构成吸收式制冷循环制取冷水的设备。

溴化锂吸收式冷（热）水机组是一种以热能为动力，溴化锂溶液为工质对，制取冷（热）源的设备（一般制取 5℃以上冷水），其显著优点是：无须耗用大量的电能，能利用各种低品位热源和余热；运动部件少，振动、噪声小，运行安静；在真空状态下运行，无臭、无毒、无爆炸危险，安全可靠；负荷可实现无级调节，性能稳定，操作简单，维护保养方便，故被广泛应用于会堂、宾馆、医院、办公楼、工厂等场所的空调和厂矿工艺流程的冷却。

吸收式制冷也是液体汽化法制冷的一种方式，溴化锂吸收式制冷原理与蒸气压缩式制冷原理有相同之处，都是利用液态制冷剂在低温低压条件下、蒸发汽化吸收载冷剂（冷水）的热负荷产生制冷效应，所不同的是，溴化锂吸收式制冷是利用“溴化锂 - 水”组成的二元溶液为工质对，完成制冷循环。吸收式与蒸气压缩式制冷原理比较如图 8.10 所示。

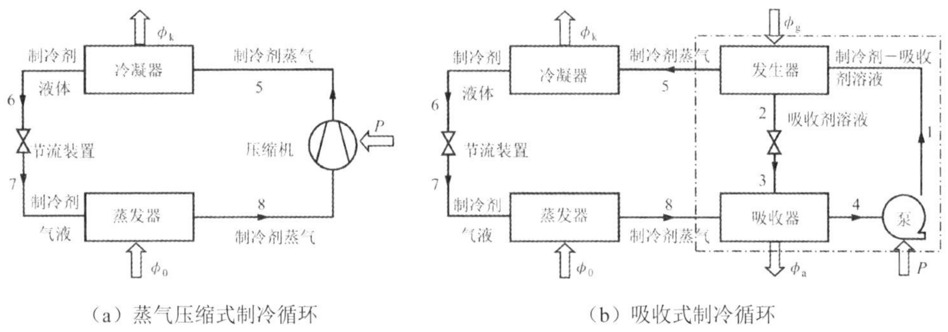

（a）蒸气压缩式制冷循环　　（b）吸收式制冷循环

图 8.10　吸收式与蒸气压缩式制冷循环的原理比较

在溴化锂吸收式制冷机内循环的二元工质对中，工质对中水是制冷剂，在真空（绝对压力 870Pa）状态下蒸发，具有较低的蒸发温度（5℃），从而吸收载冷剂热负荷，使之温度降低，源源不断地输出低温冷水；工质对中溴化锂水溶液则是吸收剂，可在常温和低温下强烈地吸收水蒸气，在高温下又能将其吸收的水分释放出来。制冷剂在二元溶液工质对中，不断地被吸收或释放出来。吸收与释放周而复始，不断循环，因此，蒸发制冷循环也连续不断。吸收式制冷系统原理如图 8.11 所示。

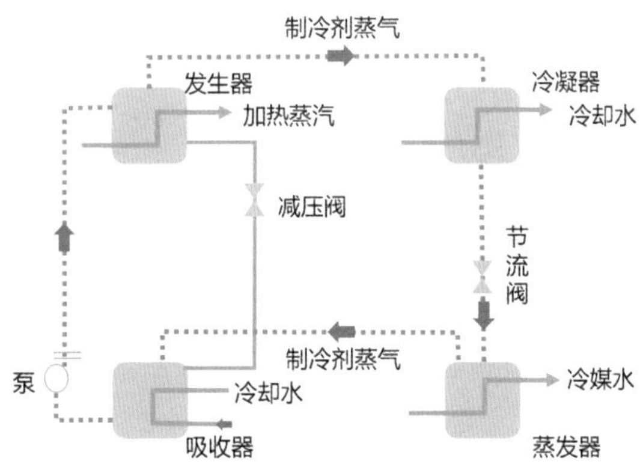

图 8.11　吸收式制冷系统原理示意图

溴化锂吸收式制冷机的制冷剂是水，制冷温度只能在 0℃以上，一般不低于

5℃，故溴化锂吸收式制冷机多用于空气调节工程作低温冷源，特别适用于大、中型空调工程，在某些生产工艺中也可用于提供低温冷却水。溴化锂吸收式制冷机按驱动热源不同可分为蒸汽型、热水型、直燃型（以天然气等燃气或燃油的燃烧为热源）、烟气型等，按制冷循环可分为单效型、双效型等。溴化锂吸收式制冷机机组外形如图 8.12 所示。

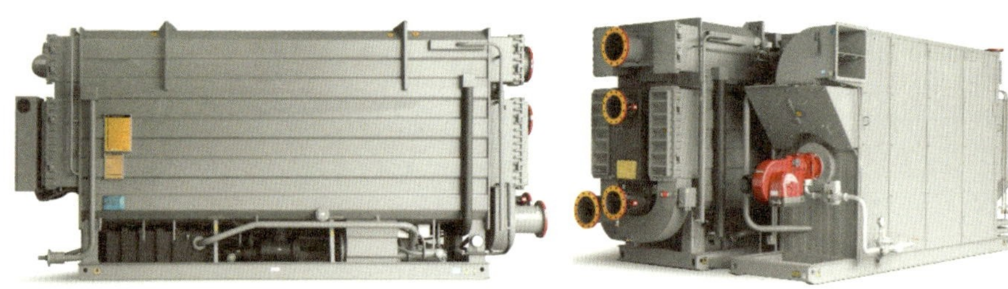

图 8.12　溴化锂吸收式制冷机机组外形

溴化锂吸收式制冷机主要特点是可利用各种类型的余热资源，运动部件少，振动、噪声小，在真空状态下运行安全稳定，操作简单，维护保养方便，可广泛应用于各行各业具有余热资源的工业企业和各种公共建筑的空调工程、生产工艺过程的冷却。近年来燃气冷热电联供分布式能源系统正日益广泛地应用于各类建筑、建筑群或区域冷热电供应，在燃气冷热电联供分布式能源系统中一般要配置烟气型、蒸汽型、热水型或烟气热水型溴化锂吸收式制冷机。

近年来，空调制冷技术人员对溴化锂吸收式制冷机与电力驱动的蒸气压缩式制冷机的能源消耗谁优谁劣，众说纷纭。为了比较，各种制冷机组的能源消耗均折合到一次能源源头消耗进行对比，各类制冷机组制取 1000kW 冷量的一次能源消耗量对比见表 8.7。

表 8.7　各类制冷机组制取 1000kW 冷量的一次能源消耗量对比

制冷机组类型		离心式	螺杆式	活塞式	单效溴化锂吸收式	双效溴化锂吸收式	直燃式
能量消耗	电力 /kW	181.8	196.1	212.8	5.0	6.5	9.5
	蒸汽 /（kg/h）	—	—	—	2350	1280	—
	天然气 /（m^3/h）	—	—	—	—	—	81.63

续表

性能系数（COP）	5.50	5.10	4.70	0.72	1.34	1.3/0.9
一次能源耗量 /kW	505	544.7	591	1634	878	778.7
一次能耗相对值	1.0	1.08	1.17	3.24	1.74	1.54

该表中的比较依据是：

（1）电力驱动均按水冷式制冷机进行对比，其 COP 以国家标准《冷水机组能效限定值及能效等级》（GB 19577）中能效等级 2 级取值。

（2）电力的一次能源耗量是以发电、输电的总效率为 0.36 计算。

（3）单效和双效溴化锂吸收式制冷机的蒸汽消耗量以国家标准《蒸汽和热水型溴化锂吸收式冷水机组》（GB/T 18431）中单效型的蒸汽消耗量为 2.35kg/kWh 和双效型的蒸汽消耗量为 1.28kg/kWh 计算。电力耗量按国内一些厂家的平均数据估计。

（4）直燃型溴化锂吸收式冷（温）水机组的性能系数（COP）和天然气耗量取自国家标准《直燃型溴化锂吸收式冷（温）水机组》（GB/T 18362）中的性能系数：制冷工况≥ 1.10，制热工况≥ 0.9，并参考目前国内一些厂家一般在制冷工况均可达到 1.3 ～ 1.35，制热工况 0.9 ～ 0.93，为此，表中数据按制冷工况为 1.3、制热工况为 0.92，天然气热值按 9.54kW 计算。

从表 8.7 的对比可见，吸收式制冷机的一次能源消耗的相对值均高于电力驱动的蒸气压缩式制冷机，其中单效吸收式制冷机的一次能源消耗相对值最大，蒸汽双效型与直燃机相近，所以近年来行业内日渐对直燃机的应用达成共识，燃气直燃机的特点是“节电不节能”，选用时应根据所在地区一次能源供应和可能的余热利用条件来确定。随着我国节能减排在各行各业的广泛展开，一些有余热资源的工业企业正积极推广采用各种类型的吸收式制冷机及热泵，以提高能源利用率，减少一次能源的消耗。

8.3　技术对比

常用制冷机的优缺点比较，见表 8.8。

表 8.8　常用制冷机的优缺点比较

类型	适用范围	主要优点	主要缺点	适应性
活塞式	单机制冷量 Q<580kW	（1）在空调工况下（压缩比为 4 左右）其容积率仍比较高；（2）系统装置较简单；（3）用材为普通金属，加工易，造价低	（1）往复运动，惯性力大，振动大，转速不能太高；（2）单机容量小，单位制冷量的重量大；（3）COP 值低	因 COP 值低，目前已很少使用
涡旋式	单机制冷量 Q<116kW	（1）涡旋式压缩机的零件数量比往复式压缩机少 60% 左右，使用寿命更长，运行更可靠；（2）压缩机为回旋容积式设计，余隙容积小，摩擦损失小，运行效率高；（3）振动小，噪声低，抗液击能力高；（4）COP 值高	（1）涡盘在加工方面的精度要求高，必须采用专用的加工设备和装配技术，高形位公差的要求限制了它的普及；（2）出于强度方面的考虑，涡旋壁的高度不能做得太高，所以排量一般较小	因单机制冷量小，一般用于多机头冷水机组或模块化冷水机组
螺杆式	单机制冷量 Q>580kW	（1）COP 值高，单机制冷量大，容积效率高；（2）结构简单，无往复式运动的惯性力，转速高；（3）对湿冲程不敏感，无液击危险；（4）易损件少，运行可靠，调节方便，通过滑阀可实现制冷量无级调节	（1）单机容量比离心式小，转速比离心式低；（2）润滑油系统比较庞大、复杂，耗油量较大；（3）加工精度和装配精度要求高	单机制冷量范围较适合电厂集中制冷站的冷负荷，使用较为广泛
离心式	单机制冷量 Q<2000kW	（1）COP 值高，单机制冷量大；（2）叶轮转速高，结构紧凑，重量轻，占机房面积少；（3）叶轮做旋转运动，运转平稳，振动较小，噪声较低；（4）调节方便，在 15% ～ 100% 范围内能较经济地实现无级调节；（5）采用多级压缩时，效率可提高 10% ～ 20% 左右，且能改善低负荷时的喘振现象	（1）由于转速高，对材料强度、加工精度等要求严格；（2）单级压缩时，在低负荷下运行，易发生喘振（除非热气旁通或变频）	适用于冷负荷较大全厂性集中制冷站

续表

类型	适用范围	主要优点	主要缺点	适应性
吸收式	单机制冷量 236kW ≤ Q ≤ 11630kW	（1）加工简单，成本低，制冷量调节范围大，可实现无级调节； （2）可利用余热、废热作为热源，运行成本低； （3）采用溴化锂水溶液工质对，对生态环境无破坏作用； （4）运动部件少，振动小，噪声低； （5）直燃型机组可直接供冷和供热，节约机房面积	（1）蒸汽型或热水型使用寿命比压缩式短，耗汽量大，热效率低，热力系数单效为 0.7 ～ 0.8、双效约为 1.2 ～ 1.30，可达 1.5 左右（对二次能源蒸汽而言）； （2）蒸汽型机组的耗汽量大，热效率较低； （3）作为制冷机时，一次能源性能系数低； （4）制冷运行中，负荷变化时，易产生溶液结晶； （5）溴化锂水溶液对金属有腐蚀性	（1）蒸汽双效型溴化锂机组使用最多； （2）单效蒸汽及热水型机组应视废热热源参数而定； （3）直燃型少有使用

8.4　应用案例

8.4.1　螺杆式制冷机

（1）项目概况。某项目总建筑面积为 32546.69m^2，裙房 5 层，塔楼 19 层，总建筑高度为 87.5m。地上裙房主要功能为展厅、报告厅、餐厅、会议等；塔楼为办公。

（2）负荷测算见表 8.9。

表 8.9　负荷统计表

建筑面积 /m^2	冷负荷 /kW	热负荷 /kW
32546.69	3916	2274

经过负荷模拟及统计计算，全年供冷量为 251.2 万 kWh，全年供热量为 22.67 万 kWh。

（3）装机方案。该项目总空调面积为 24142m^2，设计空调冷负荷指标为 162.2W/m^2，空调热负荷指标为 94.2W/m^2。

1）空调冷源。根据上述计算空调冷负荷，选用3台螺杆式冷水机组，制冷量1309kW，输入功率219kW/380V，冷冻水供/回水温度为7℃/12℃，冷却水温32℃/37℃条件下，COP为5.977。

2）空调热源。空调热源由市政热网提供，空调热水通过1台蒸汽-水换热机组提供，经计算机组总换热量为3100kW，换热器一次侧为0.3MPa饱和蒸汽，换热器二次侧热水供/回水温度为60℃/50℃，蒸汽由市政管网供给，压力1.0MPa，站内减温减压。

3）冷却塔。根据上述计算空调冷负荷和冷水机组，选用3台方形低噪声横流式冷却塔（空调型），冷却水供/回水温度32℃/37℃。

此外，空调水系统采用一次泵变频变流量系统；系统采用开式膨胀水箱进行定压、补水，定压点设在循环水泵吸入口处，与供暖系统膨胀水箱合用。

4）运行成本测算。运行成本测算见表8.10。设备装机容量3.927MW，按照全年供冷量折算用户制冷运行成本为0.5266元/kWh。

表8.10 用户制冷运行成本测算表

序号	项目	单位	金额	备注
1	制冷耗电成本	元/kWh（冷）	0.1742	
2	制冷耗水成本	元/kWh（冷）	0.0131	
3	制冷材料及其他成本	元/kWh（冷）	0.032	
4	设备修理费成本	元/kWh（冷）	0.0517	
5	制冷人工成本	元/kWh（冷）	0.0318	
6	长期贷款利息成本	元/kWh（冷）	0.06	
7	设备折旧费成本	元/kWh（冷）	0.1638	
制冷总成本		元/kWh（冷）	0.5266	包含折旧费

8.4.2 离心式制冷机

（1）项目概况。某传媒基地占地面积1202亩，总建筑面积87万m^2，首期建设面积约40万m^2，其中地上面积29万m^2。

（2）负荷测算。本工程供能对象是办公、演播厅，地上建筑面积规划28.62万m^2，地下建筑面积规划11.9万m^2，地下面积不考虑供能。建筑面积统计见表8.11，区域冷热负荷见表8.12。

表 8.11　建筑面积统计表

序号	项目名称	面积 /m^2
1	某广电大厦办公	212588
2	某广电大厦演播厅	73792

表 8.12　区域冷热负荷表

业态类型	建筑面积 / m^2	冷指标 /（W/m^2）	热指标 /（W/m^2）	冷负荷 / kW	热负荷 / kW
办公	212588	120	40	25510.56	8503.52
演播大厅	73792	330	160	24351.36	11806.72
负荷同时系数	—			0.7	1
总计	286380			34903.34	20310.24

本项目供冷季为每年的 4 月 16 日至 10 月 15 日，每年的供热季为 11 月 16 日至次年 3 月 15 日。经过统计计算，全年供冷量为 2239.13 万 kWh，全年供热量为 202.06 万 kWh。

（3）装机方案。装机方案系统如图 8.13 所示，冷热源供能方案及设备选型见表 8.13。

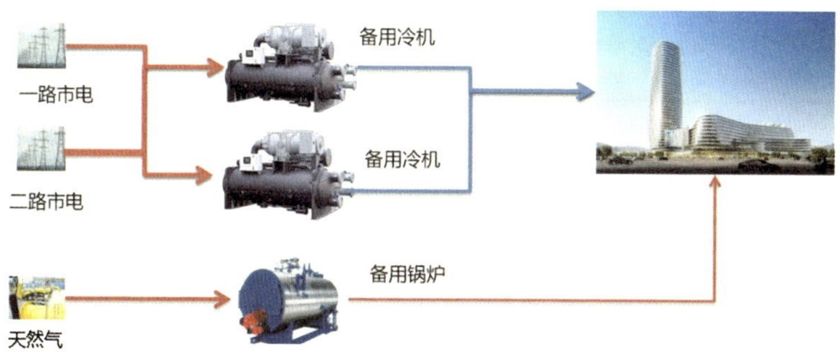

图 8.13　装机方案系统

表 8.13　设备统计表

序号	设备型号	单位	数量	单机参数	备注
1	电制冷离心机	台	6	2000RT	备用 1 台
2	燃气锅炉	台	3	7000kW	

（4）运行成本测算。运行成本测算见表 8.14。按照全年供冷量、供热量折算制冷运行成本为 0.756 元 /kWh，制热运行成本为 0.878 元 /kWh。

表 8.14　运行成本测算表

序号	项目	单位	金额	备注
用户制冷运行成本				
1	制冷耗电成本	元 /kWh（冷）	0.1956	
2	制冷耗水成本	元 /kWh（冷）	0.011	
3	制冷材料费成本	元 /kWh（冷）	0.012	
4	制冷其他费成本	元 /kWh（冷）	0.02	
5	制冷人工成本	元 /kWh（冷）	0.0574	
6	制冷财务成本	元 /kWh（冷）	0.16	资本金 60%
制冷总成本		元 /kWh（冷）	0.756	包含折旧费
用户制热运行成本				
1	制热耗电成本	元 /kWh（热）	0.018	
2	制热天然气成本	元 /kWh（热）	0.411	
3	制热材料费成本	元 /kWh（热）	0.012	
4	制热其他费成本	元 /kWh（热）	0.02	
5	制热人工成本	元 /kWh（热）	0.084	
6	制热财务成本	元 /kWh（热）	0.1136	资本金 60%
制热总成本		元 /kWh（热）	0.878	包含折旧费

8.4.3　溴化锂制冷机

（1）项目概况。某项目包括 A 塔楼、B 塔楼，建筑高度分别为 110m 和 170m，总建筑面积 12.94 万 m^2，主要功能包括：有轨电车线网控制中心、办公、商业、餐饮、酒店等。

（2）负荷测算。线网中心供能面积以及设计负荷见表 8.15。

表 8.15　供能面积以及设计负荷

系统划分	面积 /m^2	冷负荷 /kW	热负荷 /kW
A 塔楼			
系统 1	23429	2940	1712

续表

系统划分	面积 /m^2	冷负荷 /kW	热负荷 /kW
系统 2	14096	1906	1128
系统 3	10887	2721.8	1959.66
小计	48412	7567.8	4799.66
B 塔楼			
系统 1	28786	3454.3	2015.02
系统 2	17226	1592	1165
小计	46012	5046.3	3180.02

采暖空调估算负荷为：A 塔楼夏季制冷 7568kW，冬季制热 4800kW。

B 塔楼夏季制冷 5046kW，冬季制热 3180kW。

生活热水热负荷：B 塔楼估算为 600kW。

本项目供冷季为每年的 4 月 16 日至 10 月 15 日，每年的供热季为 11 月 16 日至次年 3 月 15 日。经计算，全年供冷量约为 809.22 万 kWh，全年供热量约为 90.79 万 kWh。

（3）装机方案。

能源站方案：蒸汽型溴化锂吸收式冷水机组 + 离心式电制冷冷水机组（夏）+ 市政蒸汽。

冷源：在地下三层设置能源站，分别设置 A 塔楼、B 塔楼制冷设备。A 塔楼设置 2 台 1758kW 离心式电制冷冷水机组及 1 台 4070kW 蒸汽溴化锂冷水机组，提供 7℃ /12℃空调冷水。空调水系统采用分区二管制二次泵变流量系统。不划分高低区，冷水机组、水泵及空调换热设备采用承压不小于 1.6MPa 的高承压设备。B 塔楼制冷机房设置 2 台 1231kW 螺杆式冷水机组和 1 台 2620kW 蒸汽溴化锂冷水机组，提供 7℃ /12℃空调冷水。低区空调水系统采用分区二管制一次泵变流量系统，高区酒店采用四管制一次泵定流量（末端变水量）系统，空调冷水供回水温度 7℃ /12℃，在 B 塔楼 24 层设隔断静压的换热设备及机房，换热后空调冷水供回水温度 9℃ /14℃。

热源：在地下三层能源站设置热交换设备。市政热力蒸汽经热交换后，空调热水低区供回水温度 60℃ /50℃，高区热水先经换热至 95℃ /70℃热水，在 24 层经换热后提供 60℃ /50℃空调热水及 60℃生活热水供给酒店。在地下一层设置备用锅炉房，锅炉房面积约 100m^2，内设 1 台 0.7MW 燃气锅炉作为酒店生活热水热源，在市政热力检修期间作为备用。

（4）运行成本测算。运行成本测算见表 8.16。按照全年供冷量、供热量累加折算，供冷供热平均运行成本为 1.62 元 /kWh。

表 8.16　运行成本测算表

项目	影响因素 / 单位	设计方案 夏：溴机 + 电制冷冷水机组 冬：市政蒸汽
冷源	机房面积 /m^2	B3 能源站 1200， F24 换热机房 150
	总电功率 /kW	2844
	蒸汽耗量 /（kg/h）	1610
热源	机房面积 /m^2	B3 能源站（共用） F24 换热机房（共用）
	总电功率 /kW	135
	蒸汽耗量 /（kg/h）	12257
	燃气耗量 /（Nm^3/h）	155
初投资	冷水机组、水泵、冷却塔、溴机等购置费 / 万元	2006.3
年运行费用	年供能可变成本（耗费能源成本）/ 万元	837.5（电价 0.758）
	年供能固定成本（含设备维修、折旧更新、贷款利息、人工成本等）/ 万元	617
	年供能总成本 / 万元	1454.5

参考文献

[1] 石文星. 空气调节用制冷技术 [M]. 5 版. 北京：中国建筑工业出版社，2016.

[2] 陆耀庆. 实用供热空调设计手册 [M]. 2 版. 北京：中国建筑工业出版社，2007.

[3] 彦启森．空气调节用制冷技术 [M]．4 版．北京：中国建筑工业出版社，2010．
[4] 中国电子工程设计院．空气调节设计手册 [M]．3 版．北京：中国建筑工业出版社，2017．
[5] 解国珍，姜守忠，罗勇．制冷技术 [M]．北京：机械工业出版社，2008．
[6] 刘泽华，彭梦珑，周湘江．空调冷热源工程 [M]．北京：机械工业出版社，2005．
[7] 中华人民共和国国家质量监督检验检疫总局．冷水机组能效限定值及能效等级：GB 19577—2015[S]．北京：中国标准出版社，2017．
[8] 中华人民共和国国家质量监督检验检疫总局．溴化锂吸收式冷水机组能效限定值及能效等级：GB 29540—2013[S]．北京：中国标准出版社，2013．
[9] 中华人民共和国国家质量监督检验检疫总局．蒸汽和热水型溴化锂吸收式冷水机组：GB/T 18431—2014[S]．北京：中国标准出版社，2014．

第 9 章　智慧控制技术

9.1　管控系统架构

能源管控系统是融合计算机、通信、显示与控制技术，用于实现能源系统安全、经济、自动化运行的监视、控制和管理系统。不同类型的能源系统具有不同的特点，其能源管控系统具有不同的架构，新型数字化智能化技术在能源行业的应用也使得能源管控系统架构发生一定变化。

9.1.1　火力发电站管控系统

火力发电站全厂自动化系统分级设置，一般分为现场级、控制级、生产监控级、厂级管理级四级。现场级包括各类现场监测仪表及受控设备；控制级包括机组和辅助车间控制系统、电力网络计算机监控系统（Network Computerized Monitoring and Control System，NCS）以及其他必要的专用成套自动化装置或系统；生产监控级为厂级监管信息系统（Supervisory Information System，SIS）；厂级管理级为管理信息系统（Management Information System，MIS）。现场级和控制级实现电站范围内各工艺系统的仪表检测、控制、联锁和保护，机组和辅助车间控制系统一般采用分散控制系统（Distributed Control System，DCS）实现机组安全运行的监视与控制。传统火力发电站管控系统架构如图 9.1 所示。

智慧电厂提出了智能设备层、智能监控层、智能管理层三层系统层级结构，智慧电厂管控系统架构如图 9.2 所示。智能设备层中的检测仪表、控制设备、就地控制装置、数据采集装置接入智能监控层的控制系统，用于生产过程实时检测、控制和监视，其余智能设备，如摄像头、机器人等接入智能管理层，为管理业务应用提供感知手段和数据服务。

9.1.2　风电、光伏电站管控系统

根据风电、光伏、储能电站的特点，其管控系统架构如图 9.3 所示。风电、光伏、储能电站厂站侧一般在升压站区域设置一个控制室，布置升压站综合自动

控制系统与电网调度联系。随着数字化、智能化技术的开发应用，各集团都在试点建设区域集控中心，实现区域性集中控制和智能运维。

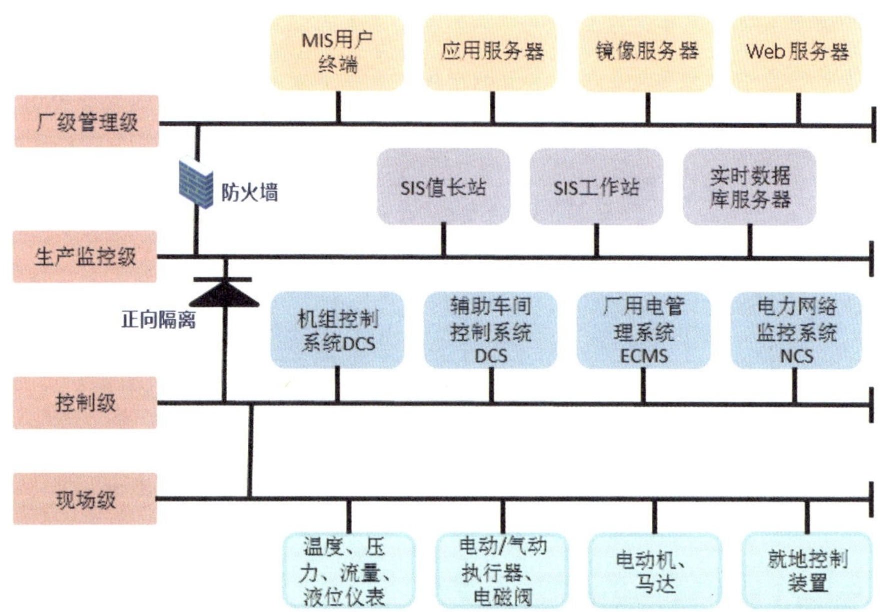

图 9.1　传统火力发电站管控系统架构

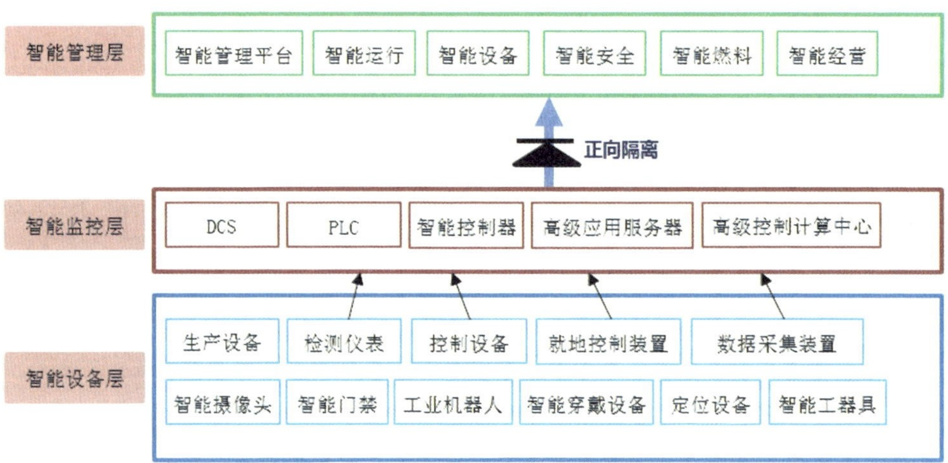

图 9.2　智慧电厂管控系统架构

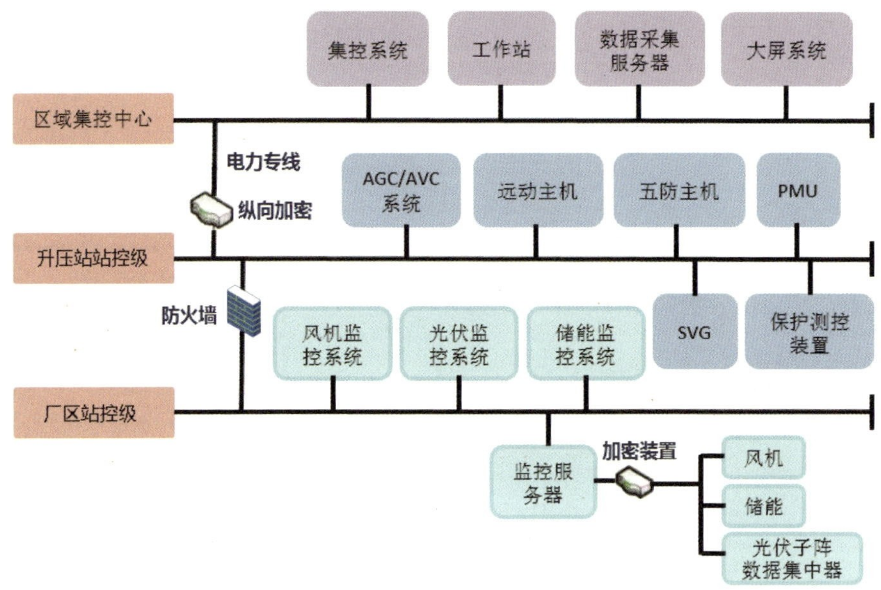

图 9.3　风电、光伏电站管控系统架构

9.1.3　抽水蓄能电站管控系统

根据抽水蓄能电站的特点，其管控系统架构如图 9.4 所示。

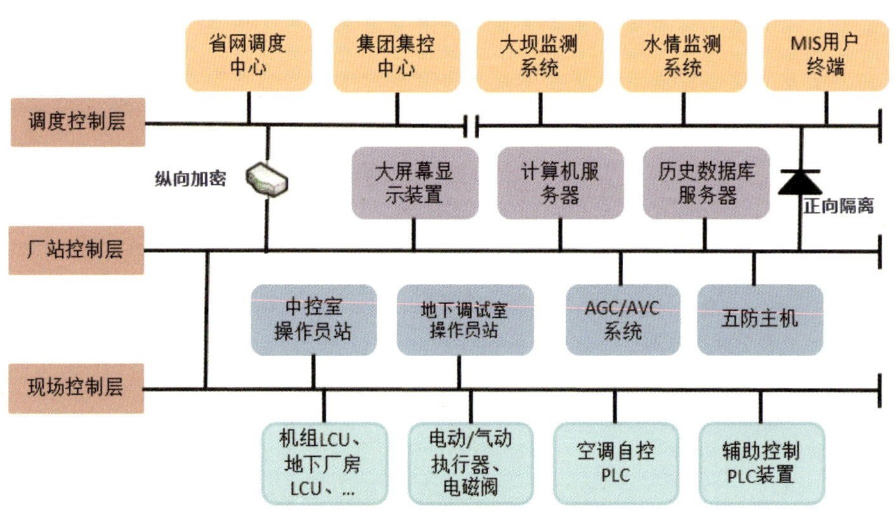

图 9.4　抽水蓄能电站管控系统架构

9.1.4　综合智慧能源管控系统

综合智慧能源打破了不同能源品种单独规划、单独设计、单独运行的传统模式，提供区域或园区综合能源一体化解决方案。相对于传统能源项目，具备了多能源耦合、多时间尺度、多管理主体、全方位协同、生产和消费互动等新的特点。这些特点既是综合智慧能源的优势所在，也为综合智慧能源系统的运行管理提出了巨大挑战。

综合智慧能源管控系统是融合计算机、通信、人工智能、显示与控制技术，用于实现综合智慧能源系统安全、经济、高效、环保运行的信息管理与控制系统。该系统能够针对综合智慧能源的特点，对能源供应侧、输送环节、消费侧的过程信息进行准确计量和数据实时采集，借助先进的控制策略和手段，实现能源生产、传输、存储与消费的实时监控与预测预警、能量管理与优化调度、统计分析与图形化显示等。

根据综合智慧能源系统的特点，综合智慧能源管控系统架构如图 9.5 所示。

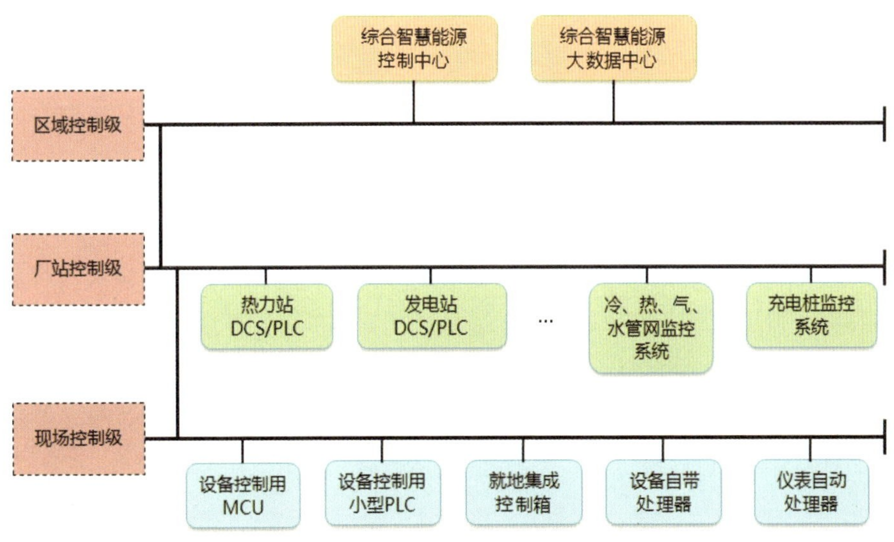

图 9.5　综合智慧能源管控系统架构

从管控系统架构图可以看出，自下而上分为现场控制级、厂站控制级和区域控制级。现场控制级一般由智能设备自带的控制装置或设备、就地控制箱柜等组成，用于实现设备本身的数据采集、保护、控制与指令执行。厂站控制级一般由

DCS、PLC、SCADA 或专用的集成控制装置等组成，用于实现设备组、子系统或特定环节厂站、管网等的监控。区域控制级是指综合智慧能源系统的区域管控中心，负责整个系统源、网、荷、储、用各环节的协调控制，是实现综合智慧能源多能多环节协同优化的关键所在。近年来，随着云计算、大数据、物联网和移动互联技术的发展，现场的控制设备越来越智能，功能越来越完善，并具备边缘计算功能和云边协同通信接口，厂站控制级存在的必要性越来越被弱化，综合智慧能源管控系统的架构逐步向着云边协同的两级架构进化。

9.2 智慧电厂

9.2.1 技术特点

智慧电厂是面向全生命周期，利用先进智能感知技术、信息技术、通信技术，集成智能检测、控制、管理技术，具有感知、协调、分析、寻优、学习和决策能力，能够对发电环境变化快速适应，并与智能电网和能源需求高度协调，达到安全可靠、技术先进、灵活高效、绿色环保运行的电厂。智慧电厂管控系统与电站传统管控系统相比，主要有五方面特点。

9.2.1.1 数据业务深度融合

目前，国内各发电企业均配备了自动控制系统、厂级监管信息系统以及管理信息系统，初步实现了自动化控制、信息化管理的运行管理体系，但由于缺乏整体规划，众多信息系统独立开发，建设时间不一，同时受制于管理体制等因素影响，数据在不同部门相互独立存储、独立维护，不同系统之间缺乏数据共享和交互能力，形成了物理性的数据孤岛。另外，不同部门站在自己的角度对数据进行理解和定义，各业务系统技术、数据、管理方法不同，形成了逻辑性的数据孤岛。加之数据的关联方交叉复杂，数据权属不清晰等因素，都给数据挖掘利用带来困难，导致信息系统不能发挥出真正的价值。

智慧电厂通过应用超融合或虚拟化、云计算、大数据、人工智能、物联网等技术，建设智能管理平台，提供一个集数据采集、分析、存储、计算、管理、展示和决策于一体的数据和运算平台，集中部署硬件资源，统一安全策略，统一数据编码标准，规范通用服务，集成汇聚数据，统筹算力支持，集中部署应用，统一展示输出，集中运维保障，将数据和服务融合在一起，实现数据资源横向集成和纵向贯通，形成一个可灵活扩展的厂级数据资产体系，建立生产要素之间的信息关联，深化数据挖掘价值和应用，最大限度消除发电企业数据孤岛。

9.2.1.2　环境状态全面感知

智慧电厂应用先进检测仪表、智能传感器、智能监测设备、视频、门禁等装置，借助物联网、人工智能、大数据、二维码等技术，全面实时采集设备、人员、环境状态参数，具备对设备状态、人员状况、环境因素“全面感知”能力，使工作人员能够准确、快速应对各类事件，提高安全管理和分析决策能力。

9.2.1.3　生产监控自寻优自调整

传统火力发电站采用 DCS+SIS+MIS 的运行控制管理模式，其中厂级监管信息系统（SIS）最早由我国热工控制系统专家侯子良先生提出，研发成功后在火力发电站推广应用并形成了行业技术规范。DCS 重在实时监控和精确控制，以设备安全、稳定运行为目的。SIS 是通过对从 DCS 获取的监测数据的实时分析，对全厂生产运行实时指挥调度，以保证生产系统的运行质量和经济性为目的。SIS 功能中包含机组级及厂级性能计算和分析、机组经济性指标分析、运行优化和设备操作指导、工艺设备状态监测和故障诊断、控制系统优化和故障诊断等功能，与机组运行控制密切相关，其目的也是为了提高运行质量和经济性，但由于 SIS 和 DCS 为两个独立的网络，并且两个网络之间信息流按单向设计，只准许 DCS 向 SIS 发送数据，不准许在 SIS 中配置任何形式（通信和硬接线）向 DCS 发送控制指令或设定值指令等的信息传递，限制了 SIS 上述功能中产生的数据或结论在 DCS 控制中的应用。

智慧电厂的理念，是最大化发挥数据的价值，运行优化、控制系统优化、故障诊断等的结论只有真正用在机组的运行控制中才能产生价值，基于这一理念，刘吉臻院士提出智能运行控制系统（ICS）的概念，指出 ICS 包括智能检测、智能控制和智能运行监控，在传统检测和分散控制系统（DCS）的基础上，扩展建设智能优化库、开发服务器等资源，搭建数据分析环境、智能计算环境和开发应用环境，把前文提及的 SIS 功能放到 ICS 中，深度融合先进控制、人工智能、大数据技术，对生产数据广泛收集与高效调用，采用先进控制策略算法建立优化控制模型并直接形成大闭环的监控，基于大数据分析和数据建模技术沉淀运行人员经验建设智能监盘，突破了 SIS 只能看不能用的缺憾。

ICS 使发电机组能最大限度自适应工况（煤质、网调负荷、环境条件、设备状况等）变化，形成一种具备自学习、自趋优、自恢复、自组织的智能发电运行控制模式，智能替代或指导运行人员更好、更优地调整机组运行，降低运行人员工作强度，提高工作效率，降低误操作风险，实现更加安全、高效、清洁、低碳、灵活的生产目标。

9.2.1.4 预测预警科学决策

智慧电厂应用大数据、人工智能等技术，构建预测、预警模型，预测生产过程、设备、环境等的未来趋势，为电厂管理者提供决策支持。对生产过程控制变量进行预测，可以对生产过程进行超前调节以减少控制时延提高系统响应的快速性；对设备进行状态监测和故障预警，评估设备健康状态，可以预测设备的故障风险情况，及时发现和消除设备隐患，并在故障发生之前提前采取相应的预防和维修措施，提高设备的可靠性和机组运行的安全性；对风 / 光资源、电网 / 用电负荷、风电 / 光伏功率等进行预测，可为新能源选址、风机等主机选型提供支撑，为新能源机组组合和调度做好预案以指导电力调度和实时控制。

9.2.1.5 网络安全防护更加复杂

电力是关系国计民生的命脉，是国民经济发展的重要能源，发电站属于关键信息基础设施，其信息网络安全防护建设应满足国家关键信息基础设施安全保护要求、电力监控系统安全防护规定及网络安全等级保护 2.0 体系要求。

智慧电厂安全分区变化主要是由管控系统架构变化引起的，传统火力发电站采用 DCS+SIS+MIS 的运行控制管理模式，智慧电厂采用智能运行控制系统（Intelligent power generation Control System，ICS）（智能监控层）和智能管理系统（Intelligent Management System，IMS）（智能管理层）的运行控制管理模式，ICS 属于生产控制大区中的控制区（安全区Ⅰ），IMS 属于管理信息大区，原本属于生产控制大区中的非控制区（安全区Ⅱ）的 SIS 不再存在，其功能拆分在 ICS 和 IMS 中建设。ICS 与 IMS 两层网络之间设置经国家指定部门检测认证的电力专用横向单向安全隔离装置，只允许 ICS 侧向 IMS 侧发起连接并发送数据，不允许 IMS 侧向 ICS 侧回传数据。

智慧电厂中大量新型 ICT 技术，如云计算、物联网、5G 网络、移动 App、AR 等的应用，打破了原有的网络安全区域边界，加剧了漏洞风险；大量数据和系统融合需要合理授权和权限控制，智能化生产和管理涉及多个设备间的联动运作，如何保证人员的身份和权限真实可靠，如何确保设备的可信性和运行安全，都是安全防护要解决的问题。

智慧电厂网络安全防护，在坚持“安全分区、网络专用、横向隔离、纵向认证、综合防护”基本原则的基础上，重点强化边界防护，同时加强内部的物理、网络、主机、应用和数据安全，具体为：应建立多层次安全防护措施，对数据中心机房、信息系统的设备和存储数据的介质进行免受物理环境、自然灾害及人为操作失误和恶意操作等各种威胁产生攻击的物理安全建设；在硬件、软件和网络协议三个方面进行网络安全建设，主要有结构安全、访问控制、网络设备防护、安全审计、边界完整性检查、入侵防范、恶意代码防范；对操作系统和数据库管理系统进行系统软件安全建设，主要有身份鉴别、访问控制、安全审计、剩余信息保护、入侵防范、恶意代码防范和资源控制；进行应用软件安全建设，主要有身份鉴别、访问控制、安全审计、剩余信息保护、通信完整性、通信保密性、抗抵赖、软件容错、资源控制；进行数据安全建设，主要有数据完整性、数据保密性、备份和恢复。对云基础设施使用虚拟化安全组件、内建安全能力等搭建云化防御体系。平台接入安全方面可采用集成零信任技术与云桌面技术建设安全工作平台，为系统访问提供全流程安全准入校验机制与安全访问操作空间。

9.2.2　典型功能

9.2.2.1　智能设备层功能

（1）先进测控技术。

1）煤质在线检测技术。煤质在线检测技术，分为炉前检测和炉内检测：炉前检测技术包括微波在线检测煤水分技术、基于激光诱导击穿光谱（LIBS）技术的煤样元素分析技术、基于次红外线测量的煤质成分检测技术等；炉内检测技术包括火焰脉动特征煤种识别技术、火焰光谱特征煤种识别技术等，通过关联煤种人工分析数据实现煤质在线检测。

2）煤粉流在线检测技术。采用超声波、微波、电容、热力学法等非接触测量技术实现对磨煤机出口一次风输粉管道中的煤粉浓度、质量流量与速度的在线检测。精确测量一次风管内煤粉流速、浓度分布等煤粉流动关键参数；优化煤粉从磨煤机到燃烧器的分布，有效改善各燃烧器的煤粉分配均衡性；使同层燃烧器煤粉流速偏差不高于平均值 ±5%；各煤粉管道之间煤粉流量偏差不高于平均值 ±8%。

采用声学、激光、电荷等非接触测量技术实现对煤粉细度的在线检测。煤粉细度的在线测量，将配合磨动态分离器，有效调整和优化煤粉细度，减少飞灰，提高燃烧效率；细度优化后可进一步降低运行氧量，在保障燃尽的同时使 NO_x 有较明显降低。

3）炉内工况在线检测技术。炉内工况在线检测技术实现炉内温度场、烟气组分、结渣积灰等状态的在线检测，实现炉内温度场在线测量与重建，实现易腐蚀区烟气中 O_2、CO 场分布的测量与显示以及锅炉低 NO_x 燃烧与防高温腐蚀协调控制，对锅炉内壁及水平烟道结焦情况进行监测。

采用光学辐射法、声学法等进行炉内燃烧温度场测量与重建。

采用可调谐二极管激光吸收光谱（Tunable Diode Laser Absorption Spectroscopy，TDLAS）技术实现炉内燃烧断面的温度与组分分布检测。

采用矩阵分布与烟气取样实现炉膛近壁区烟气组分测量。

4）基于图像分析的智能检测技术。在关键生产区域布置高清视频摄像头和配套的分析服务器，得到生产工艺系统的“跑冒滴漏”“非法闯入”“物体移位”等分析结果信息，并可通过增量训练环境进行异常判断场景的弹性扩展。

5）基于音频分析的智能检测技术。在关键生产区域布置音频收集装置和配套的分析服务器，进行音频频谱分析，得到生产工艺系统的“异常声音状态”等分析结果信息。

6）阀门内漏在线检测技术。以电厂高温高压疏水阀为监视对象，在疏水、放气第二道门前后加装温度测点，实现高温高压流体泄漏的早期预警，实现阀门内漏判断。基于传热学原理，建立蒸汽疏水阀门的阀前管壁温度与内漏率之间的定量关系式，构架基于温度测量的阀门内漏监视系统，起到内漏诊断、预警和定量的功能，减少蒸汽损耗，确保电厂安全运行，起到节能减排效果。

7）膨胀指示在线检测技术。基于智能图像识别技术实现锅炉和管道的膨胀指示在线检测。用于监视水冷壁、联箱等厚壁压力容器在点火升压过程中的膨胀情况，防止膨胀不均发生裂纹和泄漏等。

8）空预器冷端综合温度在线监测及调控系统。在线监测空预器冷端综合温度，结合燃用煤质含硫量、脱硝系统氨逃逸情况及脱硝系统 SO_2/SO_3 转化率，给出冷端综合温度控制原则，安装暖风器或热风再循环等装置，结合环境温度变化实现对空预器冷端综合温度在线控制。

9）脱硝出入口烟气组分分布在线检测系统。在 SCR 脱硝系统出入口烟道横截面安装烟气主要组分 NO_x、O_2 的浓度场分布在线检测系统，测量烟道横截面上 NO_x 和 O_2 的浓度场分布，为 SCR 脱硝系统喷氨分布的自动调整提供控制依据。

对于矩形烟道，采用“网格取样”方法进行烟气监测，取样布点位置是将测定断面划分为若干个等面积的矩形小块，各块中心即为测点。通过多个取样孔的合理布置，解决不同负荷阶段烟气分布不均匀以致无法准确反映整个烟道烟气化学成分含量变化的问题，提高烟气在线连续监测仪表测量的准确性，并为喷氨支管阀门的调整提供依据。

（2）AI 视频、门禁。

1）AI 视频采用图像处理、模式识别和计算机视觉 AI 技术，通过在监控系统中增加智能视频分析模块，借助计算机强大的数据处理能力过滤掉视频画面无用的或干扰信息、自动识别不同物体，分析抽取视频源中关键有用信息，快速准确地定位事故现场，判断监控画面中的异常情况，并以最快和最佳的方式发出警报或触发其他动作；主要包括虚拟警戒线、虚拟警戒区域、自动 PTZ 跟踪；对某个过程进行判断，一旦发现了异常情况，如有人进入警戒区域、人员发生异常等情况，就发出报警信息，提醒值班监控人员关注相应热点区域。

智能视频监控系统可以实现实时监控（人员识别、人员精神状态辨识、监视区域的光热比对、违章纠错、声音监听等）、监控跟随、监控联动以及监控检索、录像检索以及移动视频等功能。智能视频监控系统摄像头智能识别功能汇总见表 9.1。

表 9.1　智能视频监控系统摄像头智能识别功能汇总

序号	功能	功能描述
1	人脸识别	在厂区主要出入口及重要工作场所安装人脸识别摄像机，对进出人员进行人脸抓拍识别，未授权人员的进出进行判别警告，并可实现对相关人员的关键点位跟踪，记录关键点位轨迹
2	安全帽识别	采用智能识别算法，对在厂区进出口及生产作业区域，未佩戴安全帽人员进行识别，并自动报警
3	测温或火灾监测	对重要生产区域（如升压站、电气开关室、电缆夹层、制粉系统、输煤系统等）及办公区域设置红外热成像设备，对初期火灾、设备超温等异常情况进行报警
4	起重作业安全监控	对作业半径内进行警戒监控，一旦有人闯入警戒区域，通过报警信号提供行车操作人员及闯入人员

续表

序号	功能	功能描述
5	周界入侵报警	利用双光谱热成像摄像机对围墙周界进行警戒预警，能有效判别警告人员翻墙违法行为，并能有效屏蔽环境因素对预警系统的干扰
6	生产工艺系统	跑冒滴漏监测：依靠图像识别算法，对设备、管路等出现的油、水、蒸汽的跑冒滴漏现象进行监控，及时告警。 设备状态监视：皮带带速、打滑、撕裂、撒料等进行检测，运用线激光扫描和图像识别技术对皮带纵向撕裂进行识别告警等
7	环境监测	对环境内的粉尘、照明、高空落物等进行监测
8	车辆管理	通过智能识别技术，实现车辆进出管理，对非法占用消防通道、违规停车、故意损坏等行为，进行抓拍
9	人员行为状态	人员精神状态判断、作业行为分析
10	其他应用场景	大块炉灰渣判断、干渣机断链预警等

2）人脸识别门禁系统具有员工出入管制功能和分类统计功能，可有效地管理、掌握人员出入情况，确保生产安全。

厂区大门、生产区域大门人员通行门禁采用面部识别系统，闸机放行；各开关室采用面部识别系统；出入时间、地点、人员等资料自动显示及保存。系统具有自校验、恢复功能和自适应能力，系统必须满足紧急逃生时人员疏散的相关要求，门锁可在开关室内打开。

灰渣、石膏、尿素、危化品等运输车辆出入，门禁系统采用车牌号识别，抬杆放行方式；人车分流。

与定位系统关联后，员工进入危险区域或设备范围内，系统可以主动发出警示信息，提示危险源和防范措施，并在运行监护界面发出警告。

（3）智能工器具。

1）智能安全帽。实现远程视频在线、调焦镜头、远程作业指导、电子围栏提醒和预警、危险智能识别、智能防触电等功能，安全帽配置定位芯片卡，实现人员定位功能。

2）智能点检仪。实现快精准的巡点检任务、全方位的巡点检人员管理、全闭环的巡点检过程管控、高效率的设备异常消缺、智能化的数据分析决策。

3）智能无人机。无人机配置环境温度传感器、远红外温度传感器、振动传感器、噪声传感器、有毒有害气体传感器、摄像头等多种传感器，物理定位模块、数据传输网关、无线发送接收模块，实现与系统数据实时交互。实现在规定区域及高空中实时巡检，实时向系统传送巡检数据。

4）三维呈现及虚拟现实技术。实现智能安全培训、工程施工方案、工程进度模拟等所有虚拟现实环境的演示和培训。

基建期：针对重点基础建设施工、大型设备安装、地下管网、重点设备调试等工程内容，进行智能虚拟仿真，用于工程管理工作，实现工艺方案优化、进度计划等智慧管理，四维动态可视化的展现基建工程的渐进过程。

运营期：四维可视化动态展现生产管理全过程，包括全厂智能漫游巡检、设备分层展示、设备全寿命周期管理、参数实时管控、检修仿真培训、安全管理等。

5）智能四码联动。按照数据编码规范，通过统一编码，实现电厂标识系统编码、设备编码、物资编码、固定资产编码等火电设备管理主要数据的统一编码，进行编码联动，实现以电厂标识系统编码为主线，设备、物资、资产的联动，并实现交互关联。

实现设备卡片、固定资产卡片数据在创建与变更时进行联动更新，实现基础数据同步、资产及设备数据同步、资产卡片创建、资产及设备数据变更联动功能，达到资产卡片信息统一的要求。

6）人员定位系统。基于“互联网 +”的智能安全管理以人员高精度定位设备为基础，根据电厂实际生产需要，对生产监控区域建立三维立体坐标系，并完成各区域及区域内设备的三维建模，通过对运行维护人员实时位置监视，辅助电厂的安全生产；通过对重点设备状态的智能感知，并将感知结果实时与人员定位安全管理系统交互，实现对现场危险源的及时识别。

A．人员实时定位。系统实时在三维虚拟电厂中提供工作区域内人员的数量、位置、分布情况和每个人员任意时刻所在的位置及各时间段的活动轨迹，清楚、直观地反映现场工作人员的工作状况，并为生产现场的安全管理工作提供可靠的数据依据。人员精确定位功能具体要求如下：

a．能够实现人员高精度定位，定位精度小于 50cm。

b．实现现场工作人员实时位置可视化，进行主动式定位与识别，并将人员位置信息展示在系统三维界面，实现三维模型中的人员定位、漫游功能。根据监控管理人员需要，通过可视化图形界面，提供指定位置现场工作人员姓名、职位、权限等扩展信息显示。

c．系统能可靠识别静态或不大于 20m/s 的移动目标。

d. 根据系统设定的规则，某些区域属于限制区域，只能在规定的时段授权的人员或设备具备权限进入。如果该区域的定位设备采集到人员或设备越权进入，将发出报警。

B. 三维电子围栏。定位系统所建立的三维坐标系应与电厂全厂坐标系一致，并在定位系统坐标系中定义出所有设备的位置。对电厂重点区域及设备（如主变、配电室、检修区域、主要辅机等）进行监控，通过设定区域及设备位置信息，自动生成三维电子围栏，实现如下功能：①用户可以设定重点区域允许停留的人员数量和时间，根据定位系统上传的数据监控区域内人员的数量、权限、停留时间等，当人员超员或停留时间超时系统发出告警信号，避免在特定工作现场人员超员或超时停留可能引发的危险；②系统检测到有权限不匹配人员进入重点监测区域后，及时向监控中心和当事人发出警告信号，以及时提醒现场人员；③不具备权限的人员进入非授权区域，系统向监控中心和当事人发出警告信号，以及时提醒现场人员；④对生产现场的主要重大危险源分布进行系统在线显示，比如锅炉、压力容器等区域，提醒各级人员在进入重大危险区域引起注意，提示责任人员加强监视和无关人员减少停留时间；⑤对主要粉尘、噪声等职业危害因素超标区域进行实时显示，如磨煤机区域属于粉尘较大区域，在系统显示粉尘浓度已超标，提醒各级人员注意佩戴防尘口罩；在噪声较大区域提醒人员注意佩戴耳塞等。

C. 门禁联动。系统通过通信接口形式，与智能门禁系统联动，实现如下功能。

将智能门禁系统数据接入到安全生产管理系统，对于不需要进行人员定位的区域，安全生产管理系统需接收智能门禁系统发来的如下信息：①该区域内人员数量；②进入该区域人员的姓名、权限、停留时间等；③实现动态权限分配功能，根据人员当前位置及权限，自动判断该人员是否具备进入特定区域的权限，对于具备权限的人员，系统向门禁系统发送指令，通知门禁系统执行自动放行动作。

D. 视频联动。系统通过通信接口形式，与视频监控系统联动，实现如下功能：①系统通过与视频监控系统的接口与通信，根据工作人员实时位置，实现实时拍照或者摄像；②视频图像实时在安全管理系统界面上显示，管理人员即可实时看见工作人员的所有行为信息。

（4）智能机器人。智能机器人可以用于自动化生产线、设备维护和故障排除等方面，智能机器人用于代替人工完成急、难、险、重和重复性的工作。

1）智能机器人配置环境温度传感器、远红外温度传感器、振动传感器、噪声传感器、有毒有害气体传感器、摄像头等多种传感器、人机交互模块、数据传输网关、无线发送接收模块，实现与系统数据实时交互，可以在危险的环境中代替人类进行工作，可以实现高精度、高效率的作业，提高生产效率和质量。

2）智能机器人主要用在变电站巡检、集电线巡检、风机巡检、机房巡检、输煤栈桥巡检、电子间巡检、配电室巡检、电缆沟巡检、管道检测、清扫等工作。

3）智能机器人包括日常巡检机器人（如轮式机器人、挂轨式机器人等）、专业检测机器人（如锅炉受热面检查、煤质化验等）、现场操作机器人（如电气开关带电操作、凝汽器清洗等）。

A. 日常巡检机器人（图 9.6）通过加载的摄像头及检测设备对生产现场进行全方位检测和感知，提高巡检质量和巡检效率，降低巡检人员工作量，提高设备运行可靠性，提升风险防控水平。

图 9.6　日常巡检机器人

B. 专业检测机器人（如锅炉受热面检查）可搭载漏磁检测仪、行程计数设备、管子计数装置、自动喷码机、高清摄像机等设备，可对锅炉受热面进行高精度内壁腐蚀坑检测，自动对应管子记录测厚数据，有问题的管子自动喷码，检查完毕后机器人再横向移动到另一位置进行工作。

C. 现场操作机器人（如电气开关带电操作等，图 9.7）的作业内容可分为带电测试、带电检查和带电维修等几个方面。发电厂电气设备在长期运行中需要经常测试、检查和维修，带电作业是避免检修停电，保证正常供电的有效措施。现场操作机器人可以在发电厂配电线路、配电设备等电气设备上不停电进行检修、测试，安全高效，是不停电维护检修作业的一种新型作业方式和作业装备。

图 9.7 现场操作机器人

9.2.2.2 智能监控层功能

（1）智能控制。智能控制包括模糊控制、神经网络控制、专家控制、分层递阶控制、学习控制、仿人智能控制以及各种混合型方法。基于机理分析和数据驱动模型，进行高性能多目标优化控制器设计及快速优化求解。发展具有模型自学习、工况自适应、故障自恢复能力的控制算法和控制策略，满足环境条件、设备状态、燃料品质、机组工况变化下的控制需求，实现机组全范围、全过程的高性能控制。

1）一次调频优化控制。一次调频优化可利用汽机蓄热，采用凝结水节流技术和高加旁路控制技术来调整负荷，提升机组负荷响应能力，满足电网对机组一次调频的考核要求，并降低机组滑压曲线压力值，减少汽机调门的节流损失，提高机组运行效率，进一步降低机组供电煤耗。一次调频优化控制系统能迅速消除由于电网负荷变化而引起的频率波动，提升机组负荷响应能力，满足电网对机组一次调频的考核要求。

A. 凝结水节流技术。利用凝结水节流技术改善机组调节特性，结合汽机凝结水系统模型计算，通过以下两种方式利用汽机蓄热进行负荷的调整：汽机调门全开，所有负荷段利用改变凝结水流量来满足机组的负荷和一次调频的需求；适当修改滑压曲线，汽机调门适当开大，降低节流损失，变负荷能力不足靠凝结水节流来实现。

B．高加旁路技术。建立高加给水系统热力学模型和控制模型，通过能量管理系统，实现机组蓄能的统一调度与控制，通过对高加给水旁路的控制，实现机组一次调频的快速响应调节。

2）基于精准能量平衡的智能协调控制系统。协调系统作为火电机组“AGC”控制系统的重要组成部分，承担着协调锅炉、汽机响应电网调度指令的重要任务，直接影响着机组运行的安全性、稳定性、经济性和电网有功调节水平。在新能源占比逐步提高的新型电力系统大环境下，面对现阶段电网的调度方式，火电机组协调系统的控制性能还远未达到实际需求。首先基于机理分析和数据辨识，建立机炉协调系统非线性控制模型；在此基础上，以阶梯式广义预测控制为核心设计协调控制方案，融合模糊前馈、煤质低位发热量校正，构建一种基于精准能量平衡的智能协调控制。智能协调控制优化控制方案如图 9.8 所示。

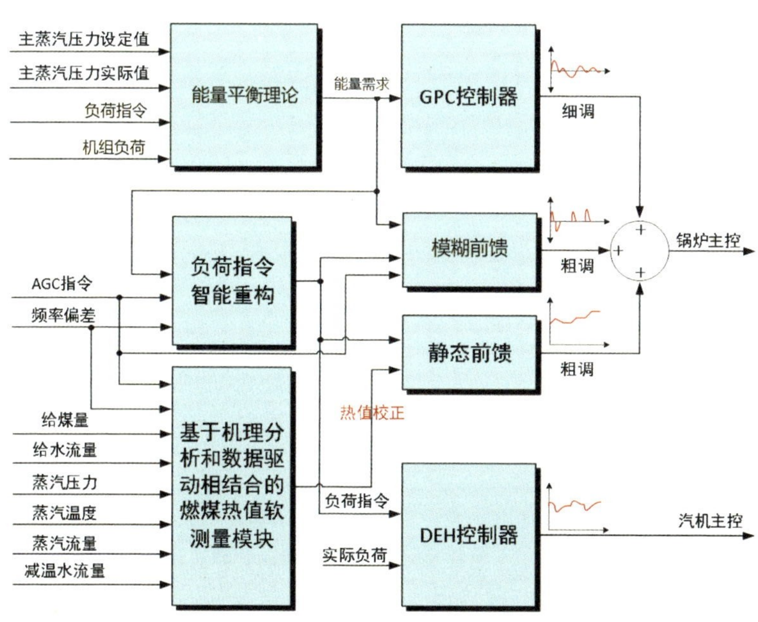

图 9.8　智能协调控制优化控制方案

3）基于神经网络预测模型的智能汽温控制系统。在主 / 再热蒸汽温度的控制方案中，由于对象存在较大的惯性和迟延，因此在核心控制器中采用广义预测控制算法模块。但由于锅炉燃烧系统复杂多变，对汽温扰动因素众多，且无法对扰动通道进行准确地建模，即使依靠适应大惯性大迟延系统的广义预测控制算法模块，基于反馈调节的控制模式也无法达到对扰动通道的完全抑制。因此，在主 / 再热汽温控制中，为了能够估计出扰动因素对蒸汽温度的影响，提前进行喷水调节动作，进一步抑制扰动因素的影响，构建了基于神经网络预估的蒸汽温度预测值，提前 2 分钟实现对蒸汽温度的预测，并告知预测控制器，从而实现对主 / 再热蒸汽温度的精准调节。

4）机组自启停（Automatic Plant Start-up and Shut down System，APS）控制。智能控制运用智能控制技术与先进控制技术，发展具有模型自学习、工况自适应、故障容错能力的控制算法和控制策略，实现环境条件、设备条件、燃料状况、机组工况变化下，机组全范围、全过程的高性能控制。通过协调控制系统、顺序控制系统、锅炉燃烧管理系统、汽机电液调节系统等系统的协同，实现机组、工艺系统自启停控制（APS），减轻运行人员的工作量，降低误操作，提高机组的自动化控制水平。

5）脱硫多目标智能优化控制。脱硫智能优化控制是根据脱硫系统浆液反应原理，研究机组负荷、pH 值、溶氧与循环浆液泵、氧化风机运行台数的关系，形成控制策略，通过智能化运算实现对脱硫吸收塔浆液循环泵和氧化风机的智能调控，在保证排放达标的前提下，可实现脱硫系统 pH 值、燃煤含硫量、机组负荷等多参数变化下对循环浆液泵与氧化风量的准确、及时调控，实现循环浆液泵节能 10%，氧化风机节能 10% ～ 30%。脱硫多目标优化控制以净烟气 SO_2 满足环保考核、吸收塔 pH 值运行在合理范围、循环浆液泵运行组合最佳为多重目标，采用多目标控制技术，实现脱硫过程的多目标整体优化控制，能提供最佳的循环浆液泵运行组合指导，降低循环浆液泵电耗。脱硫系统优化包括：吸收塔多参数自动耦合调控技术、脱硫系统核心设备（循环浆液泵、氧化风机等）优化自动控制技术、脱硫系统电负荷智能调节优化技术。

6）协同脱硝优化控制系统。综合应用 NO_x 分区测量、入口 NO_x 软测量、喷氨格栅均衡控制与总量控制、氨逃逸监测等技术对 NO_x 实现优化控制，同时采用预测控制及智能前馈等先进控制方法，实现基于分区喷氨优化的 SCR 出口 NO_x 浓度控制，在减少氨的过量喷入、降低氨逃逸率、机组 NO_x 达标排放的前提下，通过减小 SCR 出口控制偏差以有效降低机组排放超标的概率。同时，结合锅炉燃烧优化控制的结果，在降低 SCR 入口 NO_x 浓度的前提下，进一步提升基于喷氨控制的出口 NO_x 浓度优化控制效果。

7）冷端优化控制。冷端系统主要由汽轮机低压缸末级组、凝汽器、冷却塔、循环水泵、循环供水系统、空气抽出系统等设备构成。对冷端系统各子系统的自寻优控制策略进行研究，提高其运行性能，保证凝汽器在最佳真空下工作，实现冷端系统的优化运行。冷端系统的优化主要包含以下三方面的内容：

A. 冷端系统设备的运行方式优化。确定冷端系统各设备性能参数的应达值，并将其与运行值比较，以确定当前冷端系统各设备是否工作在正常状态下，并据此调节各设备的运行。如确定凝汽器端差的应达值，以检验凝汽器内胶球清洗设备是否正常运行，并以此为依据优化胶球清洗装置的运行；确定冷却塔出塔水温的应达值，以确定当前冷却塔内配水及淋水设备运行是否正常，并据此优化冷却塔的运行。

B. 定速循环水泵的运行方式优化。对于定速循环水泵来说，其循环水流量采用改变循环水泵运行台数的方式进行调节，其优化运行原理可以从能量收支的角度来分析，即增大循环水流量可以提高凝汽器真空，从而使机组出力增加，但同时也增加了循环水泵的功耗，当上述两者互相弥补后的净收益达到最大时，此时的凝汽器真空为狭义上的最佳真空，循环水泵运行方式为最优运行方式。

C. 最佳真空定值优化。当循环水泵为定速循环水泵时，其循环水流量只能离散变化而不能连续变化，此时获得凝汽器真空只能是狭义上的最佳真空，即当前定速循环水泵运行方式局限下的最佳真空。当循环水泵引入变频装置后，可通过转速的连续变化实现循环水流量的连续调节，此时获得的凝汽器真空为真正意义上的最佳真空。因此，当冷端系统引入循环水泵变频调节后，可由循环水泵的优化运行原理获得机组在各工况运行下的最佳真空，以此为机组的最佳真空定值对循环水泵的转速进行调节，以保证凝汽器在最佳真空下工作，最大限度地达到节能降耗的目的，此时的最佳真空定值优化为最节能意义上的定值优化。

8）间接空冷系统性能监测及智能优化控制。间接空冷系统性能监测及智能优化控制系统主要由间接空冷散热器分布式非线性诊断模型、间冷系统主要性能参数监测系统、间冷塔安全监测系统、机组冷端优化分析模块、智能控制模块、人机界面模块等构成。其中，性能诊断模型可实现对间冷系统的设计参数、实时 / 历史采集数据的性能计算分析；性能参数监测系统主要是实现对冷却风参数有效监测，包括各冷却扇段的冷却风量、风速、气温，实现对各扇段的散热器换热性能监测，包括对散热阻力、壁温的监测，实现对各扇段冷却水流动特性的监测，包括水阻力分布、水流量分布，增加冷却水的监测测点数目；安全监测系统是实时监测间冷系统的运行过程中整体温度场分布情况，监控系统安全运行状态；机组冷端性能优化及智能控制模块主要是通过对主机和间冷系统的性能状态的监测，分析实时数据，指导优化运行，并通过有效的智能控制策略实现优化控制；

最终由人机界面模块实现人机互动，实现各种必要的显示和报警功能，将主机和间冷系统的过程状态及效果达到优化和可视化安全经济管控。

通过检测间接空冷系统的每个冷却三角管束的运行温度，作为空冷系统优化及防冻的基础数据。根据冷却三角出口水温不平衡的特点，自动调节百叶窗的开度，优化空冷运行。依据空冷温度场检测系统实现多点大面积的检测特性，将空冷系统的自动调节由扇区调节细化到冷却三角，最大限度地做到降低背压、降低供电煤耗，而空冷设备又能够安全运行，显著提高空冷机组抵御不利环境影响的能力，提高机组运行的安全性。

（2）智能分析与寻优。

1）在线实时性能计算与分析。通过建立机组热力设备及系统的性能数学模型，在线实时、准确地计算、分析、评价发电厂技术经济指标和设备的性能指标，实时显示机组性能情况，全面、精确、直观地反映机组的运行状况、性能指标和能耗分布，实现对机组全方位的性能在线监测。

机组性能分析主要针对机组级和厂级层面进行展开，建立机组热力设备及系统的性能数学模型，在线实时、准确地计算、分析、评价发电厂技术经济指标和设备的性能指标，计算的结果输出到实时/历史数据库中保存，实现对机组全方位的性能在线监测。厂级性能指标计算包括：全厂负荷、全厂负荷率、厂用电量、综合厂用电率、全厂发电补水量、全厂发电补水率、锅炉效率、汽耗率、热耗率、全厂发电煤耗、全厂供电煤耗、发电水耗、发电量、上网电量、煤场煤种自掺配模型、脱硫脱硝效率、氢耗率、煤种自掺配经济效益等。机组级性能指标计算包括：机组负荷率、厂用电率、发电补水率、机组发电煤耗、机组供电煤耗、热耗量、热耗率、热耗率（修正）、汽耗率、机组热效率（绝对电热效率）等。锅炉系统性能指标计算包括：反平衡锅炉热效率、各项损失（排烟热损失、化学未完全燃烧热损失、机械未完全燃烧热损失、散热损失、灰渣物理热损失）、锅炉热负荷、锅炉主蒸汽流量、锅炉主蒸汽压力、锅炉主蒸汽温度、锅炉再热蒸汽压力、锅炉再热蒸汽温度、锅炉给水温度、送风温度、过量空气系数、排烟温度、锅炉氧量、飞灰含碳量、锅炉排污率、过热器减温水流量、再热器减温水流量、再热器压损、空预器前后阻力等。汽机系统性能指标计算包括：高压缸相对内效率、中压缸相对内效率、低压缸相对内效率、循环热效率、汽轮机主蒸汽流量、汽轮机主蒸汽压力、汽轮机主蒸汽温度、汽轮机再热蒸汽流量、汽轮机再热蒸汽压力、汽轮机再热蒸汽温度、汽轮机各段抽汽流量、温度、压力、最终给水温度、最终给水流量、汽轮机轴封漏汽量、背压等。

2）耗差分析。通过对机组热经济性及运行参数的计算和分析，确定出机组主、辅机设备及热力系统的热经济状况，运用热经济诊断分析原理对当前的运行参数、运行方式进行计算，定量给出其对经济性的影响。

通过对机组关键运行参数的监督分析，将实际运行值与基准值进行比较，由两者差值计算出各参数对基准煤耗的影响。根据耗差分析结果及时对工况进行调整或修正，使机组运行煤耗接近最佳值，达到节能降耗的目的。

主要分析指标包括：主汽压力、主汽温度、再热汽温度、再热器压损、给水温度、低压加热器上下端差、高压加热器上下端差、排汽压力、小机排汽量、减温水流量、凝结水过冷度、凝汽器端差、调节级效率、高中压缸效率、补水率、排烟温度、排烟氧量、飞灰含碳量、辅机电耗率等。

耗差分析可进行运行工况与设计工况的对比，并计算出参数偏差前后的能耗差。计算出的各项能耗差之和即为当前工况与应达工况之间的总能耗差，可以指导运行人员进行工况校正。

3）智能运行寻优。智能运行寻优系统是实现全厂实时监控层面的热力学能效计算、分析、诊断、指导、评价、预警的运行优化系统，结合详细计算出的机组耗差及设备运行状态，为运行人员实时监控调整、提高机组效率、能效闭环控制的实现提供强有力的支持，实现智能发电的机组效率最优控制。

对机组热经济性及运行参数进行基于热力学定律的计算分析，确定机组主、辅机设备及热力系统的热经济状况，应用先进算法、神经网络、大数据分析技术、性能指标在线分析技术和多目标优化技术等对当前的运行参数、运行方式进行计算，定量给出其对经济性的影响，并给出基于机理建模计算的最优标杆值；按照稳态或准稳态工况判定方法提取历史数据库中有效运行数据，根据机组负荷、环境温度等不可控条件进行工况划分，按优化目标筛选出最优运行状态，建立各工况下的关键参数的历史标杆值数据库。

基于最优标杆值数据库，建立机组运行操作在线指导系统，将最优运行标杆值有效应用到生产实际，实时指导生产一线的运行操作行为，实现标准化最优操作。在指导值稳定可靠的条件下可将其与过程控制回路实现自动化闭环，实现机组自趋优运行，并可结合操作在线指导，建立基于精益管理思维的绩效考评体系。

智能运行寻优系统包括数据库接口模块、性能分析模块、大数据智能寻优模块、标杆值数据库功能模块、操作指导及考评等功能模块。

（3）智能监盘。

1）智能监盘功能。智能监盘利用数据挖掘、预测分析、深度学习等人工智能技术，重点关注监盘工作的普遍痛点和盲点，结合火电厂运行规程要求和运行管理需求，对火力发电生产工艺参数进行预测、分析、评价，并合理展示结果信息，智能辅助运行人员全面掌握机组、系统、设备运行情况，实现机组多维指标主动监盘、简洁高效的智慧报警、基于大数据的故障主动识别、定期工作及参数调整的操作指导，对火力发电生产工艺参数进行预测、分析、评价，并合理展示结果信息，实现智能化系统辅助决策的重要作用，从而提高运行人员监盘效率，降低劳动强度，提升机组运行的安全性、经济性。

2）智能监盘架构。由于智能监盘需要基于实时可靠的数据分析与人机交互应用，智能监盘采用控制安全区的数据平台为支撑，向上可与智慧电厂大数据平台进行单向隔离输出，向下关联基于 DCS 系统的 APS 应用和基于分布式智能控制器的优化控制模块，为运行监盘人员提供智慧化交互接口，利用专家经验与大数据分析技术，辅助提高监盘效率和质量。

3）多维指标主动监盘（智慧驾驶舱）。针对运行人员翻阅画面查看参数和参数巡检记录的工作，实现机组、系统、设备的安全、经济、自动等多维指标的主动监盘。主动监盘功能以服务运行的工作为核心目标，尽量减少不必要的提示和提醒，指标量化以运行人员能够响应或能够操作干预为目标范围，不增加无意义的数据加工信息，不进行厂级监控系统数据处理的重复功能，对于没有手段或不需要运行人员手动响应的部分仅做提示记录，不做报警提醒。

主动监盘功能分参数幅值、规律特性、异常状态、大数据分析四个层次：

A．参数幅值。对各设备、系统和机组参数进行基础的幅值监测，重点关注保护联锁定值等信息，对于关键参数超限数据主动提示三区中等多数据源情况和所涉及的联锁保护动作内容、编码等需要人员查询的相关信息。

B．规律特性。人工监盘时，除基础限幅外，对一些如汽温、水位、真空、环保等参数还希望能对升降负荷速率进行监测，对其他参数如振荡幅度频率、两侧偏差、风机喘振工况点、蒸汽饱和温差等需要加工或计算的规律性特性进行监测。主动监盘功能将提供各种常见的参数规律特性的监测或自定义公式输入监测的规则，从而实现参数规律特性判断知识的逻辑化。

C．异常状态。主动识别各种运行工况条件，对容易出现异常的阀门、泵等设备的异常启停、开关、联锁、漏量、转速等状态进行异常状态的检查和判断。

D. 大数据分析。以运行人员参数巡检记录内容为核心，通过实时大数据分析，掌握各系统重点参数是否超出对应工况下的常见范围，从而对主要参数的合理性进行在线监测，及时发现潜在系统级异常和风险。

4）智慧报警。智慧报警以运行人员更加方便、快速、一目了然、少动手为目标，从DCS内部报警系统着手，对DCS系统报警进行优化（分级、分类、分系统、显示优化、减少冗余报警、抑制无效和错误报警等）。在此基础上，综合利用大数据分析与工艺系统物理机理相结合的手段，辅助数据滤波等数据清洗方法，实现无效或滋扰报警的抑制。最后通过声光等手段对报警展示进行优化，主动弹出，自动排序，借鉴汽车仪表盘的报警，利用简单的图标、颜色等让运行人员快速区分报警级别、专业，并能展开所需系统、相关测点、是否带联锁保护等关联信息。

5）故障主动识别。运行监盘的重要职责除了监测系统与设备参数变化外，更重要的是需要根据参数的异常变化和报警信息，快速判断设备与系统的异常与故障，为异常的处理提供关键基础。一方面，系统通过建立的设备与系统异常的标准化识别知识库，对报警信号通过工艺系统物理机理进行测点故障判断，确认真实发生异常后，利用知识决策树，逐一对相关系统进行自动诊断，并提供诊断决策过程图示，展示参数判定条件和原则，给出判定的故障或无法判定的故障发生可能，提示就地查看或人工检查诊断。另一方面，采用大数据趋势预测技术，对关键数据建立趋势判定池，基于大数据反映的类似工况下的统计学特征空间，掌握系统参数的不可逆微小趋势变化，从而尽可能早地在发生严重的故障之前发现潜在风险。这样，故障识别模块采用经验知识化与实时大数据驱动的结合，代替人实现大部分故障和风险的360°、24h主动监视与智能识别。

6）操作指导。操作指导包括：定期工作提醒、数据驱动的参数调整优化指导、规范化操作指导、操作指导的智能监护。

（4）智能巡航。

1）自动寻优控制。

A．自动寻优理念及内容。机组自寻优控制采用高性能服务器作为计算硬件基础，结合大数据分析，提供机组运行过程有关经济性、安全性等函数设定值的最优目标，引入到智慧控盘系统，使状态达到最佳。这是一套完整的机组自寻优控制系统，主要包含深度调峰AGC协调智能预测控制、两个细则指标最优控制等单元级寻优控制、一次风压自适应、氧量自适应、主汽压力自适应、过热度自适应、NO_x设定自适应等子系统控制目标寻优、回热系统耗差智能寻优控制、脱硫多目标智能优化控制、冷端优化等经济性指标寻优等多种角度寻优控制。

B．自动寻优特点。当前主流机组控制系统，其各系统控制目标均为按照设计标准或试验工况得出，同时根据机组情况由运行人员手动改变偏置值。若实际情况偏离设计煤种、设计工况较大时（此种为常态运行情况），机组性能得不到有效保证，同时运行人员劳动强度大大增加，不利于机组安全性经济性运行。

智慧电厂体系提出了智能监盘要求，即通过大数据分析、运行机理分析等多角度得出最优控制目标，并推送给运行人员作为参考值。此种方式，由于未实现目标值 - 控制系统的闭环控制，无法及时改变机组状态，其分析、迭代周期随之延长，自动寻优达不到预期指标。鉴于此，需要将自动寻优功能与机组控制闭环结合起来，实现真正意义上的“智能监盘”，结合海量数据分析与过程控制优点，在安全边界条件内实时改变机组状态，从而实现最优目标的时时逼近、滚动优化，达到自动寻优目标。

C．自动寻优价值。自动寻优功能的正常投入，能够有效实现“开源节流”，从而提升机组运行经济性、稳定性及安全性。

a．“两个细则”指标提升。能够根据机组控制目标，在现货市场、ACE 辅助服务、一次调频大扰动、快速爬坡、深度调峰等多种要求下灵活切换，综合各个补偿计算方法，自动改变机组控制目标，实现“两个细则”补偿最大化收益。

b．经济性提升。通过改变主汽压力、风压、氧量、NO_x 设定值、排汽压力等子回路控制目标值，减少锅炉侧排烟热损失、飞灰损失、机械不完全燃烧损失，提高热力循环整体效率，减少氨气消耗量，从而有效减少机组煤耗、汽耗，降低运行成本。

c．安全性提升。随着各个子回路及机组控制目标的自动改变，运行人员由操作员角色转变为监视员角色，其劳动强度大大降低，工作效率得到明显提升；同时机组各项运行参数均处于安全范围中心位置，安全裕度大，机组长期稳定安全运行得到显著保障。

2）自巡航控制。结合大数据分析，机组自巡航控制是一套完整的机组闭环控制系统，主要包含辅机自动启停、子系统自动投切、速率自动变化、异常工况自动停泊等内容，实现并网发电后全流程自动控制，为后续的电厂无人（少人）值守奠定技术基础。

A．自动巡航的技术特点。

a．速率可变。针对不同负荷段，设定不同的变负荷速率，控制系统根据目标负荷，自行判断并选择合适的速率。低负荷段时减缓调节速率，在满足电网 AGC 考核指标的前提下，尽量降低深度调峰时温度、压力等参数大幅变化导致的设备健康隐患。

b．负荷适应性管理。机组宽负荷调峰时，根据负荷高低及工况需要，DCS

系统自动启停设备，包含制粉系统、三大风机、小机汽源、给水主旁路切换、机组干湿态自动切换、低压缸切除自动并退、主要辅机自动轮转等。以制粉系统为例：搭建负荷变化方向判断模块、制粉系统启动负荷条件判断模块、制粉系统动态启动运算模块、制粉系统停止负荷条件判断模块、制粉系统动态停止运算模块等，根据制粉系统当前运行状况及目标负荷，实现自动暖磨、自动启停磨煤机、自动调整磨煤机液压加载力、与运行的给煤机自动并列或解列、磨煤机一键吹扫等功能，从而达到减少运行人员手动干预，提高机组安全性与经济性、最终实现无人值守、变负荷自动巡航的目的。

c. 风险点自动规避。深度调峰时，控制系统可根据运行工况及目标负荷，及时调整控制策略，如低负荷时干湿态自动转换功能。对风险点提前预判，及时调整，自动规避。

d. 故障自动停泊。当机组运行工况异常，或设备故障（设备异常跳闸或出力达到上 / 下限）时，系统能够实现自动停泊功能，根据故障原因，调整内部回路并触发告警系统，待系统稳定、参数正常后再继续下一步操作。

B. 自动巡航价值。自动巡航控制，能够极大地解决运行人员频繁操作带来的危险点隐患问题，避免因操作过程不规范造成的参数扰动大甚至影响机组安全运行现象；能够快速响应电网负荷变化，在此过程中自动启停相关设备、投入切除相应系统，极大简化了调节过程，提升了机组控制指标，从而获得电网更高补偿；当异常工况出现时，能够及时改变控制状态，避免事故的扩大化，从而提升机组长期运行安全性。

（5）斗轮机无人值守。斗轮机无人值守系统通过激光扫描技术实时获取堆场的信息、斗轮机的位置和悬臂俯仰角度与回转角度的实时状态，通过特定算法，自动化控制斗轮机的堆取料工作，从而提高堆场的物料管理水平，达到降本增效的目的。主要具备以下功能：

1）斗轮机无人值守具备自动寻址功能，在确认好作业方案后，系统自动选择好目标煤垛 / 堆料区域，自动计算斗轮机作业点并自动定位，全过程无须人工干预。

2）可采用编码器定位技术，结合格雷母线完成定位信号的采集与运算输出，精确定位大车位置、悬臂俯仰角度以及悬臂回转角度，实现斗轮机大车及斗轮位置的三维空间定位。

3）可采用先进传感技术与智能控制算法，实现恒流量取煤。可基于斗轮电流和悬臂皮带断面扫描结果相结合，进行恒流量控制，自动调整回转速度，保持取料量恒定，提高取煤效率，实现精确配煤。

4）具备自动堆料功能，可采用悬臂回转的堆料方式，堆料高度由雷达料位检测装置检测。堆料高度及宽度参数可调节设定，系统自动控制悬臂回转和大车后退，全过程无须人工干预。

5）支持斗轮机作业过程中手动 / 自动无扰切换，提高作业灵活性和系统安全性。在远程操作台设置可移动的开关或在控制系统操作界面上设置操作按钮，必要时对斗轮机进行人工干预。

6）进行安全防护。斗轮机相关出入口、电气房和司机室相关位置宜增设人脸识别出入防护系统，防止闲杂人员擅自进入斗轮机的电气房和司机室。应安装行人检测保护装置、悬臂防撞装置，有效防止各类人身安全事故的发生。

7）支持远程监视，在斗轮机的各个关键部位，斗轮、悬臂、皮带、电缆卷盘、大车等处安装工业摄像机，图像传送至相关系统进行智能图像识别，防范人员误闯，全程实时监视斗轮机作业过程。

8）可实时显示堆场煤垛和斗轮机姿态三维效果图，增加时间轴，可以自由缩放及角度旋转，并支持斗轮机作业三维动画历史回放。

9）设置斗轮机高度检测，与煤流检测配合，当煤流包含异常石块、混凝土块时，可发出报警，防止斗轮机挖入地面，对碎煤机、皮带、给煤机设备造成损坏。

9.2.2.3 智能管理层

（1）智能管理平台。智能管理平台建设主要包含软硬件基础设施、基础平台搭建、大数据平台建设、数据采集接入、数据标准化、数据治理、数据资产梳理及构建，提供海量异构数据的存储和并行计算能力，消除数据孤岛，实现数据共享、业务协同、智能联动。

智能管理平台旨在提供一个集采集、分析、存储、计算、管理、展示和决策于一体的数据和运算平台，平台采用开放式体系结构和分布式系统设计，在硬件资源集中部署的基础上，统一安全策略、规范通用服务，汇聚生产实时数据及管理数据，实现数据资源横向集成、纵向贯通。整体上起到融合硬件资源、规范基础编码、集中部署应用、集成汇聚数据、统筹算力支持、统一展示输出、集中运维保障的作用。平台具备业界通用微服务开发、开发运维一体化支撑能力，提供各种可视化开发服务和公共服务，能够兼容单体架构和微服务架构的开发，提供基于中间件、容器等多种运行环境的支撑，支持大容量实时并发连接及数据处理，兼容 IE8 及以上、谷歌 Chrome、火狐 FireFox 等多种浏览器的版本。平台具备逻辑解耦的分层架构，包括：集成开发服务、公共套件服务、单体应用开发、微服务开发、可视化构造服务、前端展现服务、权限管理及运行支撑服务、流程开发及运行支撑服务等，还提供门户管理、手机 App 推送功能。智能管理平台技术架构如图 9.9 所示。

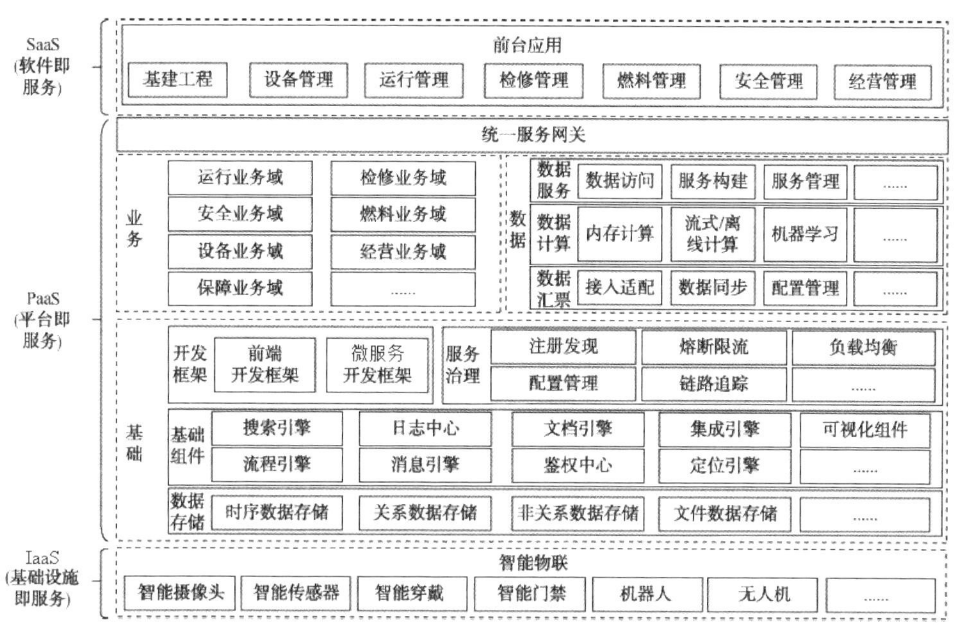

图 9.9　智能管理平台技术架构

（2）智能运行管理。

1）智能监视。将电厂各机组、汽机、电气系统及子系统、设备进行以实际电厂运转流程建立关联，监测设备各测点指标实时运行数据，当运行状态存在异常时进行报警。通过生产流程监视图、趋势图、棒状图和参数分类表等多种监视方式实时显示各单元机组及辅助车间的主要运行参数和设备状态。用户可以在各终端上对各生产流程进行统一的监视和查询，实现生产数据信息的共享。

2）智能分析。以生产实时 / 历史数据为基础，对机组经济技术性能进行在线分析、展示，同时对重要的参数指标进行偏差分析，如性能计算分析、耗差分析、负荷分配等，辅助运行优化与决策。

3）智能考核。实时数据指标（小指标）考核是在实时历史数据的基础上，根据电厂制定的考核规则，以量化管理为核心，实时对运行人员的工作进行考核。

系统支持按照指标值区间、指标值越限时长、班值排名等方式进行考核，支持考核规则的语义化配置，支持考核人员及岗位系数的配置，提供考核结果的追溯性查询分析，提供指标的事后排他重算功能。

4）智能报警。该模块经计算服务处理后各维度测点并根据设定条件，不满足时记录报警信息。

监视报警：具备普通用户角色登录系统前台，用户按系统提供的条件查看测点报警信息及基础数据，用户可切换列表、矩阵模式，查看报警详情、历史报警明细，对测点进行关注。

运行统计：运行统计以小时报表和监视报警相结合的方式呈现运行报警信息。

超限统计：以超上 / 下限次数、超上 / 下限时长为统计依据，将自动计算出的测点在不同时间段的超限情况进行统计。

启停统计：以运行时长、运行次数为统计依据，将机组等设备在连续时间段内的运行、停运情况进行统计。

5）智能对标。以电厂主要指标为分析对象，确立参与对标的指标体系及对比标杆，通过实际运行指标数据与标杆数据的对比分析，寻找差距，指导运行人员操作机组趋向最优，提高机组运行效率，不断提高运行及管理水平。

6）运行报表。

综合报表：属于前端展现部分即给普通用户使用，用户可通过该模块对报表进行浏览、填报、保存、下载等功能。

指标分析：指标分析功能主要提供不同维度、不同口径指标以方案的形式存储，可对指标分析方案进行灵活调整，满足指标的多口径、多维度数据分析需求。

7）智能巡点检。应用移动互联信息化技术，全面管理设备巡点检业务，通过 PC 端和移动端共同监管现场巡检、点检、临检等工作。通过巡检待办、巡检任务设置、巡检缺陷提交和统计、巡检到点统计、巡检数据统计分析实现巡检的全周期管理。

通过清晰的巡点检任务管理，使巡点检工作从规范、标准、路线策划、现场巡点检、巡点检同步到数据分析和维修策略制定实现实时闭环管理。根据设备的实际运转状态分析情况，调整巡点检策略，结合精密点检应用使巡点检更加有的放矢。围绕巡点检的要求和特点，在确保管理顺畅、切合实际的前提下，尽最大可能简化、优化流程，减少巡点检人员的劳动强度。

A．交接班管理。运行交接班管理用于对值班班次、时间、值班人员和交接班工作进行管理。交接班工作可以逐级完成，工作交接时，交接班人员必须对运行日志的各项内容进行确认，并将交接班信息记录在运行日志中。

B. 交接班智能交互。利用人脸识别技术，集成运行交接班功能，实现人机交互式智能交接班，简化运行交接班操作，提高交接班效率。

运行人员身份识别和接班时间自感知：接班人员进入监控室时，通过监控摄像头采集接班人员脸部图像，经图像识别服务平台，识别接班人员身份，并记录接班人员到场时间。

人机交互式交接班过程：系统通过人脸识别确定交接班人员身份，进入交接班环节自动调出当前班组运行重要事件、设备运行状态、未完结工作等，采用触摸方式操作对交接班各项内容进行确定，经双方人员确认后，完成接班和交班。

C. 两票管理。将工作票、操作票管理模块的查阅、创建、审批、许可、试运、延期、终结等相关流程融合至移动端（手机、平板等终端），并与钥匙管理闭锁系统相结合，运行、检修人员可远程通过移动设备进行操作。

D. 运行定期工作。定期工作包括定期试验、定期切换以及定期操作，能够根据发电企业的实际需要实现定期工作策划，记录定期工作完成情况、执行人以及备注信息。提供标准试验、操作步骤以及正确试验结果便于用户定期工作时参考。

E. 环保管理。构建环保监督监察、环保综合管理、环保在线监测、环保离线监测、环保报表等业务应用，实现环保数据的实时监测，监测易燃易爆危险源数据。

8）智能无人巡检。智能无人巡检采用视频监控系统巡检方案，视频系统负责对厂区进行全天候视频监控，同时能与其他子系统进行联动，满足生产期对生产监控或安全管理的要求。摄像头实时采集重点、危险区域的视频数据，实现现场全局监控、设备监控、视频监控、电子围栏、安防管理等功能，实现对人员违章、设备异常、作业环境异常等的监测和识别，同时也对上述区域的周边环境实施监控，以确保现场的环境安全。

9）AR 智能辅助巡检。AR 眼镜智能辅助巡检是通过其智能工作流系统，对日常巡检形成在线可视化的 AR 工作流，基于人工智能和增强现实技术实现业务流程数字化、工单步骤自定义、工作流程可视化以及过程管控高效化。

A. AR 智能终端硬件。AR 智能头环应搭载 5G 模组，满足工业三防，可与标准安全帽适配，具备防摔、防尘、防水等特点。

B. 智能工作流巡检。AR 眼镜端进入工作助手后，可通过语音直接进入工作流功能，在工作流的任务界面查看并执行相应的工作流任务。AR 智能巡检可实现步步确认，以虚实结合的方式实现作业智能指导，破除对员工操作经验的依赖，消减了作业风险，提高作业活动的标准和规范。

C. 智能识别。作业人员在作业过程中，AR 设备终端可执行第一视角的音视频自动采集，实现作业过程全流程记录，保障业务过程可追溯。

D. 知识库。作业人员在作业过程中遇到问题可调用 AR 知识库，AR 知识库可集成各类图纸、标准作业指导书、音视频素材，可通过语音交互方式随时调取查看，支持放大、缩小、锁定画面等功能。

E. 远程协同作业。作业过程中还可呼叫远程协同作业，平台通过 AR 智能眼镜或 Web、手机端，以第一人称视角进行前后方远程可视化协作，后端调度管理中心、管理人员、专家通过实时音视频、AR 动态标注、资料分享等功能，协助现场高效处理疑难问题。

（3）智能设备管理。电厂中所有检修维护、故障分析、备品管理等活动都是围绕着设备进行的，设备管理架构应面向设备资产和生产管理，能充分满足电厂整体管理的需要，支持设备（资产）全生命周期管理。设备管理系统采用模块化结构，基本管理功能涵盖企业资产管理系统（EAM）的所有关键领域，包括设备台账、设备技术标准、设备历史台账、设备安装、设备评级、设备异动、设备报废管理等，这些功能在生产 MIS 系统中建设，在生产 MIS 基本设备管理功能的基础上，进行基于大数据的设备全生命周期健康管理等智能化功能的建设。

1）基于大数据的设备全生命周期健康管理。应用先进的智能检测设备和大数据技术，对影响设备安全运行的新监测数据和传统监测指标进行长周期分析和大数据建模，根据检测参数变化和发展趋势，结合故障诊断模型给出预警信息，实时协助运行值班员判断故障，杜绝恶性事故。基于完整的设备数据采集，以提高设备运行性能为目标，结合设备健康状态诊断模型，进行主、辅机设备性能在线监控及性能劣化原因分析，实现设备状态监测、故障诊断、预防性维护及状态检修。

A. 设备全生命周期管理。设备全生命周期管理体系以设备台账为基础，覆盖设备从设计制造、采购出库、安装调试、生产运维、效能评价及退役报废全过程的业务。设备全生命周期管理体系如图 9.10 所示。

B. 设备故障诊断与状态评估。设备状态检修管理系统针对不同类型数据提供相应的分析工具、图形展示工具，如针对旋转机械的振动数据，提供趋势分析、时域波形分析、频谱分析、包络分析工具。

根据不同对象建立相应的设备故障专家知识库，提供专家知识和分析帮助。

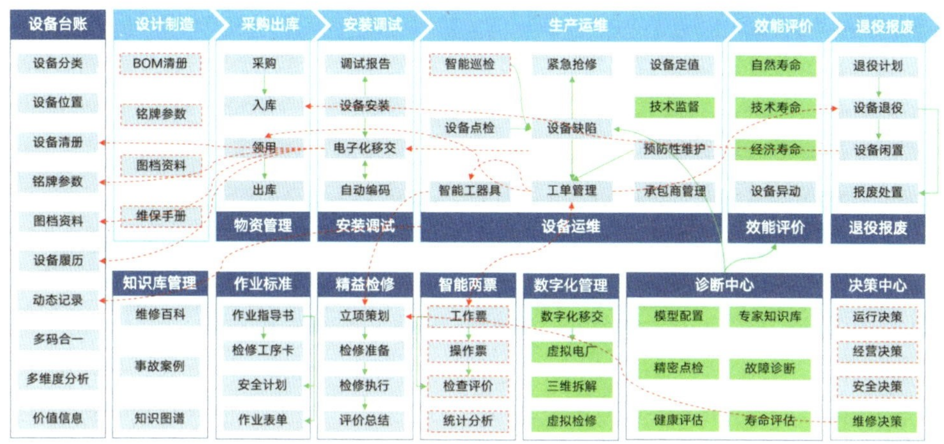

图 9.10　设备全生命周期管理体系一览图

对监测手段与诊断规则相对成熟的设备，提供成熟的诊断规则和专家知识供设备管理人员参考或学习。

对存在耦合关系的设备参数，系统提供相关性分析工具对设备数据进行分析和挖掘，为设备状态分析提供辅助手段和信息。

从设备安全可靠性和经济性两方面，根据实时在线监测数据或定期人工采集数据对设备的状态进行评估，根据所评估的技术内容提供相应的标准、准则等。

C. 旋转设备故障智能预警与诊断。对旋转设备建设轴系振动故障智能诊断系统，该系统以现场的振动探头数据为基础，采集 TSI 柜数据，由振动（快变信号）服务器接收 TSI 柜输出的振动模拟量数据（或数字处理的波形数据，能够进行 FFT 变换）。基于 TCP/IP 协议传输，以网络传输数据，以实现远程故障诊断。

轴系振动故障智能诊断系统能够利用功能程序，从不同的角度分析振动数据，对振动故障进行分析和判断，给出诊断结果，实现振动数据不同角度的展现，以及数据不同序列的展示，方便现场振动故障的分析和故障的判断解决。

2）智慧检修管理。智慧检修管理功能主要是在基于大数据的设备全生命周期健康管理功能基础上，在检修管控方面开展智慧化建设，最终实现状态检修。

将所有检修记录、设计资料、专家经验形成计算机可识别的知识工程库，统一进入后台模型库，各后台模型可自寻优和自演进，根据具体工况给出精准的故障预测信息和报警信息，同时构建数据智能驱动的故障诊断和预测运行、设备全生命周期价值链追溯的闭环管控体系，实现设备健康评估、故障诊断与预测、劣化趋势和资产管理分析，对设备进行全生命周期管理，改变点检定修管理模式，构建状态检修模式。

发电设备状态检修管理系统根据设备故障诊断或状态分析与评估结果，结合设备风险分析技术，为设备检修与维护提供具体的依据，为设备检修计划的制订和调整提供客观的分析结论，为设备的技术监测或检查提供具体的指导。

（4）智能安全管理。智能安全管理中心打破各安全业务子系统的信息孤岛，将电厂各安全管控业务流程连为一体，实现资源共享、信息互联互通，构建多系统的协同化，实现多系统智能联动，由原有的“被动式安全管理”转变为“主动安全管理”。结合视频布防、虚拟电子围栏、智能安全帽等技术手段，实现全方位、全过程、全员、全天候的立体管控，从根本上夯实安全基础，保障本质性安全生产。

1）超宽带（Ultra Wideband，UWB）人员定位。以三维信息化模型为展示，运用 5G+UWB 技术，对现场人员进行精准定位，保证现场人员的行为可控、位置可视。结合定位基站、定位标签等设备提供全局位置显示、实时轨迹跟踪、历史数据回放及定位监测分析等功能，支持电子围栏对事故多发区域快速设置，对接近或进入危险区域人员发出本地和远程预警提示，避免人员安全事故的发生。

2）电子围栏。

围墙电子围栏防护：提供对非法入侵和异常事件报警的功能；可进行远程管理和控制，同时支持网络与智能安全应用集成平台进行连接，实现多级控制；支持报警设备和控制键盘的方式进行分控，提供键盘远程撤防、布防、电压调节、系统工作状态查看、报警设置、电子地图联动、视频联动等功能。

特定区域虚拟电子围栏防护：检修改造期间，起吊区域、孔洞区域等事故多发点可利用虚拟电子围栏功能，对危险区域进行快速设置、隔离，同时对接近或进入危险区域的人员发出本地和远程报警提示。

借助虚拟电子围栏和声光报警装置，在数字地图中设置重点危险作业区域，对工作人员和移动设备进行授权，当非授权人员或移动设备靠近危险作业区域时，现场及监控中心双向报警，监控中心推送现场联动的视频、涉事人员位置、档案等信息。

3）智能综合安防。根据报警输入的属性预设多种报警事件，针对事件设置不同的联动方案，同时调用整个综合安防系统的资源进行响应，实现跨子系统的智能联动，提高整体安全防护水平。

实现门禁、视频监控、周界防护、电子围栏、火灾报警、三维可视化、人员定位、两票等系统的全方位一体化智能联动，改变安全管理手段单一、安全预防能力不够的状况，实现全厂人员、设备的主动安全管控。

4）智能两票。智能两票是以电厂现有“两票”系统为核心，基于 5G 网络全覆盖、标准票数据库、全厂三维可视化系统、完善的逻辑闭锁安全防护等前提，可实现各种措施执行自动化，人员办票信息化、措施确认可视化、人员监护智能化，有效防止安全措施的误提、误实施、漏操作、误操作，实现两票的本质安全管控。

围绕工作票业务流程，在各业务节点（如签发、安措办理、许可、进厂开工、完工撤离、终结）与门禁系统进行闭锁逻辑控制，对作业人员身份、进入区域授权、作业设备身份进行控制、确认。传统与智能工作票对比见表 9.2。

表 9.2　传统与智能工作票对比

序号	传统工作票管理存在的问题	智能工作票的解决方案
1	无票进入现场工作	实现工作票与门禁系统授权的集成。工作票签发时对工作票对应工作组成员授权可进入的区域授权。在工作时间内工作组成员可授权进入，工作结束或工作时间到期，自动解除授权
2	工作负责人不在现场或工作组成员擅离、滞留现场	通过门禁及电子围栏，实现对现场工作人员的管理。工作负责人未进入区域前，工作组成员无权进入；工作组成员进出自动统计，所有工作组成员未撤离前无法销票；通过电子围栏划定工作范围，工作组成员擅离区域自动报警
3	现场隔离仅挂牌，未进行物理隔离，导致隔离误恢复	采用钥匙箱隔离闭锁方式，确保现场作业时，设备隔离绝对安全
4	未在正确的设备上作业	为每一个设备张贴二维码，只有扫码匹配设备通过之后才可开始作业
5	交叉作业导致的隔离误恢复	系统支持基于隔离点的工作票交叉验证功能，存在交叉互锁工作票必须按顺序解锁后才能恢复安措
6	现场风险不了解	扫描设备时，自动弹出在该设备作业需要注意的危险，确认之后才能开始工作

借助智能移动终端设备，实现纸质操作票向电子票转变，利用智能终端，实现开票、监护、执行、远程调度等。传统与智能操作票对比见表 9.3。

表 9.3　传统与智能操作票对比

序号	传统操作票管理存在的问题	智能操作票的解决方案
1	走错间隔，操作错误的设备	通过二维码技术进行操作设备确认，只有扫码匹配，才能对设备进行操作
2	不了解操作时存在的风险	扫码时，自动提示该设备操作存在的危险源

续表

序号	传统操作票管理存在的问题	智能操作票的解决方案
3	根据自身经验不按规范进行操作	系统强制按照设定的逻辑顺序逐条操作，上一条未完成前不允许操作下一条
4	操作过程无法监控、追溯	操作票与监控系统联动，当在手持设备中确认开始操作时，设备对应的摄像头将自动对焦并开始摄像

智能操作票可实现：二维码确认操作设备、作业前风险文字或语音告知、操作逻辑顺序闭锁、操作与智能监控同步，自动监控重大操作、集控室可向智能终端发出操作暂停、恢复等远程指令。

5）智能门禁。在生产区域和非生产区域之间、在生产区域中封闭区域和非封闭区域之间部署门禁系统，在封闭区域中重点区域和其他封闭区域之间部署门禁系统。具有通道进出权限的管理、时段控制、实时监控、远程授权、出入记录查询、反潜回、周界防护、消防报警监控联动、网络设置、逻辑开门、紧急逃生等功能；具备与智能安防系统、工作票系统的数据对接能力。初次进厂的基本培训、授权；对出入生产现场人员授权；对进入重点部位和危险点区域的生产管理人员授权；对具有单独巡视升压站和高压区域资格的人授权；通过工作票许可与终结自动授权工作负责人进入所选工作场所。

6）智能安防视频监控。智能高清视频的主要应用在于智慧园区的安防、人员管理、设备状态识别等场景，将采集的监测视频/图像实时回传，实现视频、图片、语音、数据的双向实时传输，实现人员违规、设备状态识别、厂区环境风险监控的实时分析和报警，大大提高作业安全规范性。

7）智能安全帽。智能安全帽采取的是云平台连接的方式，实现了集视频采集、人员定位、安全播报、对讲等功能。人员巡检作业发现疑难问题时，智能安全帽可将现场情况实时回传至云平台，技术专家通过回传的视频图像对现场人员进行远程作业指导，有效提高人员作业水平，提高作业质量，通过云平台可随时查看作业现场画面，统一指挥。

通过安全帽的使用，结合人脸识别功能，对人员进行身份确认，从而实现人帽对应。可实现人员位置轨迹记录、语音通话、电子围栏、身份验证、体征监测、气体检测、温湿度检测等功能，安全帽提供的数据上传至智慧电厂互联平台，用于安全态势感知、应急管理、职业健康监测等。

8）智能锁控钥匙管理。发电厂日常工作中涉及大量的钥匙管理，端子箱、机构箱、汇控柜、爬梯、高压室、继保室、安具室、保护测控屏柜等都有各自的锁具和钥匙，这些数量庞大且种类繁多的钥匙，给工作人员带来寻找钥匙的烦恼，而且大大降低了工作效率，出现了钥匙难管理、记录难追溯的问题，使得安全操作存在风险和隐患。

智能锁控钥匙管理系统可以建立完善的存取记录体系，解决传统钥匙管理存在的问题。智能锁控钥匙管理系统组成如图 9.11 所示。

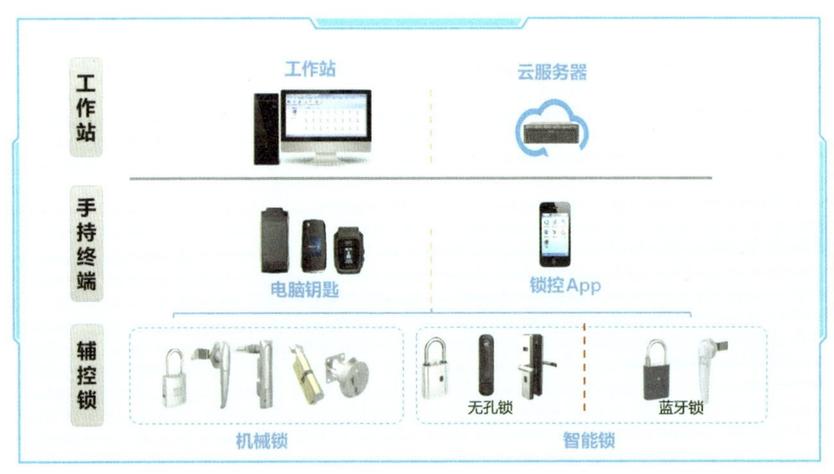

图 9.11　智能锁控钥匙管理系统组成

工作站上安装系统软件，用于存储所有锁具信息、闭锁设备信息以及开锁人员信息，包括锁具数量、闭锁设备名称、闭锁设备位置等内容，生成开锁序列并发送给钥匙，同时保存钥匙上传的开锁记录，所有的操作记录都自动保存到工作站上，包括操作人、操作时间、被操作设备等信息，便于浏览和查询，可按不同字段进行查询。系统软件还具有人员权限管理功能，根据工作人员的职责赋予其不同的角色，不同角色具有不同的操作权限。

电脑钥匙用来读取辅控锁的标识码，可开启授权范围及授权有效时间内的锁具，并自动记录开锁信息，电脑钥匙的授权分为固定授权和临时授权两种。电脑钥匙与智能锁具通过无线通信方式进行信息交互。

锁控 App 具备人员登录和开锁授权功能，接收云服务器发送的开锁任务，并实时回传开锁结果。

辅控锁用于厂站内各类非强制闭锁设备上，如房间门、端子箱、机构箱、保护屏柜等，用于防止随意开锁操作产生的安全隐患。辅控锁分为机械锁和智能锁两种。机械锁安装有统一的叶片锁芯，接口统一，内置位置指示元件，可实时反馈锁具状态，内置唯一的身份识别码。智能锁根据通信方式和工作原理不同分为无孔锁和蓝牙锁，内置控制电路，具有状态检测模块，可自动检测锁具状态，内置唯一的身份识别码。不论是机械锁还是智能锁，均可被电脑钥匙识别和控制。

（5）智能燃料管理。智能燃料系统集机电一体化技术、物联网技术、传感技术、信息化处理技术于一体，实现了燃料集中管理，对燃料采样、制样、计量、化验及煤场管理实现全过程无人干预的自动运行，并实现与生产运行、指标运行分析、财务的相互融合，实现了燃料管理的智能化和自动化。智能燃料管理基于大数据平台支撑环境、算法模型、智能设备实现燃料需求计划预测、采购方案辅助决策、煤炭验收深度管理、煤场智慧化管理、燃料区域智能化巡检等功能，实现燃煤的收、耗、存对应量、质、价信息的精准化管理与全过程闭环管控。智能燃料管理系统的功能见表 9.4。

表 9.4　智能燃料管理系统的功能

序号	子系统名称	功能概述
1	燃料入厂验收监管管理	入厂验收监管系统可实现对燃料的入厂验收、计量、采样、接卸的自动化管理。 燃料入厂验收系统包括：火车 / 汽车车号识别数据采集、采制化条码加密、全自动机器人制样等燃料入厂流程管理控制
2	燃料入炉验收监管系统	入炉煤设置电子皮带秤和校验装置，用于对入炉煤的计量。包括自动计量系统、自动采样系统
3	配煤掺烧管理	堆料管理：系统根据来煤状况自动给出堆煤决策，指导燃料运行人员选择煤场区域进行堆煤，设置皮带机秤对入场煤进行计量。 智能配煤方案：根据煤场现状、燃烧状态和配煤约束边界，自动计算出最适合当前燃烧的配煤方案并形成上煤指令，指导燃料运行人员进行取煤。 掺配煤方案评价：根据掺配所使用煤种的煤质特性从安全性、环保性及经济性等方面进行评价。 取料决策：根据智能配煤指令，自动给出取料决策；并对燃料运行人员的取煤结果进行记录，以修正煤场地图。 库存优化与购煤建议：综合煤场存煤状况和煤种的掺烧状况，动态给出最佳库存和购煤建议，主要关注燃煤的存放时间、硫分、发热量、挥发分和成本

续表

序号	子系统名称	功能概述
3	配煤掺烧管理	机组概况：显示来煤的堆、配、取、烧的结果，对异常情况进行报警，并对掺烧结果按安全、环保和经济进行实时评价
4	数字化煤场系统	数字化煤场系统：通过激光盘煤自动测量煤场动态形状，实现煤场范围内煤堆三维图形的真实、动态呈现，并结合燃料进耗存及化验数据对煤场分层、分堆进行多属性显示，展现煤场每个区域，每个煤种的化验信息、存放时间信息、矿点信息、存量信息综合数据。堆 / 取料机无人化值守指中央控制室内也不需要操作人员进行操作，全过程无人操作的自动堆、取料作业。为燃煤掺配提供指导性依据。同时运行人员可根据系统提供的指导性依据进行堆取料设备精确的取煤操作，为配煤掺烧提供可靠的执行数据
5	数字化标准化验室	包含化验仪器、网络管理、智能存查样管理等以及配套设施等，实现化验数据的自动上传及日常质量控制管理。 标准化化验室管理系统是以化验室专用网络为基础，将所有化验设备联网，系统自动采集各化验设备的化验结果，自动完成平行样判定，自动完成化验数据汇总并自动生成化验原始报表及报告单。整个化验过程实现化验数据不落地，规避人为干扰的风险，同时提高化验工作的效率及化验数据的可靠性
6	门禁和视频监控系统	门禁系统采用非接触式智能门禁管理系统，每套系统均连接到网络中，通过监控管理主机上的集中管理软件进行每个门禁的管理，在系统上建立人员档案数据库，进行进出人员的管理及统计，并采用指纹读写器。 视频监控系统利用覆盖运煤车道、储煤场、采样机、化验室、制样室等关键环节监视点的高清摄像头进行实时监控，系统设计与底层自动化控制系统和监管平台联动，可为车辆运行与人员行为控制提供支持
7	煤场安全监测系统	封闭煤场内设置安全监测系统。安全监测系统主要包括红外扫描测温系统、可燃气体监测系统、粉尘浓度监测系统和燃料安全信息平台。系统通过包括各种传感器在内的数据采集终端对封闭煤场内燃煤温度、烟雾、粉尘、有毒及可燃气体、明火点等进行实时监测，然后把检测到的数据信号通过通信电缆实时地传输到电脑监控主机或智能信息采集模块，电脑监控主机接收到讯息以后通过由工控机和组态软件组成的操作站发布安全检测通信，以便工作人员根据现场情况采取相应的措施
8	监控中心	通过拼接屏的形式将燃料现场各设备的实时状态、相关分析数据以及各视频监控图像等进行显示。 通过服务器组完成各设备 / 系统的管理和控制，实现燃料业务流数据的整合并发布

续表

序号	子系统名称	功能概述
9	燃料智能化数据管理系统	包含集团（公司）提供的主数据和电厂燃料智能化管理系统直接管理的主数据，图形展示、报表统计、权限配置、系统日志、流程管理，能够实时地从公司燃料信息管理系统中获取所需的燃料数据，实现与集团（公司）标准接口的对接，同时所有系统具有自动备份、恢复功能
10	运维机器人	建立基于三维虚拟现实的视频融合技术管控平台、胶带跑偏视觉诊断和纠偏系统、胶带物料堆型和体积识别系统、落煤管堵料视觉诊断和控制系统、胶带纵向撕裂视觉诊断系统、胶带缺陷视觉诊断系统、音频矩阵和仿真分析的托辊故障诊断系统、电机和减速机状态诊断系统、人工智能的违章管理系统、人员定位与管控系统、大数据的设备状态管理系统和智能巡检机器人

（6）智能经营管理。智能经营通过对于大量的实时数据、历史数据、现场总线设备数据、运行数据、管理数据的整合，建立相关数据模型并充分地分析和挖掘，实现数据利用，达到辅助决策的目的，以反馈于生产优化和企业经营，支撑企业生产与经营决策。

智能经营的目的是实现燃料管理、市场营销、全厂经营决策的智慧化，使得燃料采购、电力营销以及经营决策更准确、迅速、高效。基于大数据的产品智能分析与预测性运行，智慧经营包含智慧生产经营分析（生产实时成本分析、竞价上网分析、碳排放权交易、自动报表等）、智慧燃料管理等应用，实现电站全局最优化调度和生产经营智慧化分析决策。

智能经营管理主要包含智慧生产分析、智慧经营分析、智慧市场分析等。

1）智慧生产分析。旨在分析电厂所处地域电力交易规则的基础上，以生产运行实时成本为核心，在计算分析得到发电公司的总成本、总收益、机组启停曲线、盈亏平衡曲线及发电市场价格后，给发电厂或发电公司的生产及售电与竞价策略提供重要参考依据。主要包括以下功能模块：基本信息、成本预算、成本分摊、成本分析、成本核算、成本调整、综合信息查询与系统管理等。

2）智慧经营分析。

电价预测：依据电网网架拓扑、市场供需情况（包括全网负荷预测、新能源发电预测、外送计划、关键检修信息等）、电厂自身历史成交信息（包括出清信息、偏差信息、结算量、价费等）内容，建立多种预测模型，实现对电厂现货运行日日前、实时电价进行预测。其中预测模型支持神经网络、决策回归、时间序列等主流预测算法。

电力市场交易辅助决策支持系统：主要包含中长期电量分配、日前报价策略制定、调峰调频辅助决策等。

竞价上网：分析能够基于机组经济性曲线，结合实时标煤单价，计算出盈亏临界点，给出深度调峰各档位报价及机组负荷分配的最佳方案。

3）智慧市场分析。

电力市场分析：重在分析研究电力商业化运营的实际问题，主要内容包括电力市场的结构、电力市场的运作、电价与电费、电力投资分析、电力负荷预测、电能质量与供电可靠性、电力市场的调度运营、电网安全运行与事故分析、内部模拟电力市场等。

煤炭市场分析：煤炭行业市场供给、需求分析及市场供给、需求预测。包括现在煤炭行业市场供给量估计、需求量估计和预测未来煤炭行业市场的供给能力、市场容量及产品竞争能力。

大宗耗材分析：将采购供销信息全盘考虑，通过供需基本面变化的研判分析工具（年度平衡、月度平衡、周度平衡），关注价格和平衡表互动。

9.2.3　案例

9.2.3.1　某天然气发电工程智慧电厂

（1）建设目标。以 5G 网络技术为通信基础，采用一体化工业互联网平台构建管控体系，利用大数据分析技术，部署智能安全防护、智能运行管理、智能控制、智能 SIS 系统、智能巡点检、智能生产信息系统、数字孪生电厂等智能应用系统，实现设备管理、安全管理、生产信息管理等电厂生产经营全过程数字化。

（2）总体架构。软件层面以“一平台 + 六中心”为主框架，建设智能办公、生产监控、运行管理、设备管理等智慧电厂主体应用，功能架构如图 9.12 所示。

（3）建设成果。

1）工业互联网平台。智慧电厂依托工业互联网平台建立数据驱动的平台应用，平台通过 5G 通信技术构建了物联网泛在数据连接，适配了厂内各类场景下的工业数据协议，可全量接入厂内各种物联感知设备，包括移动布控球、智能机器人、智能移动终端等，并应用大数据、人工智能等技术，实现了全场景的物联数据采集、清洗、分析和展示，支撑上层应用。

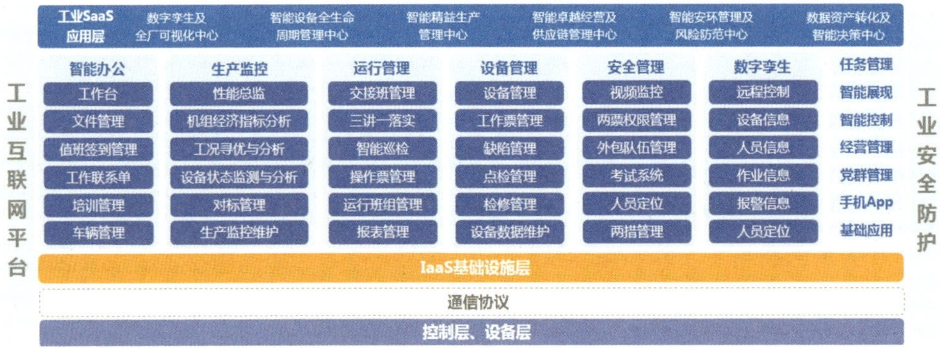

图 9.12　智慧电厂功能架构

2）设备管理。智能设备全生命周期管理中心实现了对设备安装、维护、检修、缺陷、异动、报废的全过程管理。在设备管理中心可实时查看设备台账、点检完成情况、缺陷处理状态、设备检修数据、设备健康状态等，并结合工作票管理、班组管理、外包管理等模块，实现对设备、人员、流程的多维度统筹管理。

3）运行管理。运行管理模块实时展示生产指标完成情况、节能指标完成情况等数据，使管理者实时了解生产运营情况，并可根据以上数据信息自动生成分析结果及考核数据，指导决策，使生产及管理过程标准化、流程化、规范化，实现管理的闭环。

4）安全管理。智能安环管理及风险防范中心接入各类设备（包括泄漏监测、摄像头、门禁道闸、人员定位、电子围栏等），利用云计算、大数据、图像识别等手段，构建零死角、多维度、全覆盖的数字安全屏障，提供智能两票、环境监测、风险管理等模块，保障人的安全、物的安全、环境的安全，实现对厂内生产安全的全方位管控。

5）数字孪生及可视化中心。利用数字仿真技术，实现数字电厂与物理电厂1:1 呈现，联动设备信息、作业信息、人员信息、运行实时等数据，对全厂进行可视化管控，拉近管理距离，降低管理成本。可视化功能包括厂区漫游、设备拆解、安防监控、设备监测、可视化巡检、可视化地下管网。

6）智能决策中心。对全厂的生产和管理进行数据融合，利用各种模型对关键业务进行分析、判断与预测，将成本、收入、生产运营等关键性能指标可视化、图形化展示，帮助电厂实现信息的规范流程和分析决策的跨越，高效指挥生产经营工作，以数据驱动决策，让决策有数据支撑。

（4）价值总结。一体化管控平台汇聚了电厂从生产到经营管理的规划、设计和实现，整合业务应用，实现数据流、资金流与业务流的有机集成，以及流程、组织、人员的高效协同，消除了数据孤岛；通过态势感知及全厂可视化，实现对生产流程、生产活动的智能管控；根据工况信息及历史数据，结合 AI 技术，实现流程自动优化、节能降耗；实时对海量数据进行分析和预测，帮助企业制定更精准的市场策略和销售预测，把握市场动态，不断提高公司的生产经营管理水平。助力电厂实现生产经营全过程数字化和智慧化管控，推进电厂数字化转型，提升电厂创新发展、智能发展、绿色发展水平。

9.2.3.2　内蒙古某电厂智能发电运行控制系统

（1）建设目标。建设以分散控制系统（DCS）为基础，深度融合大数据、先进算法、物联网，应用信息安全、控制优化、运行优化、智能报警和预警、智能监控与诊断、智能控制与分析等模块而形成的智能运行控制平台，实现主动安全管控、少人值守、智能监视及故障诊断、高效环保、灵活调节等功能。

（2）总体架构。通过在机组 DCS 系统部署开放应用控制器、高级应用服务器、大型历史实时数据库、高级值班员站等部件，在常规 DCS 系统控制基础上，建立基本控制、智能控制和智能运行监管等层级之间的闭环联系，纵向打通直接控制与运行监督控制的界限，提供开放的高级应用环境。

厂级网络设置高级值班员站、高级应用服务器、大型历史实时数据库等组件，高级值班员站作为全厂生产实时数据中心和生产运行调度中心，汇集和分析全厂生产实时数据，实现厂级运行优化操作指导。

（3）建设成果。

1）智能发电运行平台建设。部署了智能计算引擎作为智能发电运行平台的计算中心，与分散控制系统深度融合，提供可靠环境进行生产数据、智能算法和服务器算力的综合调度，实现生产数据向生产信息、知识的转化。

建立实时数据池作为智能发电的数据收集和存储中心，在工业大数据背景下，为智能发电运行系统内各项智能化应用模块提供大规模、高频次、高实时性、高响应要求的数据查询服务，构成可靠的数据基础。

开放的应用开发环境提供第三方智能应用的集成运行环境，使之专注于算法核心功能的实现，无须在外围接口、底层环境支持等方面浪费资源与精力，并充分保护其知识产权，最终达到赋能用户、推动智能发电快速良性发展的目的。

系统在整体拓扑结构、分布式数据库、网络通信技术、全局可靠性能方面进行了优化设计，确保系统处理能力和效率、系统实时性、可靠性满足要求，实现全厂一体化监控。

2）智能监盘。智能监盘利用数据挖掘、预测分析、深度学习等人工智能技术，实现机组多维指标报警自动抑制、参数预警、设备健康度诊断、故障诊断等，实现抑制无效报警 40 ～ 70 条，完成 72 个主要参数异常预警监测，实现 26 个辅机设备或系统的实时健康监测，完成 45 个典型故障的逻辑及画面组态。对火力发电生产工艺参数进行预测、分析、评价，并合理展示结果信息，实现智能化系统辅助决策，提高运行人员监盘效率，降低劳动强度，提升机组运行的安全性、经济性。

3）运行优化。

性能计算与耗差分析：在生产实时控制层面计算并给出机组的各项性能计算指标和能损分布及大小，指明机组的节能降耗潜力。

高级值班员决策系统：以机组运行数据为分析基础，针对影响稳定运行、节能增效、减排优化的关键变量，通过对比“实际值 – 期望值”找到评价运行的标杆和保持“最佳实践”的方法。

智能吹灰：基于在线监测参数，根据受热面的传热原理，建立了污染监测计算模型实时计算分析锅炉受热面的污染程度，通过制定合理的吹灰策略，实现按需吹灰的目的，最终实现机组的节能减排。

锅炉燃烧优化：在环境温度、负荷、煤质各工况下通过机理建模、历史工况寻优等方法优化调整二次风门、二次风量、一次风压、风箱差压、氧量、磨组运行方式、配煤、磨入口一次风量等参数，实现锅炉效率、炉膛出口 NO_x、炉膛出口烟气温度偏差等综合最优的燃烧工况。

锅炉高温管屏：根据管组管径、材料等参数的不同，对整个管组进行分段计算过程中，先将管屏视作离散化，并对涉及管屏热偏差的各种因素理论抽象为十多种偏差系数。核算整体计算管组总的辐射吸热量、对流吸热量，根据管段的结构尺寸、空间位置等参数，以平均热量、平均流量乘以偏差系数的方式，将总热量、总工质流量分配至各个管段，以此计算得到炉内所有管段的壁温、汽温。

参数软测量是对难以测量或者暂时不能测量的重要变量，选择另外一些容易测量的辅助变量，通过构成某种数学关系来推断或估计，以软件来代替硬件传感器，实现发电过程关键参数的在线监测。系统采用机理模型、神经网络、支持向量机等算法或这些算法的集成进行建模与测量，实现软测量监测。

4）智能控制。

A．根据运行人员的定期工作内容，将其固化成逻辑组态，大大减少了运行人员的操作量，同时将定期切换进行逻辑标准化。

B．典型故障自动处理：当出现故障或某一系统局部出现问题时，根据机组当前运行工况，自动识别故障类型，并根据预前设置好的操作步骤进行自动处理。

C．智能控制优化：基于精准能量平衡的智能协调控制系统，以阶梯式广义预测控制为核心设计协调控制方案，融合模糊前馈、煤质低位发热量校正，构建了一种基于精准能量平衡的智能协调控制。基于神经网络预测模型的智能汽温控制系统，构建基于神经网络预估的蒸汽温度预测值，提前 2 分钟实现对蒸汽温度的预测，并告知预测控制器，从而实现对主 / 再热蒸汽温度的精准调节。

（4）价值总结。

1）智能检测实现了锅炉排烟氧量、汽轮机排汽焓、煤质低位发热量等参数的在线实时软测量，预计每年减少设备安装、检修、维护以及相关测试化验等费用约 20 万元。

2）智能协调控制系统投入后，调节品质及投入率较前期大为改观，#1、#2 机组 AGC 各项性能指标调节速率可达 2.0%Pe/min，在国内同类机组处于领先水平。

3）智能预警及诊断投入使用后，可实现早期报警、预警，并实现故障诊断以及根源分析，可及时发现生产现场中参数异常，减少人员分析环节，给事故处理预留了宝贵时间，避免异常事件扩大和升级，对安全生产具有重要指导意义。预计该项技术每年减少两次因关键设备异常 / 故障导致的甩负荷 / 低负荷运行，可减少损失约 140 万元。

4）机组能效计算、耗差分析以及能效闭环控制，经测验综合节能效果为 0.5g/kWh，按照单台机组年发电量约 70 亿 kWh 计算，则每台机组每年可节约标煤使用约3500t，按照标煤价格400元/t，则每台机组每年可节省燃料费约140万元。

5）实现了机组运行操作的高度自动化，包括机组自启停控制系统（APS）、相关设备定期切换以及试验等，大大减少了运行人员的操作量，实现机组运行的高度自动化，每台机组减少 1 人监盘，共 5 个值，则共减少 5 人，按照每人每年的费用 12 万元计算，则每年减少费用支出约 60 万元。

6）实现了主汽温度和再热汽温度的高品质稳定控制，满负荷下主 / 再热汽温能够达到 605℃ /620℃而管屏不出现超温，实现了主、再热蒸汽温度优化控制，即避免了汽温的大幅度波动。

9.2.3.3 陕西某电厂智能燃烧优化控制

（1）建设目标。建设智能燃烧优化控制系统，考虑炉膛内部煤粉燃烧、工质流动、换热面传热、煤种等多方面因素，优化各级风量及风速、风量配比，对锅炉进行有效的燃烧优化调整，使得锅炉配风均匀，维持燃烧稳定，防止火焰中心偏斜，提高锅炉热效率，减少风管堵管、局部受热面结焦及锅炉爆管等严重事故的发生。

（2）建设成果。建设全工况下前馈反馈复合优化控制系统，实现风与煤全过程、不同燃烧阶段的精确配比。前馈信号来源于运行人员的操作经验和燃烧优化调整试验数据，反馈信号则取自煤粉炉的热力学特性和规律，前馈反馈信号综合作用使锅炉在运行的过程中各个燃烧器的给煤量、一次风煤配比、二次风温、一次风量、二次风量以及燃尽风量配比自动调节在一个最佳状态，以保证火电机组在深度调峰负荷下稳定经济运行。锅炉燃烧前馈反馈复合优化控制系统逻辑功能如图 9.13 所示。

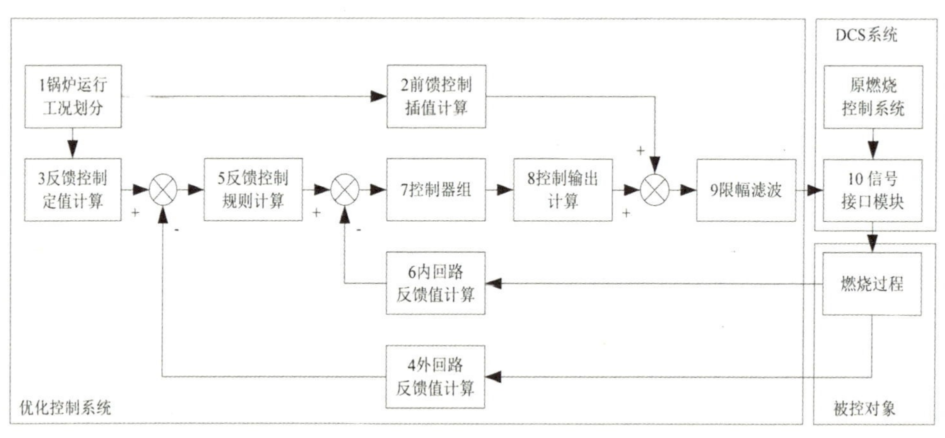

图 9.13　锅炉燃烧前馈反馈复合优化控制系统逻辑功能

本燃烧优化控制系统主要实现了如下功能：

1）锅炉运行工况划分。根据磨煤机运行状态进行组合，本项目 6 台磨煤机的启动或停止有 64 种启停组合方式，将所有的磨煤机组合划分为两大类：合法组合、非法组合。根据现场 DCS 软件的分段线性功能块的功能，将各台磨煤机的运行状态输入分段线性功能块的输入序列，并经过加法功能块输出对应的典型工况编号。

2）燃烧优化模式识别。依据电厂实际运行过程中的优化侧重点不同，将优化模式分为“基本”“效率最优”“环保最优”“综合最优”“深调峰”等5种燃烧优化模式，可以无扰切换。不同优化模式下，数据挖掘的结果也略有差异，燃烧模式的选取不同，优化结果的侧重也有所不同。对于锅炉运行的典型工况，通过燃烧调整实验在每种工况下得到最优氧量、最优配风方式、最优火焰中心位置，以及磨出口温度、燃烧器摆角等优化参数值。

3）建立典型样本库。燃烧相关调试数据以典型样本的形式记录在典型样本库中；对于非试验工况的锅炉运行工况，通过相似工况模式匹配技术，通过插值拟合得到虚拟典型样本，记录在燃烧优化数据表中。当燃烧优化系统检测到当前燃烧状态同数据表中的某个状态匹配时，即按照试验得到的最优控制模式加以输出。

4）机组DCS燃烧优化逻辑。二次风门、氧量、一次风压、一次风煤比、燃烧器摆角烟气挡板等优化控制逻辑；煤质、炉膛出口烟温等锅炉燃烧参数软测量逻辑；锅炉效率、排烟损失等性能指标在线计算逻辑。按照原始信号校准、关键信号构造、控制系统优化、性能指标计算、智能在线寻优五个层次实施，支持锅炉综合最优、效率最优、NO_x排放最优、深调峰等四种优化模式。

（3）价值总结。智能燃烧优化控制实现基本技术指标为：

1）锅炉氧量及二次风量、炉膛压力、一次风压等燃烧相关控制系统性能指标达到优良标准，满足机组（40%～100%）Pe范围内变负荷速率2%Pe/min的要求。

2）实现锅炉低过量空气系数燃烧，40%～50%低负荷段氧量由6.5%调整至5.2%、90%～100%高负荷段氧量由3.2%调整至2.6%，平均压低0.8%，飞灰含碳量维持在0.5%～0.9%之间，平均烟气流量减少6%、送引风机电耗减少6%、排烟温度降低2℃；降低燃烧左右侧偏差，低负荷段过热汽温偏差减小3℃～6℃、在管壁不超温度情况下等效提升过热汽温6℃～12℃、减少再热减温水量8～20t/h，高负荷段等效提升过热汽温2℃。综合计算，40%～100%负荷段供电煤耗降低1.6～0.9g/kWh，平均降低1.2g/kWh。

3) 40%～100%负荷段NO_x生成浓度降低6～16mg/Nm^3，平均降低12mg/Nm^3，平均降低幅度达到8%。

系统连续稳定运行三个月后，合计节约标准煤2600t、液氨20t，直接经济效益320万元。按年折算，可获得经济效益约1060万元/a，减少碳排放约35000t/a，调峰40%可多消纳可再生能源发电1.3亿kWh/a。

9.2.3.4 陕西某电厂直接空冷系统温度场在线监测与优化控制系统

（1）建设目标。针对直接空冷机组最佳运行背压难以确定、冬季运行时防冻压力大、空冷风机运行方式不合理、空冷系统翅片管清洗频次不合理、喷雾增湿系统缺乏运行指导等问题，通过建立直接空冷系统温度场在线监测与优化控制系统，提高空冷系统状态分析、预警及运行控制水平。

（2）技术方案。

1）基于空冷岛温度场监测系统，对空冷散热组件的内外侧温度数据进行分析监测，完善空冷系统预警、运行调整模型。系统通过实时监测散热管束温度，减少运行人员巡检力度，保证机组冬季安全可靠运行，基于温度数据的分析与预警，在散热器不发生冻结的前提下降低机组背压，实现机组的安全经济运行。

2）根据造成结冰现象发生的主要影响因素，从理论上对这些因素进行分析，找出影响规律，建立冬季防冻模型。确定空冷系统防冻运行逻辑；建立机组不同负荷及不同环境温度下的最佳背压计算模型，并进行不同散热器传热系数和通风量的修正；通过实际测试风机耗电量和机组出力的数据统计优化冬季机组运行背压，优化空冷风机运行方式。根据机组负荷和冷端参数的变化，在风机耗电和机组出力之间寻优得到机组最佳背压并投入闭环控制，提高机组运行的经济性。

3）对直冷凝汽器换热系统影响因素进行分析；针对散热管积灰清洗方案进行优化，实现自动控制；实现喷雾增湿系统的自动优化控制。

4）优化现有控制系统，完善 DCS 控制逻辑，提高控制系统投入率，实现极寒季节低负荷下的稳定投运。以直接空冷机组温度场分布状态为依据，结合空冷机组凝结水温度、抽真空管道不凝气体温度、风机电流和频率等相关参数，实现空冷系统优化运行的闭环控制，自动调节风机转速，在防冻的基础上降低运行背压，实现了空冷机组安全性和经济性的统一。

（3）建设成果。

1）基于空冷岛温度场监测的闭环优化控制系统。对采集的温度数据进行分析与预警，并将温度特征信息通信至 DCS，以此为依据，优化机组背压控制逻辑，在散热器不发生冻结的前提下降低机组背压，实现机组的安全经济运行。

基于空冷岛温度场监测的闭环优化控制系统主要由以下几部分组成：温度传感器、智慧前端采集器、数据监测及处理服务器、DCS 优化控制模块及相关的通信接口等，如图 9.14 所示。

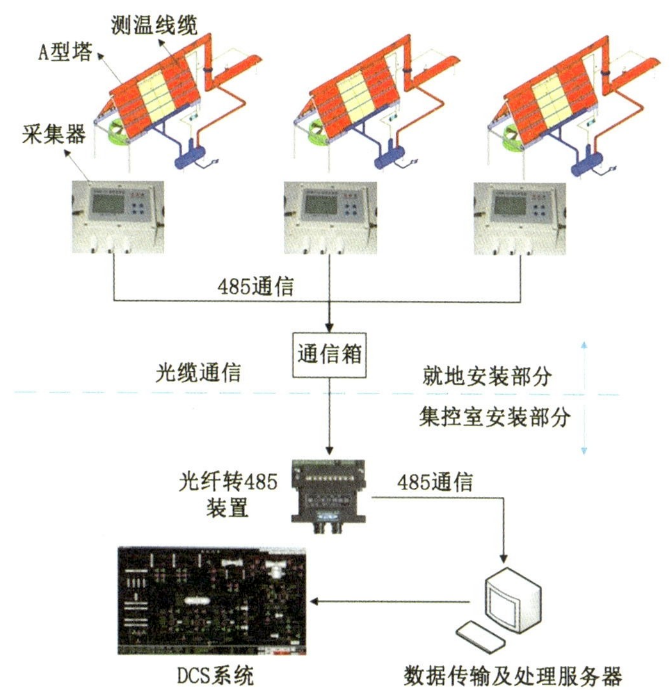

图 9.14　基于空冷岛温度场监测的闭环优化控制系统结构示意图

2）基于温度场监测的空冷岛防冻优化模块。建立防冻模型，实时根据空冷散热器温度数据给出防冻保护指令，优化控制系统与 DCS 之间通信正常，运行人员投入“DCS 防冻”和“优化控制系统防冻保护”后，达到防冻保护触发条件时，防冻动作响应及时，防冻保护有效。经运行验证，单列防冻保护动作后，其散热器上的温度开始上升，慢慢回暖，从而避免了冻结，达到了防冻的目的。

3）空冷岛散热器积灰在线监测方法。直接空冷系统散热器积灰监测通过散热器出口风速、空气温度、机组负荷、风机转速实时计算得到。采用风速作为积灰程度的主要分析参数，结合发电厂 DCS 控制系统中其他参数进行实时计算，可实现散热器积灰的实时监测，从而指导空冷岛的冲洗操作，实现在线冲洗以利于空冷系统运行。

4）空冷岛喷雾增湿系统在线优化。温度在线监测及运行优化系统可根据各散热器表面测点温度提供喷雾增湿喷水优化方案，提高喷雾增湿的针对性并节省耗水量。加装空气湿度测点以后，根据风机出口空气相对湿度、散热器入口空气相对湿度，进行喷淋系统优化。空冷岛喷雾增湿系统设计如图 9.15 所示。

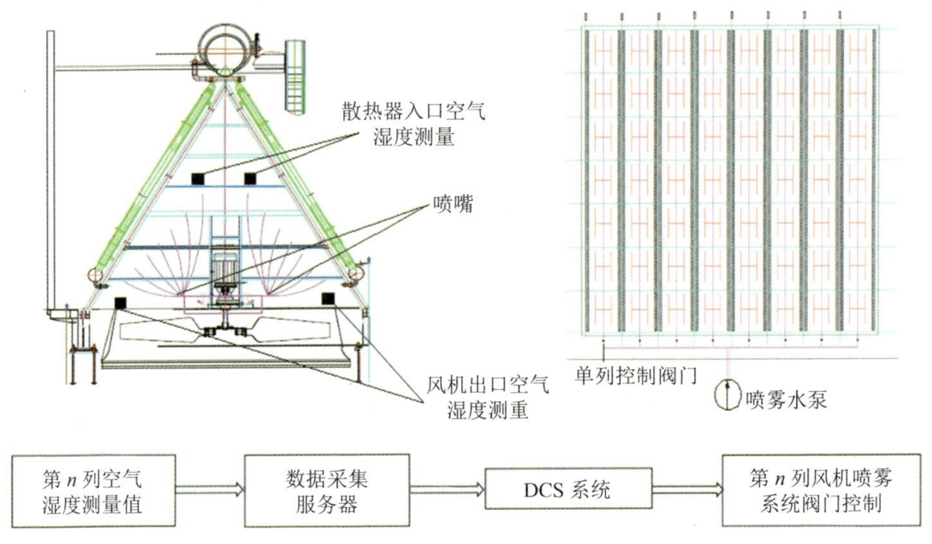

图 9.15　空冷岛喷雾增湿系统设计图

（4）价值总结。

1）实现基于空冷岛散热器表面温度的空冷风机闭环控制逻辑优化，通过大数据处理得到机组最佳背压完善准确的实时计算方法和背压优化控制方法，建立了空冷散热器积灰模型指导清洗方案优化和控制、空冷岛喷雾增湿系统的实时在线控制与优化等。优化控制的投运降低了冬季空冷凝汽器冻结风险，保障机组稳定安全运行。同时，在冬季降低汽轮机排汽压力约 1 ～ 1.5kPa，提高机组发电效率和运行经济性。基于积灰检测实现清洗控制优化能有效提高换热器换热效率，对于机组运行经济效益具有重要意义。本项目年经济收益达 33 万～ 50 万元（仅冬季背压优化收益），考虑节省凝汽器管束冻结处理和维护费用、巡检费用等，年收益达 50 万元以上。

2）应用基于温度场的直接空冷系统优化控制系统，可减少高强度巡检工作的成本，可避免空冷系统冬季运行发生冻害，保证机组安全稳定运行和空冷设备安全。降低冬季因冻害造成的非必要检修停运，提高供电系统的稳定性。同时，通过背压优化控制，提高了机组运行效率，节约了能源和水资源。

9.2.3.5　内蒙古某电厂炉膛可视化红外温度场

（1）建设目标。电厂燃煤锅炉尺寸较大，炉内火焰温度在 1000℃以上，炉内烟气带有大量飞灰，在这种恶劣的工作环境下，传统的测温方法很难适应，本项目拟设置一套完善的温度监视系统对炉内温度场分布情况进行有效的在线监测，实时反映锅炉运行状态的重要参数，避免锅炉效率降低、火焰中心偏斜、炉管爆裂、NO_x生成等影响机组安全、节能运行的因素产生。

（2）技术方案。在垂直于锅炉中轴线平面四个方向安装多个测温装置，形成网格化测量，实现测量区域内温度分布可视化，方法步骤如下：

1）根据辐射能量与物体温度的关系与普朗克定律，根据烟气红外辐射计算其表面温度，在每条路径上进行积分得到每条测温路径上的平均温度。

2）利用红外测温装置在同一个平面四个方向进行测量，将测温区域均匀地分割成若干个网格形成矩阵式测量网格，利用离散区域法得到每个网格的平均温度。

3）再利用插值法得到待测区域内任一点的温度值，从而得到整个二维温度场分布的情况。

红外温度场测量方案如图9.16所示。

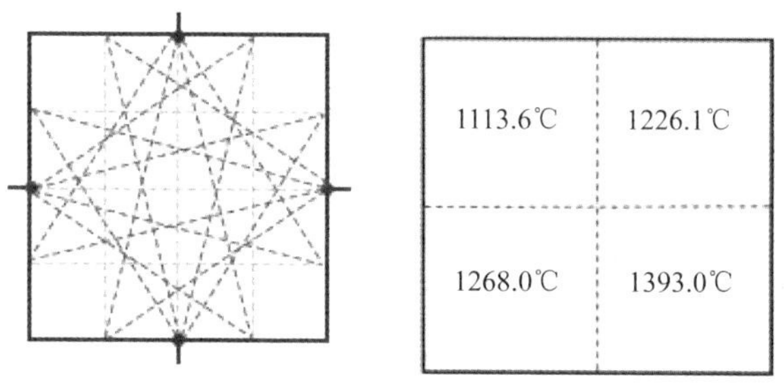

图9.16　红外温度场测量方案

（3）建设成果。炉膛可视化红外温度场可实时连续在线监测测量全炉膛范围内的烟气温度，不仅可以满足在锅炉启动阶段监视烟气温度，还可满足锅炉运行全过程监测的需要，方案投运以来，测量数据稳定，对烟温的分布情况能及时有效地反映，从烟温偏差和对应位置的减温水量曲线来看，汽温和烟温实际情况相吻合。

从汽水流程图上可以看到，屏式过热器入口烟温测量和过热器一级减温水存在直接影响关系、二级减温水量和后屏过热器入口存在影响关系、高温再热器入口温度与再热器减温水存在影响关系，可调取历史曲线后观察关联情况。

过热器位置烟温的测量结果和过热器一级减温水的喷水量有一致的对应关系，测量的情况表明，烟温与减温水存在一致的关系，测量数据具有可信性，且可作为燃烧调整的重要依据。

（4）价值总结。在机组正常投运和灵活性调峰的过程中，炉膛可视化红外温度场对炉膛燃烧区的温度分布及确定火焰中心位置，针对火焰中心偏斜进行风险预警，指导运行人员根据火焰中心的偏斜情况及烟气温度分布，及时进行一、二次风调平，制粉系统调平等操作方面提供了便利性；通过观察对比测点温度数据，对调整操作进行精细化修正，始终让机组保持在最佳燃烧平衡状态，提升机组运行效率，对炉膛出口烟温及排烟温度有明显的控制效果。

方案投运前，机组负荷为800MW下实测锅炉效率为94.055%，修正后的锅炉效率为94.335%；方案投运后，机组负荷为800MW下实测锅炉效率为94.54%，修正后的锅炉效率为94.875%，锅炉热效率提升了0.54个百分点，节煤1.7g/kWh，发电量按照800MW计算，800000kW×24h×1.7g/kWh=32.6t，每天节约煤耗约32.6t，省煤器出口脱硝入口NO_x降低约14.8%，喷氨量下降，有利于降低空预器硫酸氢氨堵塞的风险；再热器温度偏差出现下降，偏差不大于10℃。

机组稳定运行后，有效防止了高温腐蚀结焦结渣，降低了炉膛出口氮氧化物值，减少了锅炉因结焦结渣高温腐蚀导致的非停，炉内燃烧均衡，提高锅炉效率，具有良好的经济效益，有效减少了因燃烧方面出现的问题而带来的安全隐患，增强了企业的市场竞争能力。

9.3 综合智慧能源管控系统

9.3.1 技术特点

综合智慧能源系统涉及电、热、冷、气、水等多种能源，以及能源供给、输运、存储及消纳等多个环节，囊括不同的能源机组、负荷等多类型能量节点，其管控系统需要充分挖掘能源系统所具有的能量动态分布特征、运行模式以及系统受控与响应特性，能够结合能源系统配置特点和外部环境变化，面向用能侧多元化负荷需求，实现综合智慧能源系统的运行监控和优化调控，确保能源系统的经济、高效、低碳、可靠运行，使能源管理图形化、集成化、智能化，达到多能协同互补、供需平衡优化、综合能效和用户体验提升、运行效益最大化等目标。

和传统电网能量管理相比，综合智慧能源管控系统主要面临“多能流耦合、多时间尺度和多管理主体”三方面挑战。同时，综合智慧能源系统供需两侧能源供应与需求具有不确定性，依靠运行人员经验或特定规则一般无法达到多能多环节优化调控目标。近年来，大数据、云计算、互联网、物联网等技术的出现及其在能源生产与消费领域的使用，使得实现能源供需转换、生产与消费的互动成为可能，为综合智慧能源管控系统的建设提供了一定的技术支持。然而，当前综合智慧能源系统的相关技术基本处于研究探索和试点阶段，针对综合智慧能源系统供给与需求随机特性、多能间的复杂耦合特性的自适应调度优化控制的问题尚待进一步深入研究，特别是随着多元储能、氢能等新技术发展，综合智慧能源多能耦合利用的形式更加多样，相关的管控策略还需进一步完善。

9.3.2　典型功能

为实现综合智慧能源系统的统一管理、统一监测、统一调控和深度整合，提升能源综合效率、智能管控水平与服务质量，综合智慧能源管控系统的功能通常包括能源系统总览、综合能源计量、综合能源监控、用能负荷预测、能源出力预测、多能流日前优化调度、多能流实时优化调控、智能分析预警、能源智能运维、实时指标分析与统计报表、历史数据查询等。

（1）能源系统总览。对接入和管理范围内的能源系统进行总体显示，同时支持大屏展示。可根据要求基于二维或三维图，将项目主要参数进行展示，包括：各主要设备的运行状态，不同能源的供应与消费情况，项目的实时经济、能效指标等信息。

（2）综合能源计量。对综合智慧能源系统内的电、热、冷、气、水等多种能耗信息进行采集、显示、分析、诊断，进行实时或周期性的能耗计算与费用计算，支撑能量或服务结算。

（3）综合能源监控。基于先进通信技术实现智能设备状态监测与信息采集，对能源系统进行完整的、高性能的数据采集和监控，提供设备运行状况、故障等信息；对系统的运行参量、温压流量参数等进行全面监视与控制，实现智能报警、自动控制与调节等功能，为系统级的分析、诊断预警与优化调度奠定基础。

（4）用能负荷预测。用能负荷预测是实现综合智慧能源系统优化调度、经济运行的基础。用能负荷预测结合各用能末端用电、冷、热负荷特性，综合考虑气象变化、能量消费用途、节假日及重大事件等影响，以历史数据为基础实现用能侧电、冷 / 热负荷等的短期预测和超短期预测，为优化调度和控制提供基础。

（5）能源出力预测。综合智慧能源系统一般消纳太阳能、风能、空气能等多种新能源，其中光伏和风电出力的随机性给系统的优化调度和经济运行带来了难题，需要通过能源出力的预测来提高经济调度的准确性。结合光伏、风电的出力特性，综合考虑气象变化等影响，实现能源供应侧出力的短期精确预测，为优化调度和控制提供基础。

（6）多能流优化调度（日前调度与实时调控）。将根据峰谷平电价政策、冷热负荷实时预测需求，结合发电、供冷、供热、储能等设备的工作特性和运行效率，以及蓄能容量、经济指标约束等边界条件，对多能流系统各机组或设备的启停状态和运行负荷进行动态优化分配，使区域能源在满足供需平衡和能源利用效率要求的同时实现经济效益最大化。面向能源系统运行全过程，将能实现日前调度、日内调度和实时控制三个层次的动态调度控制。日前调度主要根据可再生能源出力和负荷预测情况进行机组最优启停计划及系统运行方式的制定；日内调度考虑可再生能源出力及负荷变化，调整机组出力和系统运行状态，维持最优出力与负荷平衡;实时控制以秒为单位，响应系统的网络安全、调频、调压等控制需求。

（7）智能分析预警。一方面，根据能源系统设备的运行数据和所处环境数据，对将来设备是否会发生故障进行预测和对故障类型进行诊断。通过故障预测，可以使管理者能够提前对设备故障进行预防，缩减查找故障的成本，同时也减少了故障时间，能够在一定程度上减少能耗的浪费。另一方面，按固定周期生成综合能源预警报表，统计周期内综合能源的供应和设备运维情况，在设备分类、分级的基础上对能源利用能力、可再生能源应用情况、供能能力、能源运行健康度等进行统计汇总和超标预警提示，达到辅助决策的目的。

（8）能源智能运维。通过对区域综合智慧能源系统设备安全运转率、运维情况、关键设备无故障时间等角度分析系统安全情况。对整个区域能源系统的全生命周期的运行情况进行分析，从而达到实时监控整个区域运行安全情况的目的。通过对关键设备的平均无故障时间、关键设备故障次数、关键设备平均修复时间的分析，提高运维团队对能源系统的管理能力和故障处理能力。同时，可以通过对运维费用的分析挖掘提升空间，减少运维成本，提高运维效率。

（9）实时指标分析与统计报表。可综合考虑能源价格、机组维护费用、人工费用等，进行综合能源系统整体运行成本与效益计算及评估，并基于历史数据实现系统运行状态的同比、环比对标，挖掘节能潜力。支持用户定制和导出数据报表，如系统运行日报、月报、年报等。

（10）历史数据查询。管控系统支持对各日前调度历史方案的查询、系统内各设备出力历史数据的查询和各历史指标的查询等，对整个综合能源系统、各个机组及重要设备的运行参数指标进行处理查询，为设备或系统运行分析奠定了基础。

除此之外，管控系统面向能源用户或访客，基于 Web 浏览或手机 App 提供远程遥控启停用能设备、用能信息查询、用能指导等服务，便于客户得到更加良好的用能体验。

9.3.3　案例：北方某园区综合智慧能源管控系统

（1）建设目标。北方某园区综合智慧能源管控系统，是以“零碳、智慧、经济”为建设目标，通过电气化实现供能零碳排放，采用储热（冷）和蓄电等手段大幅降低用能成本，充分利用污水源、太阳能等可再生能源，集成高温钠盐电池蓄能、高效水储能、空气源热泵、污水源热泵、光伏、V2G、智慧路灯等先进技术、产品和系统集成理念，打造的综合智慧能源示范项目。

（2）建设方案。该项目供暖总装机容量为 2332kW，供冷总装机容量为 5342kW。同时，为了降低运行费用，设置冷热双蓄储能罐。其中储能罐有效容积 1100m^3，蓄冷量为 9280kWh，蓄热量为 17278kWh。其中，空调冷水供应系统设备主要包括：污水源热泵机组、电制冷冷水机组、冷热双蓄储能罐等。通过输入电能，制取冷水，满足最大冷负荷。同时，利用谷电蓄冷、峰电放冷，降低运行成本。空调热水供应系统设备主要包括：污水源热泵机组、大温差低温空气源热泵机组、电锅炉、冷热双蓄储能罐等。通过输入电能，制取热水，满足最大热负荷。同时，利用谷电蓄热、峰电放热，降低运行成本。

项目在楼顶与车棚顶空余场地建设光伏容量 800kWp，同时建设 2 台垂直轴风力发电机，充分利用风光资源，光伏发电完全采用自发自用模式。配置储能变流器（PCS）功率 250kW，电池容量为 1000kWh 的高温钠盐电池和 10kW/30kWh 的铁铬液流电池系统，一方面实现谷电时间段充电，峰段时间段放电，从而降低用电成本；另一方面实现铁铬液流电池技术的示范应用。

生活热水主要由太阳能热水系统供应，不足部分开启空气源热泵机组及板换系统补充热量，在谷电时段可由电锅炉补充。

同时，在光伏车棚下建设 2 台直流充电桩，功率选择为 60kW；在重点展示区域和参观路线沿线设置智慧路灯，实现智慧照明、气象站、PM2.5 监测、

Wi-Fi 覆盖、LED 信息发布、一键报警、视频监控、园区广播等多种功能。

本项目综合了光伏发电、风力发电、电化学储能、太阳能热水、斜温层水储能等多种元素，实现电、热、冷、生活热水集成化供应，最大化利用园区内的污水源、太阳能、风能、空气能等可再生能源，实现能源供应生态化。项目实施过程中，对园区能源系统进行数字化改造，将运维方式从就地值守改为集中监控，通过综合智慧能源管控平台串联起整个综合智慧能源系统，实现园区能源系统的智能化监控、协同优化调度和集成化管理。综合智慧能源管控系统配置了多能流实时监测、智能预测、自动优化调控、实时统计与指标分析等功能，能够根据系统运行状态、负荷状况、外部环境等变化自动生成调控策略和优化切换运行模式，实现经济和环保效益最大化，提升了综合能源管理的智能化、集成化，有效减轻管理与运行人员工作量，平均降低运行成本 15% 以上，提升能源综合能效 10% 以上。综合智慧能源管控系统界面如图 9.17 所示。

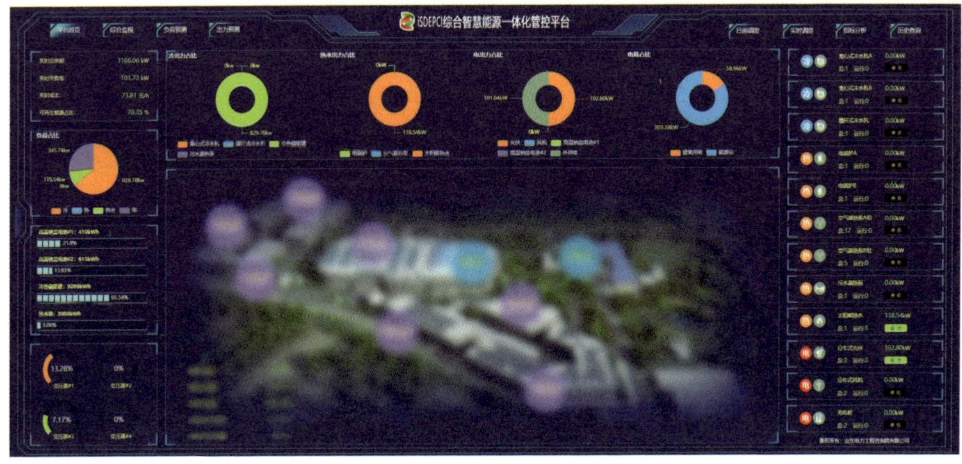

图 9.17　综合智慧能源管控系统界面

（3）价值总结。根据项目实际运行情况，通过“以电代气、谷电储能”，每年减少燃烧天然气 80 万 m^3，减排二氧化碳 1520t，减排氮氧化物 400kg；储电系统年储电量 75 万 kWh，每年可节省用电费用 34 万元；采用低温空气源热泵、污水源热泵替代燃气锅炉，利用电锅炉及蓄热水罐在夜间谷电时段蓄热，智能优化各热源的运行方式，年供热量 1.9 万 GJ，节省运行成本 134 万元；采用污水源热泵、电制冷机组，利用蓄冷水罐在夜间谷电时段蓄冷，年供冷量 1.1 万 GJ，节省运行成本 26 万元；同时，优先采用太阳能热水系统满足园区生活热水集中供应，不足部分以空气源热泵和电锅炉进行补充，年供生活热水 1.4 万 t；综合节能效益明显，年节能收益 200 余万元。

参考文献

[1] 刘卫华，张博，李磊．5G 专网在电厂智能发电与安全管控中的应用 [J]．中国电业与能源，2022（16）：465-466．

[2] 刘庆，邵旻，卢伟，等．脱硝喷氨精准控制技术研究 [J]．中国仪器仪表，2020（06）：74-78．

[3] 张力，赵亮宇，刘晓玲，等．基于多尺度相关分析的锅炉燃烧状态分析 [J]．热力发电，2020（12）：100-106．

[4] 刘晓玲，张力．基于两个细则要求的一次调频分析与优化 [J]．电力系统装备，2020（17）：49-50．

[5] 邵旻，赵亮宇，侯伟珍．智慧电厂与常规电厂网络安全体系比较 [J]．网络安全和信息化，2023（07）：38-41．

[6] 魏静，张力，陈志强．基于多参量监测的直接空冷机组冷端优化控制系统研究与应用 [J]．电站系统工程，2023（03）：15-18．

[7] 刘晓玲，陈志强，刘卫华，等．基于秸秆工程的辅助车间控制方案的研究 [J]．水利电力机械，2007（07）：51-52，55．

[8] 张丹，沙志成，赵龙．综合智慧能源管理系统架构分析与研究 [J]．中外能源，2017，22（04）：7-12．

[9] 王宇，樊潇，翟强．基于现场总线的火电厂输煤系统分布式控制方案 [J]．低压电器，2013（14）：32-34，42．

[10] 牛远方，李磊，杨朋朋，等．智慧型综合能源系统架构研究 [J]．山东电力技术，2017，44（12）：6-11．

[11] 孟春艳，朱宪花，李炜．某电厂智慧工地管控系统的设计与研究 [J]．新型工业化，2021，11（06）：136-137．

[12] 张文栋，刘子琨，梁涛，等．基于 CNN-LSTM 的综合能源系统负荷预测模型 [J]．重庆邮电大学学报（自然科学版），2023，35（02）：254-262．

[13] 刘庆，梁涛. 浅谈综合能源智能优化调度控制系统 [J]. 中国仪器仪表，2018（10）：47-50.

[14] 王斐，梁涛. 储能系统辅助火电机组联合 AGC 调频技术的应用 [J]. 电工电气，2018（09）：34-37.

[15] 刘卫华，刘明奎，卢伟，等. 火电厂锅炉燃烧优化的关键技术分析 [J]. 工业 A，2022（12）：58-60.

[16] 刘晓玲，梁涛，尹晓东，等. 一种直接空冷机组排汽压力控制系统及方法 [P]. 山东省：CN111306956B，2021-08-06.

[17] 张力，刘晓玲，陈志强，等. 一种多参数耦合湿法脱硫智能调控系统 [P]. 山东省：CN214764463U，2021-11-19.

第10章 展　望

2021年2月25日，国家能源局于发布了《关于推进电力源网荷储一体化和多能互补发展的指导意见》，提出探索构建源网荷储高度融合的新型电力系统发展路径。

2021年3月15日，中央财经委员会第九次会议对推动“碳达峰”“碳中和”作出全面动员和系统部署，明确指出着力构建以新能源为主体的新型电力系统，指明了我国能源清洁低碳转型方向。

2022年10月，党的二十大报告提出，“深入推进能源革命，加强煤炭清洁高效利用，加大油气资源勘探开发和增储上产力度，加快规划建设新型能源体系，统筹水电开发和生态保护，积极安全有序发展核电，加强能源产供储销体系建设，确保能源安全”，为新时代能源电力发展提供了根本遵循。

2023年6月2日，《新型电力系统发展蓝皮书》正式发布，指出“要以助力规划建设新型能源体系为基本目标，以加快构建新型电力系统为主线，加强电力供应支撑体系、新能源开发利用体系、储能规模化布局应用体系、电力系统智慧化运行等四大体系建设，强化适应新型电力系统的标准规范、核心技术与重大装备、相关政策与体制机制创新的三维基础支撑作用”“新型电力系统是以确保能源电力安全为基本前提，以满足经济社会高质量发展的电力需求为首要目标，以高比例新能源供给消纳体系建设为主线任务，以源网荷储多向协同、灵活互动为坚强支撑，以坚强、智能、柔性电网为枢纽平台，以技术创新和体制机制创新为基础保障的新时代电力系统，是新型能源体系的重要组成和实现‘双碳’目标的关键载体。新型电力系统具备安全高效、清洁低碳、柔性灵活、智慧融合四大重要特征，其中安全高效是基本前提，清洁低碳是核心目标，柔性灵活是重要支撑，智慧融合是基础保障，共同构建了新型电力系统的‘四位一体’框架体系”。

在新型电力系统的构建过程中，智慧能源将会成为未来能源发展的重要方向，其未来的发展前景非常广阔。从技术层面来看，智慧能源将不断涌现出更加高效、可靠、可持续的能源技术。这些新技术的出现将大大提高能源的利用效率，同时也将减少能源消耗对环境的影响，为人类创造更加美好的未来。此外，随着人工智能、云计算、物联网等技术的发展，智慧能源将实现更加数字化、智能化、智慧化的运营模式，将实现能源系统的无缝衔接和互联互通，形成一个更加完整、高效的能源网络。

笔者认为，未来的智慧能源技术及应用将在以下几个方面有着广阔的发展前景。

10.1 “新能源＋火电”融合式综合智慧能源大基地建设展望

以大项目谋划“大基地”建设，着力推进火、风、光和储能等规模化清洁能源基地和集中式新能源大项目开发，以大型清洁火电为支撑性电源，充分融合周边陆域或海域风光、大用户、县域等可开发资源，通过融合政府、合作伙伴等外部资源等多种方式，实施以“新能源＋火电”多能互补能源系统为内核的综合智慧能源大基地建设前景广阔。

“新能源＋火电”多能互补能源系统是火电和新能源并行运行、相互补充，以实现能源的高效利用和可持续发展。新能源电力的快速发展需要巨大容量的调峰电源，面对日益增加的调峰需求，在储能规模化应用取得革命性突破前，考虑到能源安全、经济性等因素，作为灵活可调节型电源主力的火电，仍然承担稳定电网安全的主要责任。“新能源＋火电”多能互补发展模式，将成为火电绿色低碳转型及新型电力系统构建的主流方案。在大型火电基地建设风光水火储为一体的多能互补能源系统，发展天然气分布式能源（冷热电三联供）与可再生能源的多能互补项目，既发挥火电“压舱石”作用，又促进清洁能源建设发展。火电与新能源共生互补协同发展，是助力实现“碳达峰”“碳中和”国家战略的客观要求。

《国家发展改革委国家能源局关于开展全国煤电机组改造升级的通知》（发改运行〔2021〕1519号）提出，统筹考虑煤电节能降耗改造、供热改造和灵活性改造制造，新建煤电机组全部实现灵活性制造，进一步降低煤电机组能耗，提升灵活性和调节能力。多能互补能源系统中，火电的调峰能力成为能源安全的重要保障。这种互补运行的方式对于能源结构调整、环境保护和经济发展都具有重要意义，但要实现火电和新能源的互补运行，需要在技术、经济、环境和政策等多个层面进行综合考虑和推动。

10.2　“清洁发电 + 储能”技术展望

构建以新能源为主体新型电力系统的过程，必将引领新一代清洁能源发电技术的大发展，如风光功率精准预测、主动构网型风机、超导风机、海上风电柔性直流组网、高效光伏光热发电等技术。

此外，储能在新型电力系统中将发挥越来越大的调峰调频作用，如抽水蓄能、压缩空气长时储能、钠硫电池技术、液流电池技术、飞轮储能等储能技术将实现规模化、低成本化发展。

“清洁发电 + 储能”的技术组合，未来将在新型电力系统中发挥越来越重要的作用。

10.3　数字化智能化技术展望

当前以人工智能、大数据、物联网、云计算、区块链为代表的新一代信息技术迅猛发展，数字技术与能源交叉融合，不断催生新模式、新业态、新产业。电力系统作为一个拥有海量数据的复杂系统，其数据价值逐渐受到高度重视，在以新能源为主体的新型电力系统中，积极应用数字化智能化技术，将进一步提高资源配置效率，提升风险管控水平，突破新型电力系统中高比例新能源和电力电子装置引发的“双高”技术难题。

新型电力系统是新型数字技术与传统技术深度融合的电力系统。新型电力系统与传统能源站及电网相比，系统组成及系统间的交互联系更加复杂，主要表现为：电源侧由煤炭发电为主转变为新能源发电为主，新能源发电具有的严重的环境依赖性，使得发电存在很大的波动性、随机性和间歇性，同时新能源发电中大量电力电子设备入网，大幅降低系统惯量，对现有电力系统造成剧烈冲击，威胁电力系统安全稳定运行；电网侧由“大电源、大电网”转变为“大电源、大电网”+“分布式智能电网”，配电网存在增量配电网、智能微电网、直流交流混合融合电网、有源电网等多种形式同时存在，电网稳定性问题日益复杂，分布式电网点多面广，需要进行多场景灵活组网并进行实时采集、监测和控制；负荷侧由单向用电单位转变为可与电源侧进行双向互动的可调节负荷，打破了原有的“源随荷动”的运动限制，虚拟电厂、微网、电动汽车等多元负荷形态的比例提升，需要对用电负荷进行预测及精准负荷控制；储能侧储能规模将随着新能源规模的增长而增长，储能技术呈现多样化发展趋势。基于上述特点，新型电力系统要做到广泛互联、智能互动、灵活柔性、安全可控、智慧融合，必须广泛采用数字化智能化技术给传统电力工业技术赋能，深入推进“数能融合”，建设坚强可靠的“算力”“数力”和“智力”基础设施，全面释放数据要素价值，推动人工智能技术在典型场景的规模化应用，驱动业务流程、管理模式、生产方式变革，实现电力系统物理实体和数字化支撑“同步规划、同步建设、同步投运、同步维护”。

10.3.1 大数据、人工智能

新型电力系统中的众多应用场景，如各类控制调度、预测预警、识别分析、推理决策等，均需要有数据、数学模型、算法和算力的支撑，大数据、人工智能为此提供技术支持。

人工智能领域主要包括计算机视觉、自然语言处理、跨媒体分析推理、智适应学习、群体智能、自主无人系统、智能芯片和脑机接口等关键技术。芯片、大数据、算法系统、网络等多项基础设施，为人工智能产业奠定网络、算法、硬件铺设、数据获取基础，随着大数据的积聚、理论算法的革新、计算能力的提升及网络设施的演进，人工智能的研究和应用进入全新的发展阶段。

大数据、人工智能在电力系统的典型应用场景主要有：智能调度、智能优化控制、智能设备维护、智能能耗管理、智能安全防护和风险防范、智能决策支持、智能经营分析等。工程实践中已经结合典型场景开展了大数据、人工智能的全面应用，应用效果还需要不断优化提升。人工智能技术模型可解释性欠缺、迁移复用性不足、数据基础薄弱等问题，是影响应用效果的主要因素，应在高质量样本数据、通用智能算法研究上多下功夫，结合应用需求和数据特征，深入研究样本对模型训练和服务的影响机理，构建高质量样本库，有效驱动模型“更高、更快、更强”发展。

10.3.2 数字孪生

数字孪生是物理对象的数字模型，该数字模型最大限度地使用物理模型、运行历史、传感器更新等信息数据，集成多学科、多尺度、多概率、多物理量的仿真过程，实现物理对象在虚拟空间的映射，以反映出相应的实体装备的全生命周期过程。

数字孪生技术的核心是建模和仿真，涉及物理对象的数字孪生体构造以及基于数字孪生体的仿真、分析、预测和控制决策等相关技术。支持数字孪生技术发展的相关技术主要有：

（1）激励式仿真技术。不断提高模型的精细度，在精细度上要做到同步映射真实系统的输入、输出、系统内部状态。实现孪生体模型与物理对象的实时交互，不断修正和发育孪生体模型。

（2）先进控制与优化控制平台。实现先进控制平台与孪生体模型的交互，用孪生体模型来校验和优化先进控制的控制品质。给出控制系统性能的综合评估方法，将专家经验转化为定量评价指标。

（3）三维可视化技术。实现三维几何模型与数值模型、运行数据的交互融合，在三维模型中动态展示数据及运行状态等信息。

数字孪生是个普遍适应的理论技术体系，可以在众多领域应用，目前在国内应用最深入的是工程建设领域，关注度最高、研究最热的是智能制造领域，其最大应用意义是帮助用户建立真实世界的数字孪生模型，在既有大量数据信息的基础上，建立一系列商业决策模型。电力系统通过研发跨环节的能源控制数字孪生体，增强多能源协调控制能力，在规划设计与验证、生产系统运行、智能巡检、协同控制、智能决策与长期演进等方面均可获得良好收益。

10.3.3　区块链

区块链就是一个又一个区块组成的链条，每一个区块中保存了一定的信息，它们按照各自产生的时间顺序连接成链条。这个链条被保存在所有的服务器中，只要整个系统中有一台服务器可以工作，整条区块链就是安全的。这些服务器在区块链系统中被称为节点，它们为整个区块链系统提供存储空间和算力支持。如果要修改区块链中的信息，必须征得半数以上节点的同意并修改所有节点中的信息，而这些节点通常掌握在不同的主体手中，因此篡改区块链中的信息是一件极其困难的事。相比于传统的网络，区块链具有两大核心特点：一是数据难以篡改、二是去中心化。基于这两个特点，区块链所记录的信息更加真实可靠，可以帮助解决人们互不信任的问题。

区块链技术利用块链式数据结构验证与存储数据，利用分布式节点共识算法生成和更新数据，利用密码学的方式保证数据传输和访问的安全，利用由自动化脚本代码组成的智能合约编程和操作数据。区块链技术作为一种分布式账本技术，正逐渐在各个行业得到应用。电力行业也开始探索应用区块链技术，以提高电力行业的效率、透明度和可靠性。

区块链技术可以为电力企业提供更加高效的供应链管理解决方案，使电力企业更好地管理相关产品和服务；可以实现能源交易、碳交易的去中心化、自动化和可追溯化，通过智能合约自动化处理交易过程中的各个环节，提高交易效率，同时使交易过程更加透明和安全，防止欺诈和双重支付等问题出现；可以实现能源的分布式交互和共享，通过智能合约和区块链技术，不同的能源用户可以在共享能源平台上实现能源的交流和共享，提高能源利用率，减少浪费，逐渐形成能源共享经济。

10.4 智慧能源技术新场景应用展望

10.4.1 综合智慧能源

综合智慧能源未来将构建“物联网”与“互联网”无缝衔接的能源网络，并面向终端用户提供能源一体化服务，强调能源一体化解决方案，从用户侧出发，实现多种能源品种的融合，强调数字化、智慧化，以管控平台为中心，应用物联网、大数据、人工智能等技术，打造以电为核心、源网荷协同控制、多种能源统一管理的全域能源管控体系，使电、气、冷、热等各类能源“灵活转换”，推进能源供给、消费的优化组合、有机协调，同步实现能源系统效率提升。

随着全球对环境问题的日益关注，综合智慧能源产业将越来越受到重视。随着技术的不断进步，综合智慧能源产业将更加完善，能够更好地满足人们的能源需求。

10.4.2 虚拟电厂

虚拟电厂（Virtual Power Plant，VPP）是一种通过先进信息通信技术和软件系统，实现分布式电源（Distributed Generator，DG）、储能系统、可控负荷、电动汽车等不同类型的分布式能源（Distributed Energy Resource，DER）的聚合和协调优化，以作为一个特殊电厂参与电力市场和电网运行的电源协调管理系统。当今，全世界的电力行业正在迅速转型，电力系统应该基于市场运营，可由于DG具有容量小、间断性和随机性等特点，仅靠它们本身加入电力市场运营并不可行，但将DG聚合成一个集成的实体则为这一问题提供了解决途径。

我国大多采用微网的概念作为DG的并网形式，它能够很好地协调大电网与DG的技术矛盾，并具备一定的能量管理功能，但微网以DG与用户就地应用为主要控制目标，且受到地理区域的限制，对多区域、大规模DG的有效利用及在电力市场中的规模化效益具有一定的局限性。主动配电网是实现大规模DG并网运行的另一种有效解决方案，它的概念将DG的接入半径进行了一定的扩展，能够对配电网实施主动管理，但对DG能够呈现给大电网及电力市场的效益考虑不足，虚拟电厂的提出则为解决这些问题提供了新的思路。

虚拟电厂并未改变每个DG的并网方式，而是通过先进的控制计量、通信等技术聚合DG、储能系统、可控负荷、电动汽车等不同类型的DER，并通过更高层面的软件构架实现多个DER的协调优化运行，更有利于资源的合理优化配置及利用。虚拟电厂的概念更多强调的是对外呈现的功能和效果，更新运营理念并产生社会经济效益，其基本的应用场景是电力市场。这种方法无须对电网进行改造而能够聚合DER对公网稳定输电，并提供快速响应的辅助服务，成为DER加入电力市场的有效方法，降低了其在市场中孤独运行的失衡风险，可以获得规模经济的效益。同时，DER的可视化及虚拟电厂的协调控制优化大大减小了以往DER并网对公网造成的冲击，降低了DG增长带来的调度难度，使配电管理更趋于合理有序，提高了系统运行的稳定性。综合来看，虚拟电厂概念的核心可以总结为“通信”和“聚合”。

虚拟电厂的关键技术主要包括智能计量技术、信息通信技术等。

（1）智能计量技术是虚拟电厂的一个重要组成部分，是实现虚拟电厂对DG和可控负荷等监测和控制的重要基础。智能计量系统最基本的作用是自动测量和读取用户住宅内的电、气、热、水的消耗量或生产量，即自动抄表，以此为虚拟电厂提供电源和需求侧的实时信息。作为自动抄表的发展，自动计量管理和高级计量体系能够远程测量实时用户信息，合理管理数据，并将其发送给相关各方。对于用户而言，所有的计量数据都可通过用户室内网在电脑上显示。因此，用户能够直观地看到自己消费或生产的电能以及相应费用等信息，以此采取合理的调节措施。

（2）信息通信。虚拟电厂采用融合能源流与信息流的双向通信技术，控制中心不仅能够接收各个单元的当前状态信息，而且能够向控制目标发送控制信号。应用于虚拟电厂中的通信技术主要是基于互联网的技术，如基于互联网协议的服务、虚拟专用网络、电力线路载波技术和无线技术［如全球移动通信系统 / 通用分组无线服务技术（USM/UPRS）等］。在用户住宅内，Wi-Fi、蓝牙、ZigBee 等通信技术构成了室内通信网络。要根据不同场合和应用要求，研究适用的通信技术。

总地来说，未来智慧能源的发展将助力于能源转型和可持续发展，实现经济、社会和环境的可持续发展目标。我们期待未来智慧能源的发展，相信它将为人类创造更加美好的未来。

参考文献

[1] 舒印彪. 新型电力系统构建及其关键技术 [C]. 2023 国际标准化（麒麟）大会，中国南京，2023. 06. 07.

[2] 刘义达，杨俊波，孙晓峰. 电力设计企业产业数字化发展路径研究 [J]. 电力勘测设计，2023（01）：16-21.

[3] 程明，杨志强，邢路阳，等. 虚拟电厂关键技术进展研究 [J]. 仪器仪表用户，2023（12）：92-95.

[4] 周建，路平，王锋，等. 采用 IEEE 标准设计发电厂升压站接地网的研究 [J]. 华东电力，2010，38（08）：1251-1255.

[5] 孙立刚，刘杰，范盛超，等. 综合智慧能源商业模式调研 [J]. 电力勘测设计，2022（04）：5-9.

[6] 于晓东，刘卫华. 下一代光传送技术在电力通信网中的应用 [J]. 电力系统通信，2010，31（10）：21-24，38.

[7] 裴善鹏，朱春萍. 高可再生能源比例下的山东电力系统储能需求分析及省级政策研究 [J]. 热力发电，2020，49（08）：29-35.

[8] 董霜. 综合智慧能源发展现状及关键技术的研究 [J]. 中国工程咨询，2017（04）：43-45.

[9] 王坤朋，刘璐，王佳铭. 数字化助力零碳智慧园区高质量发展 [J]. 上海信息化，2023（12）：38-42.

[10] 邵旻. 雷达、导波雷达和超声波液位计的应用和选型分析 [J]. 中国仪器仪表，2015（02）：44-48.

[11] 魏华栋，肖心园，江冰，等. 基于二分 K-means 的云计算集群资源分配算法 [J]. 电气自动化，2022，44（03）：1-4.

[12] 王乐天，姜伟豪，张黎，等.“多站融合”智慧能源站总体统筹布置优化研究 [J]. 电工技术，2022（11）：137-140.